(사)한국도시농업연구회

* 가나다 순

저자명단		
	권영휴	국립한국농수산대학
	김광진	국립원예특작과학원
	김완순	서울시립대학교
	김진덕	(사)전국도시농업시민협의회
	박동금	국립한국농수산대학
	서명훈	경기도농업기술원
	오대민	한국농촌발전연구원
	오충현	동국대학교
	우미옥	농림축산식품부
	윤숙영	대구가톨릭대학교
	윤형권	국립원예특작과학원
	이상미	국립원예특작과학원
	정명일	국립원예특작과학원
	정순진	국립원예특작과학원
	채 영	국립원예특작과학원

URBAN AGRICULTURE MASTER

도시농업전문가 양성을 위한

도시농업 길라잡이

Part I

도시농업 이해, 도시농업 기초,
도시농업 현장활용

(사)한국도시농업연구회

부 민 문 화 사

발간사

우리는 1945년 광복 이후, 한국전쟁의 혼란기를 거치면서 가난의 굴레 속에 배고픔을 해결하는 것이 최대의 과제였다. 다행히 주곡(主穀)인 벼의 획기적인 증산으로 자급을 이룬 녹색혁명과 이에 힘입은 경제개발 계획의 성공으로 이제 물질적인 풍요를 이루게 되었다.

그러나 단기간의 눈부신 경제성장과 물질적 풍요에도 불구하고 많은 사회적 문제가 대두되었다. 어린 학생들은 OECD국가 중 최상의 성적이지만 학업흥미도와 주관적 행복지수는 최하위 수준이고, 고된 업무에 시달리는 직장인의 90%가 모든 걸 팽개치고 사라지고 싶은 순간이 있다고 한다. 뿐만 아니라 고령화 사회로 진입하면서 노인들의 60% 이상이 가난과 질병으로 자살을 생각한 적이 있다는 충격적인 조사 결과가 우리 사회의 어두운 이면을 잘 설명해주고 있다.

이러한 사회문제 해결책의 일환으로 몸과 마음의 건강을 생각하는 힐링 트렌드가 급속히 확산되고 있으며, 관련 산업도 크게 형성돼 가고 있다. 그중에서도 다양한 신체적 활동을 통해 생명을 다루는 농업활동이 도시농업이라는 이름으로 새롭게 도심 속으로 들어 왔다.

세계에서 국민 1인당 가장 넓은 정원면적을 소유하고 있는 영국 사람들이 키친가든에 주목하고 있으며, 미국 44대~45대 대통령 오바마가 재임 시 영부인 미셸 오바마는 백악관 뜰에서 아이들과 함께 키친가든을 가꾸면서 세계적인 관심거리가 되었다. 이와 같은 선진국의 도시농업활동은 우리에게도 큰 반향을 일으켜 전국적으로 확산 추세에 있다.

선사시대부터 인류의 의식주를 제공해온 농업은 현대를 살아가는 오늘날에도 떼려야 뗄 수 없는 불가분의 관계가 있다. 인류는 한곳에서 머물며 살기 시작하면서 먹을거리를 해결하기 위해 주변에 작물과 과일나무를 심었고, 여유가 생기면서 관상을 위한 나무와 꽃도 옮겨 심었을 것이다. 산업화, 도시화 되고 상업적 농업으로 바뀌면서 멀어졌을 뿐이다.

이제 다시 건강하고 행복한 삶을 위해 우리가 살고 있는 가까운 곳에 밭을 갈고 씨를 뿌려 보자!

한 알의 씨앗이 싹 트고 자라서 꽃 피고 열매를 맺는 과정을 관찰하면서 아이들은 과학적 사고와 성취감을 느끼게 하는 좋은 체험학습장으로, 노년의 세대에게는 다양한 모양과 색상을 가진 아름답고 맛있는 정원에서 적당한 신체적 활동과 싱싱한 채소를 식탁에 올려 건강한 삶을 누릴 수 있는 일석이조의 장점이 있다.

앞으로 우리 농업 · 농촌은 안전한 농산물의 안정적 공급뿐만 아니라 환경생태 보존기능, 수자원 보유기능, 전원생활과 휴식의 공간, 전통문화의 계승 등으로 확대하고 또 기존 의료, 관광 부문과 융합된 새로운 형태의 보고, 먹고, 즐기는 힐링 농업으로 재탄생한다면 자유무역협정(FTA)에 따른 구조적으로 경쟁력이 취약한 우리 농업의 새로운 활로 개척의 계기가 될 것이다.

또한 도시농업을 통한 미래세대의 인성교육과 고령화 시대에 생산적 여가활동 등으로 잘 활용한다면 우리 국민들의 건강하고 행복한 삶에 보탬이 될 것으로 확신한다.

2020년 3월

(사)한국도시농업연구회장

도시농업 길라잡이

도시농업 이해

1. 도시농업의 개념
2. 도시농업의 변천과 과제
3. 도시농업 관련 제도

1

도시농업의
개념

01 도시농업의 개념과 기능

01

도시농업의
개념과 기능

정명일

도시농업은 사람들이 한 장소에서 모여 살게 되는 도시의 발달과 그 맥을 같이 하면서 채원의 형태로 시작되었다. 도시농업은 도시민의 식량공급을 위한 주요 공급원으로서 중세도시의 어느 곳에서나 쉽게 볼 수 있는 도시 생활상의 한 단면이다. 그러나 근대국가로의 이행과정에서 기계화에 의한 대규모 농산물 생산은 도시 내 농업의 필요성을 감소시켰다.

산업화 이후의 1, 2차 세계대전을 계기로 도시농업은 도시민에게 생계유지를 위한 부족한 부식의 조달 및 정원활동의 공간을 제공하면서 급속하게 확산되었다. 이 시기의 도시농업은 영국에서 등장했던 얼랏먼트allotment와 독일에서 전개된 클라인가르텐kleingarten 운동이 대표적이다.

20세기에 들어 산업화와 도시화의 문제가 심각하게 대두되면서 미국에서도 1973년부터 도시텃밭 조성운동이 일어났고, 일본은 1990년 「시민농원정비촉진법」이 만들어졌다. 이후 도시농업은 단순한 도시 내 농산물의 생산을 넘어 도시의 환경복원 및 개선에 대한 다양한 요구를 수용하면서 발전하게 되었다. 특히, 1970년대 중반에 들어 아프리카의 가나에서 프랑스의 NGO와 유엔식량농업기구FAO의 지원으로 도시의 식량자급률을 높이기 위한 국제프로젝트가 시작되고, 1990년에 들어와 유엔개발계획 주관으로 미국의 '도시농업 네트워크'와 이후 40개국이 참여한 '도시농업 지구 네트워크'가 결성되어 NGO뿐만 아니라 캐나다, 독일, 스웨덴과 같이 정부 차원에서 도시농업의 해외 원조체제가 정비되었다. 유엔에서는 유니세프가 '여성과 어린이를 위한 도시농업 프로젝트' 등을 시작하게 되는 등 국제적 차원의 노력들이 더해지고 있다.

1 도시농업의 개념

1) 어원적 정의

도시농업은 도시(都市) + 농업(農業)의 합성어이다. 도시는 공간의 개념을 나타내는 것으로 시(市), 도회지(都會地) 등의 개념과 유사하며, 대부분 일정 규모의 인구밀도를 초과한 지역으로 규정하고 있다. 그러나 도시는 인구뿐 아니라 다양한 사회, 경제적 특성을 가지기 때문에 도시의 공간적 개념 역시 다양할 수 있다.

도시의 사전적 의미는 상공업을 중심으로 한 경제 및 행정 · 문화 · 교통망 · 편의 시설 따위의 중심지가 되며, 인구가 집중하여 그 밀도가 현저하게 높은 지역으로 농촌(農村), 촌락(村落)의 반대 개념이다. 도시의 개념과 유사한 시(市)가 있는데, 우리나라 지방행정구역의 한 가지로 인구 5만 이상이며 일정한 조직을 갖춘 지역을 시로 규정하고 있다.

농업(農業)은 한국표준산업분류^{KSIC, Korea Standard Industry Code}에 의해 농사를 짓는 직업, 땅을 이용하여 유용한 식물을 재배하거나 유용한 동물을 먹이는 유기적 생산업, 노동과정의 측면에 볼 때 일정한 토지표면의 규칙적 · 반복적 이용과 관련된 인간의 활동이며, 그 목적은 식물적 · 동물적 생산물의 획득에 있다. 사전적으로는 농업은 땅을 이용하여 인간 생활에 필요한 식물을 가꾸거나, 유용한 동물을 기르거나 하는 산업, 특히 농경(農耕)을 가리키는 경우가 많고 넓은 뜻으로는 임업(林業)도 포함한다. 이러한 농업에 종사하는 사람을 우리는 농민(農民), 농업인(農業人) 또는 농부(農夫)라고 부른다. 농민은 농업을 생업의 기반으로 하는 사람으로 농산물을 직접 생산하는 데 종사함으로써 생계를 영위해 나가는 사람으로 규정할 수 있다. 그러나 시대에 따라 그 의미도 변화되고 있으며 법률에서는 1,000㎡ 이상의 농지에서 농작물 또는 다년생 식물을 경작 또는 재배하거나 1년 중 90일 이상을 농업에 종사하는 자와 그 외 온실, 버섯 재배사 및 비닐하우스의 규모, 축산종사자의 가축사양 규모, 농업경영을 통한 농산물의 연간 판매액 규모 등 농업인에 대한 규정을 두고 있다.

따라서 도시농업의 어원적 정의는 도시와 도시근교의 공간에서 이루어지는 도시민의 농사를 짓는 행위, 또는 땅을 이용하여 유용한 식물을 재배하거나 유용한 동물을 먹이는 유기적 생산업이라 할 수 있다.

표 Ⅰ-1-1. 도시농업 정의의 진화 트렌드(한주형 · 장동민, 2014)

과거~2000년		2000년~현재		미래
소규모의 개인적 농업활동	대규모의 사업적 농업할동	환경·생태계 보존과 그린공간 구축을 위한 농업활동	다양한 전문분야 테마를 융합한 농업활동	환경적 삶의 질 향상과 도시생활 만족도 추구를 위한 농업활동

2) 문헌적 정의

도시농업은 문헌에 따라 다양한 정의가 존재하고 있다. 도시농업을 시작하는 많은 사람들이 도시농업에 대한 이론적 적립을 위한 연구가 짧아서 개념 정립이 되지 못한 것도 하나의 이유로 들고 있다. 하지만 많은 활동가와 연구자들이 도시농업에 대한 개념을 정리하고 있으며 법률로도 명확하게 정의하고 있다. 이는 이론적 연구보다 시대의 변화와 적용지역의 사회 · 경제적 여건에 따른 수요의 관점이 변하는 것이 더 큰 이유인 것 같다.

도시농업 육성의 정책적 함의 연구에서 도시농업의 주요 개념을 대상적 측면, 농업생산 측면, 환경적 측면, 도시화과정 측면으로 분류 정리하였다. 대상적 측면에서는 '집주변의 공한지를 이용한 농작물의 상업적 판매가 아닌 자급용의 일명 채원지', '도시의 공터, 아파트 베란다, 뒤뜰, 옥상 등에서 영농행위가 이루어지는 것', '도시민이 도시에서 식량을 생산하는 것을 말하며, 이 식량 생산에는 소동물 사육과 정원에서의 채소 재배도 포함', '도시 행정구역 내에서 이루어지는 농업으로, 텃밭경작, 토지 무단점유 도시농업, 상업적 도시농업, 취미농업으로 구분' 등이 있다.

농업 생산적 측면에서는 '도시 내의 농촌이라는 공간적 영역에 근교농업이 갖고 있는 원래의 1차 산업적 의미인 생산개념과 함께 농업을 기반으로 한 2 · 3차 산업의 가공 및 서비스 개념을 도입하여 복합 산업화하는 개념, '도시 및 그 근교지역에 있는 토지에서 식량과 기타 생산물을 생산하는 활동', '도시지역에서 계획적으로 보전되어야 하는 농업' 등이 있다.

표 I-1-2. 도시농업의 주요 개념(장동헌, 2009)

구분		도시농업의 주요 개념
대상적 측면	이영민 (1997)	집주변의 공한지를 이용한 농작물의 상업적 판매가 아닌 자급용의 일명 채원지라 불리며, 도시민들이 쉽게 이해할 수 있는 텃밭
	김종덕 (2002)	도시의 공터, 아파트 베란다, 뒤뜰, 옥상 등에서 영농행위가 이루어지는 것
	Isabel & Alberto (2004)	도시농업은 도시민이 도시에서 식량을 생산하는 것을 말하며, 이 식량 생산에는 소동물 사육과 정원에서의 채소 재배도 포함
	이창우 (2005)	도시 행정구역 내에서 이루어지는 농업으로, 텃밭경작, 토지 무단점유 도시농업, 상업적 도시농업, 취미농업으로 구분
농업생산 측면	유병규 (2000)	도시 내의 농촌이라는 공간적 영역에 근교농업이 갖고 있는 원래의 1차 산업적 의미인 생산개념과 함께 농업을 기반으로 한 2·3차 산업의 가공 및 서비스 개념을 도입하여 복합 산업화하는 개념
	C. J. Sawio (2001)	도시 및 그 근교지역에 있는 토지에서 식량과 기타 생산물을 생산하는 활동
	장동헌·최순열 (2005)	도시지역에서 계획적으로 보전되어야 하는 농업
환경적 측면	김수봉 외 (2002)	도시 내의 환경 문제를 해결하기 위한 대안적 농업
도시화 과정	南淸彦 (1978)	종래 대도시 근교농업이 도시화의 급격한 확대가 진행되면서 거대도시에 둘러싸인 농업
	波多野憲男 (1991)	도시계획상 시가화 구역에 존재하는 농지·농업

환경적 측면에서는 '도시 내의 환경 문제를 해결하기 위한 대안적 농업'으로 보았으며, 도시화 과정에서는 '종래 대도시 근교농업이 도시화의 급격한 확대가 진행되면서 거대도시에 둘러싸인 농업', '도시계획상 시가화 구역에 존재하는 농지·농업'으로 정의하였다.

이 외에도 '도시 내에 존재하는 공한지 등의 유휴자원과 유휴 노동력을 이용해 소규모의 작물재배와 소규모 축산 등의 1차산업을 통해 경제적·사회적 이익 및 도시환경의 질적 향상을 위한 생활환경의 개선을 꾀하는 모든 종류의 인간 활동'으로, '도시민이 도시의 다양한 공간을 이용하여 식물을 재배하고, 동물을 기르는 과정과 생산물을 활용하는 농업활동'으로 정의하고 있다. 특히, 2010년부터 농촌진흥청에서 본격적인 도시농업 연구를 시작하면서 '도시에서 농업활동을 통해 보고, 가꾸고, 먹고 즐기는 인간 중심의 생산적 여가활동으로 몸과 마음의 건강한 삶을 꾀하는 것'으로 정의하였다.

3) 법률적 정의

도시농업의 법률적 정의는 「도시농업의 육성 및 지원에 관한 법률」에 잘 명시되어 있다. 제1조(목적)에는 이 법은 도시농업의 육성 및 지원에 관한 사항을 마련함으로써 자연친화적인 도시환경을 조성하고, 도시민의 농업에 대한 이해도를 높여 도시와 농촌이 함께 발전하는데 이바지함을 목적으로 한다. 제2조(정의)에서는 이 법에서 사용하는 용어의 뜻을 담고 있는데 '도시농업'이란 도시지역에 있는 토지, 건축물 또는 다양한 생활공간을 활용하여 대통령령으로 정하는 행위를 말하는데, ① 농작물을 경작 또는 재배하는 행위, ② 수목이나 화초를 재배하는 행위, ③ 「곤충산업 육성 및 지원에 관한 법률」의 곤충을 사육(양봉을 포함한다)하는 행위로서 여기서 말하는 대통령령으로 정하는 행위는 취미, 여가, 학습 또는 체험 등을 하는 행위를 말한다. '도시지역'이란 「국토의 계획 및 이용에 관한 법률」 제6조에 따른 도시지역 및 관리지역 중 대통령령으로 정하는 지역을 말한다. 대통령령으로 정하는 지역이란 도시에 속하는 주거지역, 상업지역, 공업지역, 녹지지역과 계획관리지역을 포함하고 있어 도시 주변까지 확대된다. '도시농업인'이란 도시농업을 직접 하는 사람 또는 도시농업에 관련된 일을 하는 사람을 말하며, '도시농업관리사'라는 국가 자격을 두고 있다.

'도시농업관리사'란 도시민의 도시농업에 대한 이해를 높일 수 있도록 도시농업 관련 해설, 교육, 지도 및 기술보급을 하는 사람으로 도시농업관리사 자격을 취득한 사람을 말한다.

표 I-1-3. 법률상 도시농업의 유형 구분(「도시농업의 육성 및 지원에 관한 법률」, 2017)

유형	세부 분류 및 내용
주택활용형 도시농업	주택·공동주택 등 건축물의 내·외부, 난간, 옥상 등을 활용하거나 주택·공동주택 등 건축물에 인접한 토지를 활용한 도시농업
근린생활권 도시농업	주택·공동주택 주변의 근린생활권에 위치한 토지 등을 활용한 도시농업
도심형 도시농업	도심에 있는 고층 건물의 내부·외부, 옥상 등을 활용하거나 도심에 있는 고층 건물에 인접한 도시농업
농장형·공원형 도시농업	공영도시농업농장(제4조)이나 민영도시농업농장(제17조) 또는 「도시공원 및 녹지 등에 관한 법률」 제2조에 따른 도시공원을 활용한 도시농업
학교교육형 도시농업	학생들의 학습과 체험을 목적으로 학교의 토지나 건축물 등을 활용한 도시농업

4) 국제사회의 정의

국제적으로 도시농업은 도시구조에 매우 중요한 역할을 하는 도시계획의 한 부분으로 인식되고 있으며 보다 넓고 포괄적인 산업으로 정의되고 있다. 국제단체를 대표하는 UNDP는 '도시 소비자 중심의 농업으로서, 농업활동과 체험을 통해 소비자의 쾌적한 환경을 조성하고, 먹을거리를 제공하며, 삶의 질 향상을 도모하고자 하는 농업이다. 도시 또는 인근의 토양과 수상에서 다양한 작물이나 가축을 생산하기 위해 자연자원이나 도심의 폐자원을 활용하여 집약적인 생산, 가공, 유통을 하는 행위'로 정의하였다. 국제단체 FAO는 '도시 및 도시주변 내·외에서 식물재배 및 동물사육'으로 정의하였으며, 다양한 유형의 식물(곡물, 뿌리작물, 채소, 버섯, 과일 등), 동물(가금류, 토끼, 염소, 양, 소, 돼지, 기니피그, 생선 등)의 식품 및 비식품(아로마, 약초, 관상식물, 나무제품)의 제공과 도시 주변에 과일 및 연료생산 등 농림업을 포함하고 있다. 이러한 국제기구는 주로 저개발국가 및 개발도상국을 대상으로 지역농업 개발전략, 식량 및 영양프로그램, 도시계획 등에 포함된 토지의 이용 및 저소득층의 경제활동을 지원하고 있다.

표 Ⅰ-1-4. 도시농업의 유사개념 사례(한주형 · 장동민, 2014)

유사개념	내용
도시공원 (Urban Park)	도시지역에서 도시 자연경관을 보호하고 시민의 건강·휴양·정서 생활을 향상하기 위한 공원계획(유럽 : 독일, 영국)
도시농업공원 (Urban Agricultural Park)	도시공원의 공급, 수요, 시장성의 문제점을 농업으로 해결하기 위한 활동 공간(아시아 : 일본, 한국)
커뮤니티 가든 (Community Garden)	자연을 소유하는 것이 아니라 자연을 즐기는 장소라고 정의하며, 그것이 개인이 아닌 공공이 영위하는 오픈 스페이스 공간 (북아메리카 : 미국, 캐나다, 아시아 : 일본) • 국내 동일사례 : 공공텃밭, 공동채원, 마을정원 등 • 국외 동일사례 : 얼랏먼트 가든, 유휴지정원, 근린정원, 임대정원, 가든패치
지역사회 지원농업 (Community Supported Agriculture)	대체농법의 일원으로 유기농업법의 환경보전기능과 안전농산물 생산기능이 알려지면서 유기농산물을 직거래형태로 구입하려는 움직임이 나타났으며, 이와 함께 환경보존기능에 대한 지역사회 주민들의 이해가 지역사회주의 환경운동과 맞물려 나타난 것
지역농업 (Local Agriculture)	중앙농정에 의한 농업발전의 한계를 극복하려는 대안으로 세계시장의 대규모 농업경영에 대처하기 위한 수단, 개발경영의 한계를 극복하려는 대안으로 지역농민을 조직화 또는 조직화를 통한 규모의 확대
사회적농업	사회적으로 불리한 처지에 있는 사람들을 끌어안아 자립할 수 있도록 도와주는 농업활동
도시농사 (City Farming)	도시 내 농업을 이용한 시민의 레크레이션 및 여가활동 등의 소규모 활동
농민시장 (Farmers Market)	도시 내의 특정 장소에서 지역 농민들이 직접 생산물들을 들고나와 소비자들을 대면하면서 판매하는 직거래 시장

로컬푸드 (Local Food)	제철에 특정지역에서 생산된 먹거리
슬로푸드 (Slow Food)	패스트푸드에 대한 반대의 의미로서, 인공의 속도가 아니라 자연의 속도에 의해 생산된 먹거리를, 사철먹거리가 아니라 제철먹거리, 그리고 소비자에게서 먼 곳이 아니라 가까운 곳에서 생산된 지역 먹거리라는 의미

2 도시농업의 공익적 가치

1) 환경적 이익

농업이 환경에 미치는 영향은 대기정화, 수질정화, 홍수방지, 수자원 함양, 토양유실 방지, 폐기물 처리 등으로 다양한 환경보전 기능을 갖는다. 대기정화와 도시 열섬현상의 완화 기능을 하며, 도시 안으로 생명을 불러들이는 역할을 한다. 이는 도시농업이 농작물뿐만 아니라 다양한 곤충들까지 도시 안으로 불러들여 도시의 자연생태계 요소를 끌어들이는 중요한 역할을 한다는 것이다. 아울러 도시의 자연지반에 농업활동이 이루어지게 되면 물 순환과 토양 내 유기물 순환에도 중요한 역할을 하게 되며, 빗물을 저장하여 홍수 예방의 효과도 가져온다. 또 녹지는 광합성이나 호흡작용을 통해 CO_2를 절감시키고 O_2를 공급해줄 뿐만 아니라 상쾌하고 시원한 공기를 배출해주며, 콘크리트와 아스팔트로 뜨겁게 달구어진 도심의 열섬현상 완화에도 많은 영향을 미친다. 또한 도시농업을 통해 조성된 생태환경은 생물종 다양성도 확보해 줄 수 있다.

2) 사회적 이익

사회구성원은 물론 가족 간에도 맞벌이 부부의 증가로 가족끼리 대면할 수 있는 시간이 부족하게 되었으며, 이는 가족 간 대화의 부족이나 단절로 이어지고 있다. 또한 가정의 위기와 함께 부모의 무관심 속에 청소년들은 안정적인 성장을 이루지 못하고 청소년 문제가 늘어나고 있는 추세이다. 그런데 도시농업에 참여하면 가족 간 대화시간이나 이해 정도에 높은 효과를 나타낸다. 바쁜 직장생활로 인해 일상생활에서 가족 간의 시간이나 대화가 부족한 사람들이 가족과 함께 텃밭 가꾸기 등에 참여하면서 다른 사람들과의 새로운 인간관계를 적극적으로 형성하는 한편 가족에 대해 더 많이 이해할 수 있는 기회가 된다.

도시농업을 통한 유대감 강화와 공동체 형성 역시 큰 장점이라고 볼 수 있다. 규모 팽창만을 추구해오던 현재의 도시 속에서는 문화공간이나 휴식처, 만남의 장이 점점 줄어들고 있다. 이처럼 사람들이 만날 수 있는 자연적인 공간이 부족하게 되면, 사람 간의 대화나 유대관계가 부족하게 되고 이는 곧 심각한 사회 병리현상을 야기할 수 있다. 도시농업을 통해 사람 간의 잦은 만남으로 대화를 많이 나누고 공동체를 형성해나간다면 개인으로 하여금 정체성을 갖게 해주고, 남들과 어울리는 방법을 학습시켜 주며 보다 쉽게 사회에 적응하는 법을 길러 줄 수 있는 사회적, 윤리적 효과를 기대할 수 있다.

3) 경제적 이익

도시농업은 다양한 경제적 효과를 갖는다. 폐열을 이용할 수 있고, 음식물쓰레기를 퇴비로 만들어 쓸 수 있으며, 빗물과 하수를 재활용할 수 있다. 가정에서 배출되는 많은 양의 음식물쓰레기를 자체적으로 퇴비화해 거름으로 이용할 수 있게 한다. 가령, 영국에서는 런던 근처의 하수처리장을 통해 안전하게 처리된 하수를 인근 10,000㎡에 이르는 농토에 사용하고 있다. 옥상녹화를 통한 경제적 효과도 있다. 학교와 같은 건물의 옥상을 녹화했을 때 단열효과를 통한 냉난방비 절약은 16.6%에 이른다. 30℃를 넘는 여름에 옥상 콘크리트 표면은 50℃에 육박하며, 그 밑 부분은 40℃에 이르는데, 식물을 심고 가꾸어 활용한다면 옥상 표면의 온도는 26~27℃로 유지할 수 있다.

4) 교육적 이익

교육현장에서 농작물의 생육에 대해 일관적으로 교육하는 것은 어렵다. 도시농업은 농작물을 심어 수확을 하는 것이 주된 활동이다. 이러한 활동을 통해 생태지향형 도시농업의 교육적 효과를 얻을 수 있다. 직접 경작과 관리를 통해 얻을 수 있는 식물과 자연에 대한 이해와 감사하는 마음은 환경의식을 일부러 고취시키지 않아도 스스로 자연에 대한 고마움과 소중함을 일깨울 수 있으며, 자라나는 아이들에게 특히 생태와 자연학습의 생생한 현장으로써 많은 교육에 이바지할 것이다. 흙의 소중함과 계절의 변화를 알게 하며, 자연의 관찰 활동을 통해 감각이 살아나고 과학적 인식을 갖게 해주며, 사람 사귀는 능력을 길러 주어 친사회적인 행동을 할 수 있게 해 준다. 노동을 통한 땀의 의미와 수확의 기쁨을 알게 하고, 자연계의 순환과 생명에 대한 사랑을 느끼게 해 준다.

한편, 재배활동에 자녀들과 함께 참여하는 것은 단순히 땀을 흘리는 노동으로써의 의미가 아닌 우리의 미래를 짊어지고 있는 아이들에게 하나의 유기체로 긴밀하게 형성된 자연의 참된 의미를 알게 하고 자연과 함께하는 사회가 진정한 삶임을 일깨워 주며, 세상을 살아가는 지혜를 자연을 체험함으로써 알게 해 준다. 또한 사회라는 공동체 집단에서 혼자만의 삶이 아닌 공동체로 삶을 살아가는 섭리를 일깨워 주는 역할을 한다고 할 수 있다.

5) 생산적 여가 이익

경제성장의 과정에서 도시는 인구와 산업이 집중되는 장소였다. 도시는 농촌에서 생활하다 가난을 극복하고 일자리를 찾기 위해 도시로 이주해 온 사람들에게 있어 고용 및 신분 상승의 기회를 제공하는 곳이자 자녀교육을 위한 문화생활이나 보다 높은 교육수준을 향유하도록 하였다. 이 시기에 휴식이나 여가는 할 일 없는 사람들이나 성공한 사람들만이 즐길 수 있는 제한적이고 부정적인 의미였다. 그보다 생계유지와 자녀교육을 위해서 도시민들은 자신의 몸을 아끼지 않는 헌신적인 삶을 살면서 힘들고 반복적인 생활을 헤쳐나갔다. 구성원들의 희생적인 노력을 통해 우리 사회는 눈부신 경제성장과 전례 없는 일상생활의 편리성을 높일 수 있게 되었다. 그러나 성장과 성공이 집중되어진 생활은 과로로 인한 질병 발생이나 운동 부족을 유발하여 육체적, 정신적 스트레스의 누적으로 도시민들의 건강을 위협하고 있으며, 생활의 황폐화가 계속되어 삶의 질은 저하되고 있다.

최근 들어 성공 위주의 생활양식에 대한 반성을 통해 도시민들이 점차 시간에 쫓기는 일상생활과 복잡하고 삭막한 도시를 벗어난 보다 쾌적한 자연친화적인 환경 속에서 정신적 휴식과 긴장완화를 이루기 위한 욕구의 증가와 더불어 다양한 여가활동을 추구하고 있다. 특히 도시농업은 도시 내 및 가까운 거리에 위치하고 있으며, 가족이 함께 즐기고 휴식과 참여를 할 수 있으며, 재배와 수확의 즐거움을 느낄 수 있는 여가활동이다.

6) 먹거리 안전성 이익

도시에서 경작하는 작물은 다소 제한적일 수밖에 없고, 주곡의 생산은 어려울 뿐 아니라 도시농업을 통해 유기농 작물과 인근 지역농작물에 대한 인식이 향상되어 오히려 수요를 촉진시키는 효과를 가져온다는 선진 사례가 있다. 도시농업은 녹지 및 식량 확보 차원 이외에도 광범위하게 이용될 수 있다. 도시농업은 최근 각광받고 있는 옥상녹화와 연계되어 실행될 수 있고, 정원이나 공원 등을 비롯한 어느 곳에서나 가능하기 때문에 다채롭게 적용될 수 있다.

도시농업을 통해 조그만 규모라도 직접 경작해 본 소비자는 재배과정을 통해 최종상품에 대한 지식을 갖게도 한다. 도시민이 재배에 직접 참여함으로써 신뢰할 수 있는 안전한 먹거리를 직접 생산함과 동시에 안전한 먹을거리를 고민하게 되고, 농산물의 귀중함을 알게 된다. 이처럼 도시농업은 완전한 먹거리 생산을 유도하고, 도시 안에 건강한 소비자를 만든다.

7) 다른 이익

도심 주택 밀집지에 인접하는 농지는 화재 방지에 도움이 되며, 배수 불량 지역에서는 논이 물을 가둬두는 기능을 발휘한다. 이와 같이 재해 시에 일시적인 피난 장소로서 도시농업을 활용하는 것이다. 또한 지하수의 함양도 중요한 기능이다. 녹지를 지탱하기 위한 기름지고 건강한 토양은 식물들의 위한 밑거름이 되어줄 뿐만 아니라 빗물이나 여타 수분을 저장할 수 있어 홍수 예방에 도움이 된다.

우리는 이미 초고령 사회(고령인구 20% 이상)로 접어들었다. 이는 같은 문제로 고민하고 있는 다른 나라들보다 훨씬 빠른 속도이다. 도시농업을 일정 수준으로 제도화시키면 노인

층이 자연스럽게 생산 활동에 참여하게 되어 노인들 스스로가 자신을 부양할 수 있게 된다. 그렇게 되면 고령화 사회의 사회적 문제가 해결될 수 있고, 노인부양을 위한 경제비용 및 노인과 자녀의 심리적 부담 역시 감소하게 된다.

③ 식물 가꾸기의 효과 사례

1) 경제적 이익

영국의 Warwick 의회 자료에 따르면 소비자들은 평균적으로 경치가 좋지 못한 곳에 비하여 경치가 좋은 곳에서 요금을 더 많이 지불하였으며, 경치가 좋지 못한 곳에 비하여 경치가 좋은 곳의 상가 물건에 11% 더 많이 지불하였다. 특히 상가 주변의 좋은 환경이 소비자 인식에 긍정적인 영향을 주었다. 또한 식물을 가꿈으로써 만들어지는 좋은 환경은 내부 투자를 끌어내는 주요 요인이 된다. 조경이 잘된 지역에서 운영하는 소매점에서 가격을 올릴 수 있다는 점은 상인들을 그쪽 지역으로 이끌 수 있는 긍정적인 이점이 될 수 있다. 집을 팔 때도 집이 나무로 덮인 경우와 그러지 않았을 때의 가격에 미치는 영향을 보았을 때 나무로 덮인 집이 그렇지 않은 집에 비하여 6% 가격을 높게 받을 수 있었다.

2) 사회적 이익

먼저 범죄의 감소이다. 숲이나 채소밭 등은 범행을 숨기기에 좋아서 범죄에 부정적일 수 있지만, 실제 시카고시의 연구에 의하면 적절한 양의 채소작물을 심었을 때 범행률은 감소하였다. 이는 채소와 키가 큰 나무, 다듬어진 잔디밭을 비교하였을 때 채소가 공공장소로 사람을 더 모이게 하기 때문이다. 또한, 채소는 분노와 난폭을 발산하도록 하는 전구체인 정신적 피로를 누그러뜨리는 효과가 있다.

기타 사회적 이익에 대해 일리노이대학에서 많은 연구가 수행되었는데 과일나무가 많은 이점을 주는 효과가 있음을 확인하였다. 과일나무는 많은 사람들이 그들의 집에서 공공장소로 나가도록 이끌며, 공공장소에서 다른 사람들과 많이 만나고 강한 사회적 관계를 맺는 것을 확인하였다. 또 다른 흥미로운 이점은 자연과 접촉하면서 집중력 부족증을 나타내는 아이들에게 긍정적인 효과를 나타내는 것이다. 책상에서 일하는 사람들이 그들의 책상에서 자연을 보면서 일할 때 자연을 보지 못하고 일할 때에 비하여 23% 정도 덜 지루함을 느꼈다. 또한 업무 동안에 자연을 접하는 곳에서 일하는 사람들은 일에 대하여 더 많은 만족감을 느꼈으며, 병원에서 나무를 접하는 전망에 위치한 환자들은 그렇지 않은 환자에 비하여 훨씬 빨리 회복되었다는 보고도 있다.

3) 환경적 이익

첫째, 오염원의 차단을 들 수 있다. Hewitt 등에 의하면 나무는 대기로부터 오존, 질소 이산화물과 분진을 없앤다고 한다. 그러나 나무는 휘발성 유기화합물과 VOCs를 생산하는데 이들이 인간이 만든 오염물질과 합쳐서 오존, 분진, 다른 오염물질들을 증가시키기도 한다. 포플러와 참나무는 고온기에 공기질을 악화시킨다는 보고도 있지만, 반면에 물푸레나무, 오리나무, 자작나무는 매우 유익한 효과를 나타낸다.

둘째, 탄소 분리이다. 모든 식물은 주된 온실가스 가운데 하나인 이산화탄소를 흡수하며 광합성 동안에 산소를 발산한다. 나무에 의해 흡수된 탄소는 나무에 저장된다.

셋째, 연료 이용을 절감시킨다. 주의 깊은 조경은 난방 또는 에어컨을 가동시키는 빌딩들로부터 연료 사용량을 감소시킬 수 있다. 나무는 안식처를 제공하고 풍속을 감소시키기 때문에 겨울 동안에 빌딩으로부터 손실되는 열의 양을 감소시킨다. 나무는 여름에 그늘을 제공하는 한편, 잎 표면으로부터 물을 증발시켜 주위 공기를 시원하게 하는 효과가 있다. 이런 효과들이 여름에 에어컨의 필요성을 감소시킨다.

넷째, 소음 감소이다. 나무와 다른 채소작물들이 소리에너지를 반사하거나 흡수하여 소음을 감소시키는 주요한 역할을 한다. 한 연구결과에 의하면, 7db 소음이 33㎥의 숲에 의해 감소된다고 한다.

다섯째, 물 관리 효과이다. 나무는 많은 수분 보존 효과가 있다. 토양침식을 막고 오염원을 차단해서 수질을 개선하며, 지표면의 유실수를 감소시켜 홍수를 저감하는 효과가 있다. 나무를 5% 증가시킬 때마다 유실수가 2% 감소되었다고 한다.

여섯째, 야생동물 보존 이점이다. 나무는 중요한 야생동물의 은신처이다. 새에게는 집을 제공하고 다양한 곤충들을 먹여 살리며, 나무는 새 또는 다른 야생동물들에게는 중요한 먹이 공급처이다. 열매를 가지고 있는 나무는 또한 많은 종의 새들에게 직접적인 먹이 공급원이다. 도시 조경에서 연결 복도형의 수목 서식지는 매우 중요한데, 지역 간에 서로 고립되지 않도록 연결시키기 때문이다. 고가도로, 수로와 기찻길을 따라서 나무와 채소를 심는 것은 이런 점에서 야생동물에게 매우 중요하다.

4) 다른 이점

먼저 길 안전이다. 나무는 많은 점에서 길의 안전성을 개선시킨다. 길을 따라서 심겨진 나무는 길을 좁게 보이는 인상을 주면서 운전자들에게 천천히 운전하도록 한다. 나무가 길을 좁게 하는 효과는 피로를 감소시키고 운전자들에게 주의를 하도록 한다. 또한 길을 따라서 심겨진 나무는 보행자와 차량 간의 완충지대를 제공하며, 나무에 의해 만들어지는 그늘은 고온기에 길의 표면 온도를 감소시켜 도로 표면의 수명을 상당히 증가시킨다.

4 도시농업 연구현황

1) 실내식물의 환경정화 기능성 연구

우리나라는 1990년대 들어 환경개선, 원예치료, 실내조경 등이 도입되어 화훼연구 범위를 확대시키는 커다란 변화를 가져왔다. 그러나 실내식물의 기능성 연구 변천의 큰 특징은 1990년대부터 환경개선 기능성에 대한 연구가 도입되었다는 것이다. 식물의 환경개선 연구는 아황산가스(SO_2), 아질산가스(NO_2), 오존(O_3), 이산화탄소(CO_2) 등 실외의 대기오염물질 제거 능력에 대한 것이 주를 이루다가 2000년대부터는 실내의 휘발성 유기화합물(VOCs)인 톨루엔, 포름알데히드 등 대부분 실내공기 오염물질 제거에 대한 연구결과들이 보고되었다.

특히 2000년대에 들어서면서 웰빙문화 확산으로 환경정화 기능성 연구가 일반 국민들에게 큰 관심을 받았으며 실내공기 질 향상 연구에 대한 보고가 증가하였다. 1990년대의 단순한 실외 오염물질 제거 연구에서 2000년대에는 실내의 휘발성 유기화합물 제거를 통한 새집증후군 완화 등 건강증진 효과뿐만 아니라 공기의 질을 향상시키는 실내식물의 음이온, 피톤치드 등의 기능성에 대한 연구가 보고되었다. 2010년 이후에는 식물에 의한 새집증후군 완화, 음이온 발생 등의 연구결과가 발표되어 공기정화식물이라는 신조어를 탄생시키는 계기가 되었다.

농촌진흥청에서는 2004년부터 식물의 환경정화 효과에 대한 연구를 시작하여, 실내식물의 공기정화 원리는 미국원예학회지, 공기정화와 건강증진 효과는 일본원예학회지, 생활공간의 공기정화 효과는 한국원예학회지에 게재하였다. 이렇게 한·미·일 3국 학회지에 게재한 논문들은 공기정화식물에 대한 학문적 토대를 구축하였다. 특히 1998년 미국원예학회지에 게재된 실내식물의 지상부와 지하부 포름알데히드 제거비율 논문은 2011년 미국원예학회지에서 가장 많이 읽힌 논문 2위를 차지하였으며, 같은 해에 '식물의 공기정화 효과 등 새로운 가치 창출'에 대해 국제심포지엄을 주관하기도 하였다.

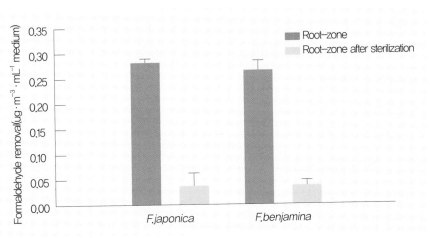

그림 Ⅰ-1-1. 실내식물에 의한 포름알데히드 제거에 대한 미생물 역할(미국원예학회지, 1998)

식물별 기능성은 자생식물 남천, 황칠나무 등 20종, 양치식물 고비, 부처손 등 20종을 비롯하여 100여 종에 대한 포름알데히드와 톨루엔의 제거효율을 구명하였으며, 또한 실내식물 벵갈고무나무, 칼라테아 등 92종의 음이온 발생량, 트리안, 시페루스 등 92종의 상대습도 증가량에 대한 분석을 완료하여 이를 기반으로 실내공간별 식물 배치기술을 개발하여 실생활에서 이용할 수 있게 하였다. 또한 공기정화식물, 미생물, 배양토의 bio filtration 기능과 공기청정기의 기능이 융합된 새로운 개념의 '식물−공기청정기'와 그린빌딩, 그린 스쿨에 Bio wall 등 적정식물 도입방법 등을 개발하였다. 최근에는 식물의 근권부 통기 조절 및 미생물 접종으로 실내 휘발성물질 제거 효율을 335% 향상시켰으며, 실내 휘발성 유기화합물질의 이동 양상을 구명하였고, 바이오월 시스템 개량으로 정화효율을 35% 정도 향상시켰다.

2) 도시녹화 및 정원연구

국내의 도시녹화는 1970년대 말에 옥상녹화 관련 법률이 제정되면서부터 1980년대에 이르러 인공지반 녹화가 시행되었다. 초기의 옥상, 벽면 등의 도시녹화 기술은 주로 독일과 일본 등의 기준과 기술을 도입하여 적용하였는데 국내 기후 및 실정에 맞지 않아 많은 문제점이 발생하였다. 이와 같은 문제점을 극복하기 위하여 1980년대 중반부터 옥상녹화 기술, 자재 개발, 식생 등에 대한 연구가 꾸준하게 이루어져 오고 있다.

농촌진흥청에서는 2005년부터 정원 및 도시녹화 소재개발을 시작하였다. 2005~2013년까지 저관리 경량형 옥상녹화용 식물소재로 꼬리풀, 아주가 등 47종, 목본식물인 조팝, 황금측백 등 22종, 허브식물인 스팅넷틀, 램즈이어 등 24종의 많은 자원을 선발하여 이용을 추천하였다. 벽면녹화 소재로는 목본성 덩굴식물인 으아리, 눈붉은찔레 등 15종을 선발하여 추천하였으며, 옥상텃밭용으로 손쉽게 기를 수 있는 채소류 18종을 선발하여 추천하였다. 최근에는 정원 및 화단식물, 과실식물, 내음성 초본류 등 유용자원 선발연구를 계속하고 있다.

기술개발 연구는 옥상의 원예적 이용을 위한 4계절 관상용 옥상정원 모델, 초등학교 교육용 옥상정원 모델, 치료용 옥상정원 모델, 베드형 옥상텃밭 구조와 심지관수 작물재배상자, Bag-type 심지관수상자, 다양한 녹화용 가로화분 디자인이 개발되었다. 또한 기타 식생매트 및 식생기반의 개발, 식물활용 수질정화, 녹화지 평가지표 등도 개발하였다.

최근 연구로는 가로화단 및 정원용 적용식물 선발 및 규격묘 생산기술 개발, 도시환경 개선을 위한 컨테이너 정원 개발, 공동주택 정원공간의 일조조건별 식재적합도 평가기술 개발, 한국형 생활정원 모델 현장실증 및 가이드라인 개발, 사회통합형 공동체정원 모델 개발 및 실용화 등에 대한 연구를 활발하게 추진하고 있다. 이와 같은 개발연구로 정원 및 도시녹화 문제점들이 점차 줄어들고 있으나 아직도 재료가 충분히 개발되지 않아 시공에 많은 제약이 따른다. 특히 적용 가능한 식생, 적합토양 등이 부족하여 많은 관련 연구와 기술개발이 요구된다. 또한, 공신력이 있는 기관에서 안정적 시공기준과 표준모델의 개발, 이용소재의 표준화, 녹화지의 평가기준 등에 대한 연구도 지속적으로 요구되고 있다.

3) 도시텃밭 및 생활농업 연구

농업과 생활을 연계하는 데 성공을 거둔 선진국에서는 오래전부터 텃밭활동이 일반화되었다. 특히, 독일의 클라인가르텐, 영국의 얼랏먼트, 일본의 시민농원 등과 같은 여러 형태의 텃밭이 체계화되어 있다. 우리나라는 도시 집중화가 이루어졌음에도 불구하고 도시텃밭에 관한 연구는 적다. 국립원예특작과학원에 도시농업연구팀이 신설되면서 텃밭에 관한 기술개발이 활발히 이루어지기 시작하였다. 주요 기술개발 연구로는 2010년에 주요 해충의 친환경적 방제를 위한 텃밭용 부직포 터널 피복 재배로 100%에 가까운 방제 효과를 얻었다. 여름철 혹서기에 주말농장에서 쉽게 재배할 수 있는 엔다이브, 아욱, 근대 등 다양한 작물을 선발하였으며, 새로운 기능성 채소인 '채심'을 선발하여 큰 호응을 얻었다. 2012년에는 국민의 60% 이상이 거주하는 아파트 단지를 대상으로 커뮤니티 텃밭 활성화 연구, 텃밭에 적합한 주년재배 시스템 개발, 허브를 이용한 친환경 해충 방제법에 관한 연구를 수행하였으며, 이용자 특성에 맞는 기능성 텃밭 10종을 개발하여 보급하였다.

실내텃밭 분야는 베란다에서 재배할 수 있는 채소 및 허브류 20종을 선발하였다. 베란다 설치 방향에 따른 햇빛의 양에 따라 재배 가능한 채소류를 구분하였으며, 햇빛이 부족한 계절이나 실내에서도 쉽게 재배할 수 있도록 LED등을 부착한 가정용 실내채소재배기를 개발하였다. 또한, 2010년부터 학생들이 손쉽게 작물의 생육 과정을 관찰하고, 광합성의 원리를 이해할 수 있는 교육용 채소재배 키트를 개발하였고, 텃밭활동을 통하여 과학흥미도, 사회성, 학업성취도에 미치는 영향 등을 분석하였다.

최근에는 수요자 맞춤형 기능성 텃밭 모델 개발 및 현장적용을 통하여 기능성 텃밭 10개 유형별 사계절 모델, 텃밭 부산물을 활용한 퇴비 만들기와 소형퇴비화 용기 등을 개발하였다. 또한 테마가 있는 베란다 텃밭 조성 및 운영 모델, '달팽이' 모형을 활용한 초등학교 학교텃밭 디자인, 중학교 STEAM형 진로체험 프로그램, 식생활 교육 콘텐츠 등을 개발하였다. 현재는 텃밭정원 그늘조성 휴식형 식물자원 탐색, 역사·문화형 도시텃밭 모델 개발, 텃밭 유형별 공영식물 선발, 실내 수직텃밭 모델 개발, 진로체험 교육용 온라인 콘텐츠 교구·교재 개발, 녹색 식생활 교육용 온라인 콘텐츠 교구·교재 개발연구 등을 수행하고 있다.

4) 원예치료 및 치유농업 연구

옛날부터 농업 및 원예 작업은 정신질환자의 치료방법 중 하나로 사용되었다. 특히 제2차 세계대전 후에 상이군인(傷痍軍人)이나 제대군인을 대상으로 한 직업훈련과 신체적, 정신적 장애를 극복하기 위해 텃밭 가꾸기가 효과가 있음이 확인되어 정신의학자와 심리학자로부터 주목을 받기 시작하면서 원예치료라는 분야가 생기게 되었다. 1812년 미국 필라델피아 대학의 러쉬[Benjamin Rush] 박사는 흙을 만지는 것이 정신질환자에게 치료 효과가 있음을 발표하였고, 1959년에 뉴욕 대학의 메디컬센터에서는 신체장애인을 위한 원예치료사들을 배출하게 되었다. 그 후 1971년 캔자스 주립대학의 학부과정에 원예치료 전공프로그램이 개설되었고 1987년에는 '미국 원예치료협회'가 결성되었다.

우리나라 교육과정에서 유치원과 초·중등학교 등의 원예 교육 통합프로그램은 원예의 소비 및 홍보 면에서 매우 큰 파급효과를 가지며, 특히 유아와 청소년의 건강한 성장, 발달과 교육의 질 향상에 크게 기여할 수 있다.

농촌진흥청에서는 2004년부터 원예활동의 교육적 효과와 원예프로그램과 삶의 질의 관계, 전문 원예치료 프로그램 효과 등 다양한 연구를 진행해 오고 있다. 연구를 통해 얻어진 주요 결과는 초중등학교 원예프로그램 도입 효과, 세대간 원예프로그램, 다문화 원예프로그램, '텃밭에 다 있네!' 초등 원예-수학 통합교육프로그램을 위시하여 유아의 원예-과학, 원예-국어, 원예-수학 등과 초등 저학년 원예-과학, 원예-국어, 초등 고학년 원예-과학 통합교육프로그램 등 다수의 프로그램을 개발 보급하고 있다. 또한, 치유효과에 대한 소아·청소년 및 성인 암환자, 뇌졸중 환자(급성, 만성) 등에 원예치료 효과를 임상연구를 통해 과학적으로 구명하였다. 현장에서도 부모의 자녀 양육 태도 향상 프로그램 적용, 주민과 함께하는 마을정원 가꾸기 등을 통하여 식물재배 경험의 치료적 효과를 분석하였다.

최근에는 치유농업 분야로 확대되어 2020년 「치유농업 연구개발 및 육성에 관한 법률」이 제정되어 법 시행에 앞서 시행령 및 시행규칙을 준비하고 있으며, 치유농업 전문인력 직무설계를 위한 연구를 계속하고 있다. 또한 치유농업 활성화를 위한 비즈니스 모델 개발 및 운영 매뉴얼을 작성하였으며, 한국-네덜란드 총서 6종을 발간하여 업무에 활용하도록 하고 있다. 치유농업 전문인력의 직무설계와 양성을 위하여 치유농업사 등 국가자격 도입체계의 타당성 분석과 치유농업 전문인력 양성을 위한 커리큘럼을 개발하고 있으며, 치유농장 체험에 기반한 농장운영 및 프로그램 적용효과를 분석하고 있다.

2

도시농업의
변천과 과제

01 도시농업의 변천과 과제

도시농업의
변천과 과제

오대민

도시농업은 도시지역의 의미보다는 도시에서 살아가는 도시민과 전 농업인을 대상으로 하는 농업활동이라고 할 수 있다. 우리나라 도시농업 관련 법이나 조례 등에서 도시지역으로 국한되는 예들이 있음은 도시와 농촌을 이분법적으로 접근하고 있는 형태이다. 도시농업은 우리나라 90% 이상이 도시지역에 살고 있으므로 농업인들을 포함하면 전 국민을 대상으로 하는 국민농업, 생활농업이라고 할 수 있다. 이를 통해서 온 국민의 내부적인 삶을 풍요롭게 살아가게 하는 생명을 돌보는 농업활동이라고 할 수 있다. 우리나라의 출산율이 전 세계적으로 낮고 고령화 사회 진입 속도가 빨라진 지금 상황에서 도시농업은 우리들의 선택 사항이 아니라 필수적인 삶의 방식이라고 할 수 있다. 베이비부머들로 대표할 수 있는 근대화 산업을 이끈 이들이 퇴직하고 잘 살 수 있는 길 또 생산적인 여가활동으로는 도시농업활동이 최적이라고 할 수 있다. 도시농업활동을 개인적인 접근도 좋겠지만 미국인 퇴직자들의 일상처럼 마스터 가드너^{Master Gardener} 활동으로 지역사회 자원봉사를 한다면 이는 진정한 선진국 진입이며, 국가적인 노인문제의 농업적 해결 방안이라고 할 수 있다.

1 도시농업의 과거와 현재 농업활동의 의미

1) 도시농업의 과거

도시농업은 어느 곳에서나 이루어지는 농업 행위를 의미한다. 집 거실에서 작은 화분을 키우고, 아파트 공터에서 주민들이 함께 꽃나무를 가꾸며, 도심 건물의 옥상에서 채소를 키우는 모든 행위가 도시농업이다. 현대의 산업화, 전문화된 사회에서 농업은 모든 사람들로부터 힘들고 어려운 일로 인식되고 있으며, 농업 시장의 개방으로 경쟁력을 확보하지 못한 사양산업이라는 인식이 깊게 자리 잡고 있다. 그러나 농업은 인간과 자연이 교류하는 적극적인 통로이며, 인간이 자연을 배우고 그 속에서 지속가능하게 발전할 수 있는 방안을 모색해 볼 수 있는 매우 능동적인 행동이다.

친환경적인 발전을 위한 많은 방안들은 개인의 희생을 강요하기 쉽다. 발전된 사회에서 널리 통용되는 생활 방식을 줄이고, 발전 이전의 방식으로 생활해야 하는 전략은 개인들에게 불편함을 느끼게 한다. 그러나 도시농업은 우리가 쉽고 재미있게 활동하며 신체적, 심리적 건강을 증진시키고, 즐거운 실천이 모아져서 지구 환경 개선에 기여할 수 있는 제안을 하고 있다.

도시농업은 나와 우리의 삶을 풍요롭고 건강하게 가꾸어 나갈 수 있는 기회를 제공한다. 작은 강낭콩 한 알을 심는 것에서부터 시작할 수 있는 도시농업은 나의 몸과 마음의 건강을 가꾸며, 우리의 삶이 더욱 보람있는 방향으로 나아갈 수 있도록 이끌어준다. 여기에서 '우리'는 가정의 울타리 안에 있는 가족들일 수 있고, 나의 옆집에 살고 있는 이웃들이 될 수 있으며, 나아가서 내가 살고 있는 도시의 사람들, 그 도시와 연결된 삶을 살아가고 있는 농촌 사람들, 그리고 지구에 함께 살아가고 있는 세계 모든 사람이 될 수 있다.

도시농업 자체가 과거에 존재하지 않았던 것은 아니라, 과거에도 현재에도 어느 도시에나 진행되고 있는 농업의 한 형태였다.

성리학을 바탕으로 한 조선왕조실록에서 보면 농업을 천하의 근본으로 삼았다. 세종은 왕실 의식에 화초를 갖추어 거행하게 했으며, 상림원(上林苑)에서 새와 짐승을 기르고 꽃과 과실나무를 심어 무성하게 잘 자란다면 국가의 용도에도 보탬이 된다고 했고, 상림원에서 키운 화초와 집비둘기를 원하는 백성들에게 나누어 주기도 했다. 이는 조선시대의 도시농업의 한 영역이라고 할 수 있다.

식물은 햇빛을 받아 광합성 작용을 함으로써 유기물을 생성하고, 흙으로부터 무기질을 흡수한다. 이 식물이 생성한 물질을 동물이 먹고살며, 동물의 죽은 시체를 미생물이 분해하여 식물이 살아갈 수 있는 토양을 만든다. 이것이 곧 자연계의 순환원리이다. 도시농업은 바로 이러한 자연계의 순환 원리를 적용해 실행하는 일이다.

아무리 도시화가 되었다고 해도 삶의 터전인 자연 생태계를 자연스럽게 유지하고 자연 속에서 상생의 구도로 살아가는 모습이 곧 우리의 생명을 지키는 일임을 알아야 한다.

도시농업은 도시에서 부족한 자연생활을 도와주며, 모든 국민이 스스로 농작물을 파종하여 기르고 안전한 농산물을 수확, 요리하여 먹을 수 있는 기술을 익히고, 그 행위의 의미를 알아가는 것이며, 이는 식량위기에서 슬기롭게 대처할 수 있는 지혜를 배우는 것이다.

자라나는 어린아이들에게는 생명체의 소중함을 알게 하고, 농사경험이 있는 나이드신 분들에게는 노인복지 차원에서 농업활동을 하는 시간은 무료하지 않게 보내면서 생산된 농산물을 당당하게 식구들에게 제공하여 어른으로서 위치를 굳건하게 할 수 있을 것이다.

2) 도시농업의 현재

21세기에 왜 농업인가?

농업은 식량을 생산하여 경제적 이득을 얻는 생업이나 그 이전에 인간이 자연과 함께 호흡하는 과정이다. 그 과정에서 인간은 삶의 모든 측면에 유익을 얻으며, 결과물로서 식량과 경제적 도움을 받는다. 생태적으로 적합한 환경, 안정되고 건강한 사회, 보다 균형 잡힌 경제발전의 바탕에는 농업이 있다.

현대 도시민의 삶은 자연에서 분리되어 있다. 도시라는 인공적인 환경에서 살아가며, 생존에 필요한 식량과 오염물질의 정화는 도시 밖으로 밀어냈다. 그 결과 도시는 더 이상 자립할 수 없으며, 도시민의 삶의 질이 저하되기에 이르렀다. 도시의 소생, 도시민 삶의 질 향상, 지속가능한 미래 건설을 위해서는 도시가 다시 자연을 담아내야 할 것이다. 그리고 실천의 시작으로 도시에서 자연을 만나는 도시농업이다.

신토불이의 사상을 바탕으로 농업을 정의하면, '인간과 자연의 교섭과정'이라 할 수 있다. 농업의 본질이 작물이나 가축을 생산하여 유용한 유기체적 농산물을 얻는 생업(生業)이라는 경제적 측면에 있음은 분명하나, 우리의 삶과 연결지어 생각해 본다면 생계를 위한 활동 이상의 의미를 내포하고 있다.

'농업'은 식량 및 섬유의 제공이라는 1차적 농업의 의미뿐만 아니라, 생태 환경적으로 영향을 미치는 2차적 농업과 사회문화적 가치를 지닌 3차적 농업을 포함한다. 2차적 농업은 식물과 동물이 담당하는 환경적 측면에 영향을 미치는 농업을 의미한다. 오염물질을 정화하며, 자연의 순환을 지속시킬 수 있는 등의 역할이 그것이다. 3차적 농업은 사회적 측면으로 인간의 입장에서 이해되는 농업을 의미한다. 즉, 생명체로서 식물과 동물을 양육하고 이용하는 과정에서 얻어지는 심리적 유익과 사회적 상호작용, 문화와 사회의 발전에 기여하는 상호 관계적 측면의 중요성을 말하고 있다.

현재 우리가 일상적으로 사용하는 농업의 정의는 1차적 농업에 중점을 두고 있다. 수익을 창출하는 직업으로서의 농업에 집중하며, 경제성이 가치평가의 기준이 되고 있다. 이러한 사실은 도시의 확장과 관련되어 있다. 역사 속에서 인류가 발전하면서 농업을 기반으로 산업이 발생하였다. 잉여생산물이 증가함에 따라 식량 생산(농업)에 종사하지 않더라도 살아갈 수 있는 여건이 형성되고 도시가 확장되었기 때문이다.

따라서 전 인구의 90% 이상이 도시에 살고 있는 우리 사회에서 국민 대다수가 알고 있는 농업은 경제적 차원에서 농업을 의미하게 되었다. 도시민들은 농업이 식량을 공급하고, 자연환경을 보전하는 등 농업이 기여하는 역할의 중요성을 알고 있다. 그러나 농업은 식량을 생산함과 동시에 자연과 접촉이 가장 적극적으로 일어나는 체험의 기회를 갖게 하여 균형감각을 체득하고 정신적인 풍요로움을 나눌 수 있는 사회로 나아가는 데 중요한 역할을 담당한다. 농업을 통해 사람은 자연의 일원으로서 상생한다는 인식과 대자연 속에 숨겨진 질서와 섭리에 대한 외경, 생명의 존귀함 등을 알게 되며, 인내와 노력, 이웃과의 협동을 체험할 수 있다.

농업이 우리의 삶에 기여하는 바는 식량 생산과 이로 인해 발생되는 경제적 유익으로써 1
차적 농업의 역할을 담당한다. 그와 더불어 농업은 다른 산업을 육성하는 바탕이 될 수 있
으며, 자연환경과 국토보전의 가치와 식물 및 동물 유전자원의 보전 가치를 지니고 있다.
또한 생활환경을 정화하고 사회경제의 안정성을 조성하는 등 다양한 차원에서의 가치를 포
함하고 있다.

표 Ⅰ-2-1. 넓게 바라보는 농업의 세 측면과 그 특징

구분	특징
1차적 농업 (경제적 측면)	• 토양을 경작하여 식의주(食衣住)를 해결하는 수단 • 균형적 영양 제공(단백질, 지방, 탄수화물, 비타민 등) • 수입 농산물과 함께 단경기가 없는 사계절 풍족한 농산물 시대(21세기)
2차적 농업 (생태환경적 측면)	• 온 · 습의 균형 : 식물의 증산작으로 온도와 습도 조절 • 생물 다양성 유지 : 생태계 회복력을 결정짓는 다양한 생물종 보전 • 장식효과 : 조용하고 쾌적한 주거환경 조성 • 방음효과 : 자동차, 공장 등 소음 차단(70~80dB− 보이지 않는 살인자) • 차광 및 방열효과 : 복사열 감소(30℃에서 2~3℃ 낮춤) • 차폐효과 : 기능으로서의 식물, 보기 싫은 경관을 감춤 • 공기오염물질의 정화 : 탄소동화작용(탄소가스 흡수, 산소 생성) • 공기오염물질 흡수 : 먼지나 포름알데히드, 암모니아, 라돈, 일산화탄소 등 유해 휘발성 물질 흡수, 음이온의 발생 • 향기의 방출 : 테르펜(Terpene), 파이톤사이드(Phytoncide)

3차적 농업
(사회인문학적 측면)
	• 인간의 생리적 · 정서적 · 신체적인 면 등에 영향을 미치는 관점에 대해
	  우선적으로 관심을 갖고 삶의 질을 향상시키는 복지로서의 특징을 지님
	• 식물과 더불어 사람을 포함하여(People—Plant Interaction) 과거 농업의
	  생산적인 측면에서 이를 주관하는 인간에게 미치는 영향을 더욱
	  강조하는 새로운 의미의 농업
	• 심리적 안정감, 지적인 만족감, 적정 체중 유지의 운동 효과
	• 공동체 발전에 기여하며 전통문화의 계승과 새로운 문화 창출 촉진

농업이란 인간과 자연의 교섭과정이다. 그 과정의 결과로 인간은 생산물을 통해 식량을 얻게 된다. 농업이 지니고 있는 본질적인 식량생산의 기능뿐만 아니라, 다원적 기능에서 밝혀진 여러 역할들은 농업이 우리의 생활 가까이에 있음을 보여 주고 있다. 농업은 식량 생산을 위해 식물과 동물을 양육하고, 생산물을 얻어내는 등, 자연을 대상으로 사람의 활동이다. 이 과정 속에서 우리는 경제적, 생태적, 사회적 유익을 얻게 된다.

표 I-2-2. 도시농업에서 실천에 볼 수 있는 활동

영역	활동
유치원	놀이동산, 흙놀이, 식물심기, 씨앗뿌리기, 번식하기, 실내 원예활동, 식물채집
학교	교실 내 정원, 화분 놓기, 교정 가꾸기, 농사체험 학습, 음식 만들기, 식물채집, 야생화 탐색하기, 곤충과 동물 공부하기, 견학
회사	사무실 내 정원과 화분 놓기, 실외 정원, 로비화단, 원예활동, 견학
옥상	텃밭 가꾸기, 꽃밭 만들기, 잔디원 만들기, 나무 심기, 세덤 종류 심기, 산책길 조성
공원	자생화 동산, 녹지 조성, 정자, 쉼터, 농사 체험장 운영
도로변	꽃길 조성, 보리·유채 등 심기, 수벽 만들기, 토피어리, 방음벽에 넝쿨식물 심기, 가로수 심기
아파트	접시정원, 아트와 크래프트(실내외), 채소 가꾸기, 화분 놓기, 실내 조경, 가공식품(된장, 고추장, 병조림, 술, 와인, 차, 쨈, 김치, 장아찌 등)을 만들고 시식하기, 동물키우기
공공장소	화분 놓기, 전시회, 박람회, 경연대회, 농사체험 프로그램 운영
로타리	꽃밭 조성, 정자 만들기, 벼·보리·목화 등 심기
동물	애견, 어류(비단잉어, 금붕어, 열대어 등), 조류(잉꼬, 구관조 등), 고양이, 거북이, 토끼 등
행사	농업관련 국제 전람회, 박람회, 전시회, 학회, 심포지엄, 세미나, 포럼 등

도시농업은 도시민이 실천하는 농업을 의미한다. 여기에서 농업은 인간이 자연과 함께하는 행동 그 자체부터 생산물을 활용하는 결과까지를 포함한다. 이를 통해 도시민은 안전한 식품을 자급하는 것에서 즐거움과 보람을 느낄 수 있는 이로움을 얻게 된다.

즉, 식량을 생산하는 1차적 농업과 도시환경을 개선시키는 2차적 농업, 사회·심리적으로 풍요로움을 나누게 되는 3차적 농업의 의미를 모두 포함한다.

도시농업이란, 도시민이 다양한 공간을 이용하여 식물을 재배하고, 동물을 기르는 과정과 생산물을 활용하는 농업활동이다. 이를 통해 도시민은 경제적, 사회문화적 유익을 얻고, 도시 생활환경의 질적 향상을 도모할 수 있다. 또한 도시와 농촌의 교류를 통하여 농업인과 도시민의 삶의 질을 향상시키는 농업활동을 포함한다.

도시농업을 통해 얻을 수 있는 폭넓은 경험과 확장된 유익을 담고 있다. 도시 내에서 식물과 동물을 양육하고 생산물을 활용하는 것에 이르는 행위뿐만 아니라, 보다 효과적이고 현실적으로 활용 가능한 농촌 자원에 대한 적극적 이용을 포함한다. 농업이 식량 생산이라는 1차적 의미의 농업에서 그치는 것이 아니라, 2, 3차적 농업까지 포함함으로써 넓은 의미의 개념을 갖기 때문이다. 또한 도시농업은 도시민의 유익에 국한된 활동에 그치지 않고, 농촌을 포함한 국가, 지구환경까지 확대하여 서로 자연스럽게 연결되는 활동을 뜻한다.

'웰빙well-being'이 '잘 먹고 잘 살자'를 모토로 자신의 건강을 지향하는 참살이라면 '로하스'는 '제대로 먹고 제대로 살되, 나와 함께 너의 삶도 고려하자'라는 생각을 토대로 자신의 건강뿐만 아니라 사회의 지속가능성을 고려한 생활방식을 추구하는 움직임을 의미한다. 이는 가족과 자신의 건강과 지구의 건강까지 고려한 친환경적 사고와 더불어, 사회의 장래까지 생각하며 오늘을 살아가는 사람들의 모습이다. 이러한 삶의 모습을 도시농업이 추구하고 있다.

'로하스LOHAS=Lifestyle Of Health And Sustainability'라는 생활방식은 도시농업을 통해 우리가 지향하려는 '지속가능한 사회'를 이해하는 데 도움을 주는 개념이다. 개인의 건강을 넘어서 지구환경에 대한 국제적 관심과 더불어, 현재 우리 눈앞에서 벌어지는 각종 오염문제와 경제 불균형, 지역 간의 갈등 등 우리 사회 흐름 속에서 등장한 '로하스'는 우리 자신뿐만 아니라 사회 건강까지 고려하기 때문이다.

'로하스'에서 사용된 '지속가능성^{Sustainability}'은 '지속가능한 발전^{Sustainable Development}'이라는 용어를 통해 사용되기 시작하였다. 개발과 환경은 한쪽이 다른 한쪽의 일방적인 영향을 주는 것이 아닌, 서로 영향을 주고받는 동반자적 시스템이라는 입장에서 나온 개념이다. '미래세대의 필요 충족 능력의 감소 없이 현 세대의 필요를 충족시키는 발전'이라 정의되었다.

미래세대의 생존문제와 관련된 '지속가능성'의 개념에서 출발한 논의는 근래 들어 현 세대의 생존 또한 위협하기 시작한 환경문제에 대한 해결을 위해 적극적인 사고와 행동이 필요하게 되었다. 환경(자연)을 지배의 대상으로 바라보는 인간 중심적 세계관을 발전시킨 인류 문명은 지구환경이 스스로 정화할 수 있는 능력의 한계를 넘어선 '오염물질'을 계속해서 배출하고 있다. 생명체의 생존을 위해 균형이 필요한 생태계를 파괴해 나갔다. 그 단편적인 예가 지구 온난화이며, 이 영향으로 인류의 영속에 필수적인 식량 생산을 담당하는 농업이 피해를 입고 빙하의 해빙으로 인한 해수면 상승과 기후 이상을 겪고 있는 현실에 직면한 것이다.

이러한 배경에서 지속가능성의 개념은 세 가지 차원으로 구분된다. 첫째, 생태계를 중심에 놓고 '인간도 이 생태계의 일부'로 보고 환경문제를 이해하려는 접근으로서 생태적 지속가능성이다. 둘째, 환경문제의 본질적 원인이 획득 위주의 자원집약적 경제성장을 지향하는 사회문화적 배경에 있다고 보고 문제해결 접근 방식을 사회문화적 요인에 중심을 두는 사회적 지속가능성이다. 셋째, 환경을 사회와 인간의 물질적 생존 기반으로 간주하여 경제적 시스템에 대한 고찰을 중심으로 하는 경제적 지속가능성의 개념이다. 각각의 차원은 '지속가능성' 전체를 구성하며 상호연결되어 있는 요소이다.

표 Ⅰ-2-3. 세대별 도시농업 활동

구분	도시농업 활동의 예	유익 및 경제적 효과
아동	노인과 아이들이 함께 베란다 채소밭 일구기	• 학교정원을 이용한 학습에의 이용 • 대인관계 향상 • 창의성, 인지적 능력발달 • 어휘력 증가 • 정서불안 감소 • 자연체험을 통한 오감발달
청소년	접시정원 만들기	• 자연에서의 삶의 지혜 터득 • 자아정체감 확립에 도움 • 생명에 대한 본질적인 이해 • 심리적 안정감 • 학업성취도 향상 • 효율적인 시간관리 • 일에 대한 끈기 있는 자세 • 집중력 향상 • 열매 맺는 삶에 대한 관찰로 자신의 삶을 추론
노인	노인과 아이들이 함께 베란다 채소밭 일구기	• 관절 및 가벼운 운동효과 • 효율적인 시간관리 • 이웃간의 활발한 교류 • 고령화 사회의 노인 문제 감소 • 고령화 사회의 노인의 사회적 지위 향상 • 일거리 창출 • 자신감 증진 • 세대간 교류 활성화

우리가 도시농업에서 얻게 될 생태적·사회적·경제적 지속가능성의 첫 걸음은 의식의 전환이다. 이러한 의식의 전환은 식물과 동물의 양육 및 이용의 과정에서 얻게 된다. 한 개인을 중심으로 생각하는 데서 벗어나, 지구 전체를 중심으로 그 속에서 살아가는 우리를 생각하는 방식으로의 전환은 지속가능성을 실현하는 가장 중요한 변수가 될 것이다. 이는 지구를 중심으로 하늘이 돌고 있다고 생각하였던 천동설의 관점에서 태양을 중심으로 지구가 돌고 있다는 지동설의 관점으로 바꾸면서 학문과 사회가 발전해 나아간 것과 마찬가지로 큰 영향력을 미칠 수 있는 요인이 된다.

표 I-2-4. 지속가능한 사회로 만들어 가는 도시농업의 효과

지속가능성 측면	도시농업의 1차적 효과	2차적 효과
사회적 지속가능성	• 개인 신체적 건강 증진(운동, 영양, 공기정화 등) • 즐거움과 보람을 주는 활동 • 성취감과 자아만족감 부여 • 창조적 인간성 함양 • 생명에 대한 이해와 생명 존중 • 변화에 능동적인 삶의 자세 함양 • 인간과 식물, 환경의 조화로운 삶 지향 • 노인 인구 일자리 제공 및 사회참여 촉구 • 노령화 사회에 새로운 가치 창출 • 아동의 창의성 및 이해력 증진 • 청소년의 자아발달에 긍정적 기여 • 세대간 유대감 증진 • 공동체 형성 자극 • 도시의 범죄 감소 • 주변 환경미화 및 낙서 감소 • 주 5일 근무제에 여가선용 및 운동기회 창출	공동체의 회복
경제적 지속가능성	• 식량자급률 향상 • 안전한 농산물 자급 • 일자리 창출 및 인재 양성 • 농업 인식 전환으로 농업 중요성 지각 • 농가 인력구조 개선 • 지역 간 경제 불균형 완화 • 도시 혼잡비용 절감(1,790억 추산)	도시와 농촌의 균형적 발전
생태환경적 지속가능성	• 도시 건조화 완화 및 도시 홍수 방지, 지하수 보유 향상 • 도시 열섬현상 완화 • 도시 공기 정화로 대기환경 개선 • 자연적 기후조절로 냉, 난방 자원 소비 감소 • 교토의정서를 위한 대기환경 문제해결 방안 • 실내환경 개선 • 도시경관 미화 • 생물종 다양성 회복 • 방음, 차폐효과	단절된 생태계 순화의 회복

또한 이 커다란 변화는 학습을 토대로 단지 젖은 물티슈에 무씨를 뿌리고, 작은 화분에 강낭콩 씨앗을 심어 보며, 집 앞 화분에 토마토를 심어보는 것과 같이 쉽고 간단한 행동에서 시작된다. 그 행동은 점차 우리 주변의 자연 세계로까지 관심을 확장시킨다. 생각에서 출발한 작은 행동들과 자연을 따스한 눈으로 바라보며 시작되는 인식은 우리 사회가 공유하고 있는 가치규범을 장기적이며 거시적인 안목을 겸비할 수 있도록 이끌게 된다. 그리고 인류뿐만 아니라 생태계 전체를 중요시하는 가치를 갖도록 한다.

이것이 바로 우리가 도시농업에서 효과를 얻을 수 있는 메커니즘이 된다. 왜, 무엇에 대해 학습하고, 실행하며 알고 느끼는 것이 바탕이 되어 세상을 보게 된다. 이러한 순환이 나선형으로 증폭될 때 우리는 놀라운 성장을 하게 된다. 이에 따라 생태계와 경제의 균형을 고려한 개발을 토대로 우리 모두가 건강하게 살아갈 수 있으며, 미래의 후손에게 풍요로운 지구를 마련해 줌으로써 지속가능한 삶을 이어나아갈 수 있을 것이다.

도시농업은 국민 개개인의 이로움이 우선적으로 추구됨과 동시에 사회적으로, 생태적으로 그리고 경제적으로 많은 유익과 개선효과를 지니는 효율적인 문제해결 방식을 제안하고 있다. 이는 우리가 도시농업을 실행하였을 때 영향을 미칠 수 있는 다양한 차원의 이익들을 고려하며 진행시킴으로써 도시농업의 활성화라는 세계적인 흐름 속에서 독특하며 종합적으로 발전하는 도시농업의 모델이 됨과 동시에 건강하게 지속되는 사회모습을 이루어 나아갈 것이다.

또한 도시농업은 예방의학이 될 수 있다.

서양에서 최고의 명의로 히포크라테스가 손꼽히듯, 편작은 동양 최고의 명의로 손꼽힌다. 그는 "죽은 사람도 살려낸다"고 할 정도로 중국 전국시대에 가장 영험한 의사였다. 편작의 두 분 형 모두 의사였다. 큰형은 사람들이 병의 증상을 느끼기도 전에 얼굴빛만 보고도 장차 병에 걸릴 것을 미리 알고 치료했고, 둘째형은 사람들의 병세가 미미한 상태에서 그 병을 알아채고 치료하여 사람들은 많이 아프지 않은 상태에서 치료를 받으므로 자신의 병인이 제거되었다는 사실조차 깨닫지 못해 두 형은 세상에 명의로 널리 알려지지 않았다. 그러나 편작은 사람들의 병이 커지고 환자가 고통스런 신음을 할 때가 되어서야 비로소 병을 알아보고 맥을 짚었으며, 진기한 약을 먹이고 살을 도려내는 수술도 해야 했다. 사람들은 그런 의료행위를 보고서야 비로소 자신의 병을 고쳐 주었다고 믿게 되어 편작이 명의로 소문나게 된 까닭이었다. 오늘날의 용어를 빌리면 편작의 두 형은 '예방의학'이고 편작은 '치료의학'인 것이다. 사회의 구성원 모두가 병을 예방하도록 하는 것이 복지국가에서 추구하는 예방의학의 정신이다. 바로 이런 점에서 도시농업이 예방의학으로 현대 산업사회에서 의미가 있다.

우리나라는 최근 주 5일 근무제를 비롯 근로시간 단축 논의가 본격화되고 있다. 여가시간의 확대와 소득 향상으로 향후 여가수요가 크게 증대될 것으로 예상됨에 따라 국민들이 여가를 건전하게 즐길 수 있는 저비용 자아실현과 재창조^{re-creation}를 위한 여가시설의 확충이 요구된다. 그것은 바로 도시농업(都市農業)^{Urban Agriculture}을 대안으로 제시하고 우리나라 전반에 폭넓게 전개해야 할 것이다.

표 I-2-5. 도시농업으로 얻는 유익

도시민	농업인	도시	농촌
• 자연과의 교감으로 인간성 충족 • 건강 증진 • 공동체 형성과 발전 촉진 • 전통문화 체험으로 애국심 및 애향심 고취	• 농가소득 증대 • 역 외 주민과의 교류로 사회성 증대 • 직업에 대한 자부심 증대 • 친환경적 농업 경영으로 건강 증진 • 도시민의 농부 선생님으로 리더십 발휘 • 정보기술 활용과 문화적 혜택 증가	• 생태계 순화의 회복으로 쾌적한 환경 조성 • 오염의 자체 정화능력 향상 • 건강한 개인과 공동체로 건전한 사회 형성	• 도시와 교류를 통한 지역사회 인프라 형성 • 전통문화 계승으로 지역적 위상 고취 • 관광수입 증대로 지역경제 활성화

농업활동은 자연과 함께 스트레스를 풀고 건강한 체력과 정신을 유지할 수 있는 생산적인 활동이다.

식물과 동물을 양육하고 이용하며, 자연을 즐기는 도시농업으로 우리는 인간의 다양한 측면에서 볼 수 있는 연속적인 경험의 유익을 얻을 수 있다. 농업의 의미인 식량생산과 경작활동을 통해 신체적 도움을 받게 되며, 생명을 담고 있는 자연에 대한 경외감과 영혼의 체험까지 할 수 있다. 배고픔을 해결할 수 있으며, 공동체의 구성원으로 소속감을 느낄 수 있고 건전한 사회발전에 기여하는 경험을 나눌 수 있다. 단순한 자연탐색에서 식물을 옮겨 심는 등 주의를 요하는 세심한 행동의 연습까지 할 수 있다. 그리고 홀로 조용한 시간을 가지며 완성하고 결실을 맺을 수 있는 체험과 동시에 다른 사람과의 경험 공유 등 우리가 농업활동을 통해 얻는 경험은 연속적이며 다양한 차원에서 이루어질 수 있다.

현대인을 위협하는 많은 질병은 생활과 식습관에서 출발하는데, 스트레스가 크게 작용하기 때문이다. 따라서 예방과 치료를 위한 처방은 생활습관과 식습관을 개선시키는 것에서 출발할 수 있다. 한 심리학자는 자극적인 음식과 문화 등으로 인해 서로에게 시한폭탄과 같은 존재가 되었다고 분석하였다. 우리에게 가장 좋은 식단은 소박하고 담백한 우리 전통음식이다. 농경생활로 발달하게 된 전통음식 문화는 동방예의지국이라는 문화 형성에 기여하였다.

표 Ⅰ-2-6. 건강한 공동체 발전에 기여하는 도시농업의 효과

구분	도시범죄의 감소	가족의 식품비 절약	주변 환경의 미화 및 부동산 가치 증진	여가, 운동을 위한 기회 창출
도시농업 활동	마을 담장에 나팔꽃 심기	비타민이 풍부한 쌈채소 비빔밥으로 식품비 절약	마을 공동체 정원 가꾸기	토마토 기르기로 건강한 생활 즐기기
유익 및 경제적 효과	• 정신적인 스트레스와 피로 감소 • 폭력에 대한 정서적, 심리적 충동 감소 • 이웃 간의 친밀감 증가	• 농업활동을 통한 건강관리 • 식품비 절약 • 영양가 높고 안전한 식품 공급	• 쾌적하고 안락한 환경 조성 • 거주선호도 증진으로 경제적 가치 증가	• 주 5일 근무로 인해 늘어난 여가 시간 활용 • 운동의 효과 • 가족, 친구, 이웃 간 교류촉진

도시농업은 현대 도시민의 균형잡힌 식생활에 기여하며, 부족하기 쉬운 운동적 측면에서 도움을 준다. 안전하고 신선한 채소 및 과일은 탄수화물과 동물성 단백질 과잉의 식단에 균형을 유지해 준다. 농업은 정교한 작업부터 괭이질과 같은 대근육 사용을 유도한다. 그리고 실내생활이 대부분을 차지하는 도시민에게 식물과 함께하는 도시농업 공기개선 효과까지 가져온다.

식물의 광합성 작용으로 우리가 얻는 이로움은 식량에서 깨끗한 공기에 이르기까지 포괄적이다. 광합성은 식물이 빛과 물, 이산화탄소를 흡수함으로써 산소와 유기물을 생성하는 과정을 말한다. 식물이 만들어 내는 산소는 우리의 호흡에 필수적인 기체가 되어 생명유지를 위해 필요한 영양분(탄수화물)을 흡수하는 통로가 된다.

식물에 함유되어 있는 각종 영양소는 사람의 신체에 식품, 영양, 질병예방의 중요한 역할을 하며 채소, 과일들은 우리의 몸을 건강한 유지하는 데 도움이 된다. 예를 들어, 식물에 있는 비타민과 항산화물질을 섭취하면 암 발생을 억제하고 면역을 증가시킨다. 또한 도시농업은 운동효과가 있는데, 한 시간의 제초작업은 300cal를 소모한다. 이는 한 시간의 자전거 타기나 빠른 보행과 같은 에너지를 소모하는 양이다. 근육조정과 사용하지 않는 근육의 단련에 효과적이며 기본적인 운동근육 기능의 발달 및 향상을 가져올 수 있다. 괭이질은 79~98cal가 소모되는데 조깅(91~100cal)이나 계단 오르기(79~91cal)와 비슷한 양의 에너지를 소모한다. 물조리개를 이용하여 물주기를 할 때 33~48cal, 씨앗 파종은 23~46cal의 에너지를 소모하므로 이러한 정원에서의 농업활동은 운동효과가 있음을 알 수 있다.

도시농업을 통해 식물의 성장에 참여하게 될 경우, 우리는 두 가지의 행동을 하게 되는데, 하나는 식물의 성장에 직접적으로 참여하는 '키우는(양육)' 행동이다. 식물을 양육할 때, 주로 우리의 오감(五感)을 이용하며 이러한 감각적인 체험을 토대로 창의적으로 문제를 해결하며 무엇인가를 만들어 나가는 동작체험을 함께 하게 된다. 다른 하나는 식물 성장에 직접적인 관여를 하지 않는 행동들로서, 식물의 생산물을 이용해 요리를 하거나, 장식물을 만드는 행동을 의미한다. 이 과정에서 우리는 성취함과 만족감, 자아존중감, 기쁨 등을 느끼게 된다.

생명을 양육하는 과정에서 생산물을 획득해 이용하는 과정은 우리에게 깊이 있는 배움의 기회를 제공한다. 현대사회에서 강조된 획득(이용)의 경험은 그 결과를 이루어 가는 과정의 중요성을 놓치게 된다. 그러나 양육에서 이용까지 과정이 있을 때 진정한 성취감을 느끼게 하며, 기쁨을 갖게 한다. 기다림, 인내, 장기적 안목, 타인에 대한 배려 등의 경험은 생명체를 양육함으로써 얻을 수 있는 소중한 체험이 된다.

심리학자 Maslow가 설명한 인간행동을 일으키는 동기를 살펴보면, 인간은 누구나 기본적인 욕구에서 최상의 욕구까지 단계를 지니며, 각 단계의 욕구를 추구하기 위해 행동을 하게 된다. 그리고 하나의 욕구가 충족되면 우리는 그 욕구에 대한 만족감을 느끼며 다음 단계의 욕구를 추구하려 한다. 사람에게 가장 기본적인 욕구는 배고픔이다. 안전한 먹을거리가 없을 경우, 사람은 불안감을 느끼게 되며 다른 것에 대한 욕구를 느끼지 못한다. 두 번째 욕구는 안정적인 공간에 대한 욕구다. 자극적이고 스트레스를 주는 환경은 우리에게 안정감을 주는 곳으로 옮기려는 강력한 동기를 불러일으킨다. 세 번째로 공동체 속에서 살아가려는 욕구다. 사람은 홀로 살아갈 수 없는 사회적인 동물이다. 현대 사회에서는 가족이 해체되고 개인의 소외와 고립현상이 심화되고 있다. 그 속에서 개인은 소속감을 느끼기 위해 부단히 노력하게 된다. 네 번째는 자신을 존중하고 나아가 다른 사람들을 존중하려는 욕구다. 자신에 대한 믿음과 생명의 소중함은 확장되어 다른 사람들과 다른 생명체에까지 적용될 수 있다. 마지막으로 생명윤리에 의거해 최상의 인간성 구현과 자연에 적합한 삶을 살아가려는 욕구다.

도시농업을 통해 개인들은 기본적인 배고픔의 욕구부터 최상의 욕구까지 충족시킬 수 있다. 안전한 농산물을 생산하고 이용하며, 심리적 안정감을 가져오는 녹색 환경을 창조함으로써 충족될 수 있다. 또한 공동작업과 공동 관심사를 나누는 공동체 형성의 경험을 가질 수 있으며, 자신을 존중하고 다른 사람을 배려하며 지속가능한 사회건설에 이바지 할 수 있다. 마지막으로 우리는 자연에 적합한 삶의 방식을 배우고 인간과 식물 그리고 환경이 조화를 이루는 삶으로 가꾸어 나갈 수 있다.

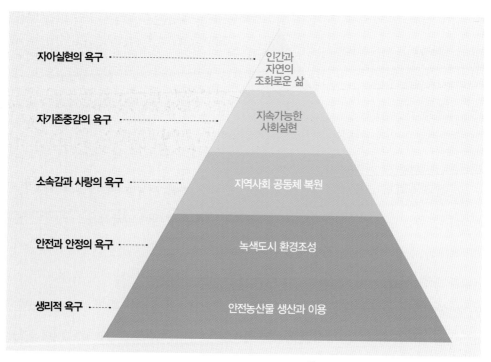

그림 I-2-1. 인간욕구 5단계와 도시농업 실천 5단계

표 I-2-7. 도시농업의 인간욕구 단계별 유익

인간욕구 단계	도시농업의 유익
1단계 생리적 욕구	**안전한 농산물 생산과 이용** 생리적 욕구는 우리 생존에 필수적인 음식, 공기, 옷 등에 대한 욕구이다. • 신선하고 영양소가 풍부한 안전식품 자급 • 맑은 공기와 밝은 햇빛
2단계 안전과 안정의 욕구	**녹색도시 환경 조성** 안전과 안정의 욕구는 외부 환경의 위협에서 자신을 지키려는 욕구이다. • 도시 미기후 조절 및 대기오염, 열섬현상, 건조화 및 홍수 경감 • 회색의 스트레스에서 벗어나 심신의 긴장을 완화시키는 녹색 환경 제공
3단계 소속감과 사랑의 욕구	**지역사회 공동체 복원** 사람은 자신과 공통점이 있는 사회에 속하려는 욕구를 강하게 지니고 있다. • 다른 사람과 기쁨의 경험 공유 및 상호작용의 기회 • 다른 사람들에 대한 책임과 필요성 지작 • 현대사회에서 개인의 소회와 고립을 경험하는 도시민들이 건강한 공동체를 형성하고, 발전시키는 유익 제공

4단계 자기 존중감의 욕구	**지속가능한 사회실현** 자기존중감은 타인에게서 인정과 존경을 받고 싶은 욕구이다. • 개인들은 공동체 내에서 인정 받음 • 상대방에 대한 이해를 경험 • 이 경험을 바탕으로 사회를 소중하게 가꾸어 나가려는 노력하기 • 개인에서 출발한 존중감은 사회 전반으로 확산되어 지속가능한 사회 건설
5단계 자아실현의 욕구	**인간과 자연의 조화로운 삶** 자아실현은 인간 본성의 충분한 발현이며, 자연스러움과 자신과 타인, 자연에 대한 수용, 자율성 등을 얻으려는 욕구이다. • 자연의 움직임 속에서 삶의 지혜를 배움 • 식물과 환경을 고려하여 자연스러운 삶을 살아갈 수 있도록 방향 설정 • 조화로운 삶은 농업인과 도시민이 더불어 잘 사는 복지사회 건설

2 농업으로 자원봉사하는 Master Gardener

1) Master Gardener

대체적으로 많은 사람들은 농업이 사양산업이기도 하지만 국가 기본산업으로써 중요하다고 한다. 조선시대에는 농업을 농자천하지대본(農者天下之大本)이라 하여 사람들이 살아가는 근본으로 농업을 장려하기도 했었다. 농업은 경제성장과 더불어 세계가 급격히 하나의 공동체가 되면서 점점 순수 경제적인 측면에서는 낮은 수익성을 가지는 산업으로 위치가 낮아진 측면이 없지 않으나, 완전한 선진국으로서의 면모를 갖추려면 농업이 기반산업이라는 것은 역사적으로 잘 증명되고 있다. 농업이 후진한데도 선진국인 나라가 없기 때문이다. 우리는 농업을 보편적으로 경제적인 먹거리 생산 농업, 즉 1차적인 농업이라고 생각한다. 그렇지만 범위를 넓게 보면 생물 다양성을 유지하거나 방음·차광·방열 효과 그리고 공기오염을 줄이게 하는 2차적 농업, 즉 생태 환경적인 농업이 있다. 또한 사람들에게 생리적, 심리적 안정감을 주고, 지적 만족감과 신체적인 운동효과 등에 영향을 미치는 3차적 농업, 즉 사회문화적인 농업이 있다. 우리나라의 1인당 국민소득이 3만 불 시대를 바라보는 시점에서는 1차적인 농업은 국가 안보산업으로 지속적으로 육성하고 이제부터는 2~3차적인 농업에서 경쟁력과 활로를 찾아야 한다. 그래야 농업인의 자긍심도 높일 수 있다고 본다.

이와 유사한 사례를 미국에서 찾을 수 있다.

1970년 초반 미국인들이 경제적으로 어느 정도 생활의 기반을 잡으면서 먹는 식재료를 자급자족으로 키우고 수확하여 요리하는 즐거움과 자신의 정원은 물론 지역사회 주변을 아름답게 구미 지속가능한 환경을 만들어 가려는 욕구들이 자연발생적으로 생겨났다. 예를 들어 시민들이 문의가 Washington State Extension Pierce and King Counties에 쇄도하게 되었는데, 우리나라로 비교해 보면 최근 시·군농업기술센터에 농업기술에 대한 지역주민들의 관심들이 늘어난 것처럼 40여 년 전에 미국이 그랬다. 당시 Extension County 원예담당자가 순수 농업이 아닌 취미에 가까운 삶의 질과 연관된 농업기술에 대한 상담을 혼자 감당하기가 어려워졌다. 그래서 기본적인 농업기술을 가지고 있는 퇴직자들을 중심으로 인원을 공개 모집하여, 상담기술과 지역농업에 대한 교육을 짧은 기간 이수하게 하고 자원봉사자로 활동하게 만들었다. 이들이 지금 미국과 캐나다 등에서 자원봉사자로 활용하고 있는 10만 여명의 마스터가드너들이다. 마스터가드너는 'EMG^{Extension Master Gardener}'라고도 하는데 시·군농업기술센터에서 육성하고 있으며 성공적인 농업의 자원봉사 사례라고 할 수 있다.

그림 I-2-2. 미국 Master Gardener

우리나라도 2011년에 시작되어 현재는 36개 농업기술센터에서 850여 명의 마스터가드너들이 활동 중에 있다. 지금은 시작 단계라 활동 범위와 방식들이 조금씩 다르지만 본래의 취지인 농업을 매체로 하는 지역사회 자원봉사 활동으로 정착되고 있다. 한국 마스터가드너의 모토^Motto^는 심고^Plant^, 가꾸고^Grow^, 나누고^Share^의 '3고^Three Go^'로 주로 시·군농업기술센터에서 하는 지역 행사에서 자원봉사를 하면서 공공기관이나 학교 등에 정원을 만들어 관리하고 당당히 교육자 역할을 자임하고 있다. 우리나라가 해방되고 한국전쟁 후 아주 어려운 시기에 미국에서 4-H가 들어와 우리나라 산업화 혁명을 완수하고 지금의 경제 성장을 주도하였듯이, 마스터가드너는 내면의 삶을 풍성하게 하는 생활농업, 국민농업으로서 우리나라가 앞으로 다가 올 선진문화 대국으로 가는 데 선도적인 역할을 할 것으로 기대한다.

2) Master Gardener 추진사례(제주농업기술센터)

농촌진흥기관인 제주농업기술센터는 2011년부터 Master Gardener 과정을 시작하였다. 국가의 기본산업이며 생명산업인 농업을 매체로 한 자원봉사자^Volunteer^ Master Gardener를 양성하여 누구나, 언제, 어디서나 농업활동을 실천할 수 있도록 도와 주고, 자연환경 보호는 물론 생산적인 여가활동 기회를 제공하고 있다. Master Gardener가 되려는 사람은 제주 Master Gardener Program 운영에 동의하면서 농업을 매체로 한 자원봉사가 가능한 Opinion Leader로서 제주농업을 사랑하고 자랑할 수 있어야 한다. 또한 원예와 정원생활을 배워서 지식과 식물들을 남들과 나눌 수 있어야 하며, 돈을 벌기 위함이나 직업을 선택하려는 것은 아니다. 제주농업기술센터는 50시간 이론 강의와 50시간 이상 자원봉사, 인터넷 사용, Noblesse Oblige가 실천 가능한 회원을 모집하였다.

그림 I-2-3. 제주농업기술센터 Master Gardener Program

Master Gardener 과정을 이수 후 각종 자원봉사 사업계획을 수립하고 제주농업기술센터에서 주관하는 전시회, 축제, 박람회 등의 행사에 참여하였다. 또한 공공기관, 학교, 어린이집, 길거리 공터 등의 정원을 조성 · 관리하고 실내외 정원 자랑하기 Tour와 국내외 Master Gardener 클럽과 교류하는 활동 모두를 기록 보관하도록 하였다.

그림 I-2-4. 제주농업기술센터 Master Gardener Program

Master Gardener Program 등록비는 100천원을 받았다. 용도는 각종 교육자료 및 재료비, Name Tag, 유니폼, 모자, 정원관리 기구 등의 구입과 국제활동 초기 비용으로 쓰도록 하고 관리는 자율적으로 했다. Master Gardener 회원관리는 제주 Master Gardener Program 과정을 수료하고 자원봉사 활동을 마치면 개인별 영구 고유번호를 부여하였고, Master Gardener 자격 부여는 매년 보수교육 10시간 및 자원봉사 10시간을 하고, 주관기관에서 계획적으로 관리하고 사회에서 자존감과 자긍심을 느낄 수 있도록 조장하였다.

Master Gardener Program 교육은 매주 금요일 5시간씩 10회 실시되었고, 기간 중에서 하루는 현장실습 정원 견학 일정이 있었다. 교육을 수료하면서 다음과 같이 Master Gardener 서약을 했다. "나는 농업을 매체로 한 자원봉사자로 자연환경 보호와 지역 경관을 아름답게 조성 관리하고, 만들어 나누며, 생산적인 여가활동과 건강한 삶을 사는 선진문화를 선도한다." 그리고 Emblem, Slogan(자연을 춤추게 하라), Motto(심고, 가꾸어, 나누자)를 만들어 활동하였다.

③ 도시농업의 과제와 발전 방향

도시농업의 목표나 목적, 그리고 그 방향과 효과가 옳고 그름을 떠나서 도시농업은 이제 널리 알려져 있다. 그 동안 도시농업 관련 기관이나 단체들의 노력이 많았는데 어쩌면 시대적인 요청으로 너도 나도 다들 도시농업 컨셉으로 가려는 결과인지도 모른다. 도시농업이 우리 사회에 많이 필요하다는 시기적절성과 필요성들이 여기저기에서 나타나고 있다. 식물을 가지고 축제를 하거나 행사를 하면 사람들이 찾는다는 것이다. 바로 도시농업에 대한 요구가 높다는 것을 반증하는 것이다.

이런 현상을 비유적으로 이야기하면 "모래밭에서 사금 찾기"이거나 속담에 있는 말처럼 "구슬이 서말이라도 꿰어야 보배다". 즉, 이제는 조직화되고 체계적인 도시농업 발전 전략이 필요하다. 모래밭에서 반짝반짝 빛나는 농업활동들을 시스템화를 통해서 중장기적인 목표를 가지고 활용해야 한다.

농업 선진국으로 가는 단계는 미국에서 찾아보면 좋을 것이다. 마스터가드너는 미국 농촌 지도사업의 성공 사례이기도 하다. 자연발생적으로 탄생한 마스터가드너를 육성하고 도시 농업 실천가로 육성해야 한다. 시기적으로 대한민국의 근대화 역군인 베이비부머들이 퇴직하고 이들은 농경문화를 잘 알기 때문에 충분히 도시농업을 생산적인 여가활동으로 접근할 수 있다. 마스터가드너는 산업사회가 이룬 물질적인 풍성함을 넘어 심리적 삶의 내면적 풍요로움을 가질 수 있고, 심리적인 부자가 되는 일이 도시농업이기 때문이다. 도시농업이 이시대의 꽃이 되기 위해서는 4-H 운동처럼 '운동화'가 필요하고, 농촌진흥기관이 주관해야 한다. 미국에서도 농촌지도기관이 마스터가드너의 행정적인 일을 처리하고 있다. 4-H 운동이 시·군 단위로 육성된 것처럼 Master Gardener도 시·군 단위로 회원을 육성하고, 자원봉사 활용을 하고, 그 기록을 관리하면서 육성되어야 한다. 중앙에서는 중장기 계획을 수립하고 국가 예산을 확보·지원하고 중앙단위 행사를 주관할 수 있도록 민간기관을 지원해야 한다. 4-H 운동처럼 도시농업이 Master Gardener 운동으로 활성화하고, 활동하는 회원들에게 최고의 삶의 자긍심을 가질 수 있도록 도와 주어야 한다. 국내 활동도 지원하고 미국 Master Gardener와 정기적인 국제행사와 교류를 할 수 있도록 지원해야 대한민국 도시농업이 세계화하는 길이 될 것이다.

그렇게 된다면 우리 시대가 요구하는 도시농업을 통해 환경을 개선하고, 경제의 균형적 성장을 이끌며, 국민의 삶의 질을 향상시킬 수 있다. 현재의 삶을 개선하고 지속적인 발전을 위한 방안들이 다양하게 국제적으로 제시된다면 우리 모두는 신체와 정서, 경제와 환경, 개인과 공동체, 도시와 농촌 모두를 아우르는 통합적 시각으로 도시농업을 발전시킬 수 있을 것이다.

3

도시농업
관련 제도

01 도시농업 관련 법령 및 제도 이해

도시농업 관련 법령 및 제도 이해

우미옥

「도시농업의 육성 및 지원에 관한 법률」(이하 '도시농업법')은 2011년도에 제정된 후 여러 차례의 개정을 거쳐 현재의 모습에 이르렀다. 도시농업법의 법령은 법률, 시행령, 시행규칙으로 구성되어 있으며, 아울러 법 제21조에서 위임 규정한 「도시농업관련 농자재 등의 안전한 관리 및 처리에 관한 기준」에 대한 농림축산식품부고시가 있다. 이 장에서는 도시농업법의 제·개정 등 주요연혁, 도시농업의 정의 및 제정 취지 등 법률 및 하위법령의 주요 내용, 이를 근간으로 한 지방자치단체(이하 '지자체') 조례 제정 현황에 대해 알아보았다. 또한, 법정기념일인 '도시농업의 날' 및 국가전문자격인 '도시농업관리사' 제도 등 도시농업법에서 다루고 있는 주요 제도에 대해서도 살펴보았다.

1 도시농업법

1) 개요

도시농업법은 2011년 11월 22일에 제정·공포되었으며, 6개월 뒤인 2012년 5월 23일에 '시행령'과 '시행규칙'이 공포됨으로써 시행되었다. 또한 「도시농업관련 농자재 등의 안전한

관리 및 처리에 관한 기준」에 대한 고시는 2012년 6월 7일에 고시되었다. 현재의 도시농업
법(2019년 12월 기준)에 이르기까지 주요 개정 경과와 그 내용은 다음과 같다.

① 2016년 12월 2일 법률 일부 개정(2017년 3월 3일 시행)

'도시농업위원회'(위원장이 농림축산식품부 장관)를 '도시농업협의회'(위원장이 농식품부 차
관)로 변경하여 위원회 운영의 활성화를 도모하고자 함

② 2017년 1월 2일 시행규칙 일부 개정(즉시 시행)

'도시농업지원센터' 및 '전문인력 양성기관'의 지정 및 운영기준을 완화하여 전문교육기관의
제도 진입 장벽을 낮춤으로써 교육인력양성 생태계를 활성화하고자 함

㉮ 도시농업지원센터 : 상근인력(의무)을 3명에서 1명으로 축소하고 교육·연구·보급 등
　에 7년 이상 종사한 실무경력(정부기관 및 대학)이 있는 자를 교수요원 자격으로 추가하
　는 등 지정기준을 완화, '농사요령교육과정(이론 20시간, 실습 20시간)'의 총 교육시간은
　유지하되 과목당 시간을 자율적으로 구성
㉯ 전문인력 양성기관 : 상근인력(의무)을 2명에서 1명으로 축소하고 교육·연구·보급 등
　에 7년 이상 종사한 실무경력(정부기관 및 대학)이 있는 자를 교수요원 자격으로 추가하
　는 등 지정기준을 완화, '도시농업전문가 양성과정(이론 40시간, 실습 40시간)'의 총 교
　육시간은 유지하되 과목당 시간을 자율적으로 구성

③ 2017년 3월 21일 법률 일부 개정(2017년 9월 22일 시행)

도시농업의 범위에 수목 또는 화초를 재배하는 행위 및 양봉 등 곤충을 사육하는 행위를 추
가, 도시농업 관련 해설·지도·교육 업무를 전문적으로 수행하는 '도시농업관리사' 제도를
도입(제11조의2 신설), 매년 4월11일을 '도시농업의 날'로 지정함(제21조의2 신설)

2) 주요내용

현재 도시농업법의 주요 내용은 다음과 같고, 좀 더 세부적인 사항은 '도시농업 관련 제도' 부분에서 자세히 다루겠다.

① 목적

자연친화적인 도시환경을 조성하고, 도시민의 농업에 대한 이해를 높여 도시와 농촌이 함께 발전하는 데 이바지함을 목적으로 함

② 정의 및 유형별 분류

㉮ '도시농업'이란 취미, 여가, 학습 또는 체험을 목적으로 도시지역에 있는 토지, 건축물 또는 다양한 생활공간을 활용하여 농작물, 수목, 화초를 재배하고 곤충을 사육(양봉 포함) 하는 행위를 말함. 이 외에 '도시지역', '도시농업인', '도시농업관리사'에 대해 정의하고 있음

㉯ 다섯 가지 유형으로 나뉘며, 주택활용형, 근린생활권, 도심형, 농장형·공원형, 학교교육형 도시농업으로 분류함

③ 책무(의무)

국가와 지방자치단체 등의 책무, 종합계획(5년마다) 및 시행계획의 수립 및 시행, 도시농업협의회 운영, 현황 실태조사, 교류 및 협력시책 수립 등

④ 사업지원

도시농업공동체, 공영도시농업농장, 민영도시농업농장 운영 지원 근거

⑤ 기술지원

도시농업 관련 연구, 기술 개발 및 보급 등 기술 지원 근거

⑥ 인력육성

도시농업지원센터, 전문인력 양성기관 지정 및 지원 근거, 도시농업관리사 제도 운영

⑦ 활성화 방안

도시농업 박람회 및 생활경진대회 개최, 도시농업종합정보시스템 운영, 도시농업의 닐 (4.11) 지정 등

⑧ 농자재 등의 관리 및 처리 기준 고시

안전한 친환경 농산물 생산 및 교육, 환경오염의 방지, 농사기술 교류, 텃밭조성 금지지역 및 금지행위 규정, 옥상텃밭의 조성 및 관리 등

3) 지방자치단체의 조례 제정 현황

2011년에 도시농업법이 제정된 이래, 2019년 말 기준으로 총 249개의 지자체 중 44%에 해당하는 110개의 지자체가 도시농업 관련 조례를 제정한 것으로 조사되었다.

표 I-3-1. 지자체 도시농업 관련 조례 제정 현황(누계)

구분	'11년	'15년	'16년	'17년	'18년	'19년
합계(비율)	21(8.4)	85(34.1)	91(36.5)	98(39.4)	100(40)	110(44.2)
광역자치단체	4	9	9	10	10	12
기초자치단체	17	76	82	88	90	98

2 도시농업 관련 제도

1) 도시농업의 날

도시농업의 날은 4월 11일이고 법정기념일이며 2017년 3월 도시농업법 개정으로 제정되었다. 도시민들의 농사 의욕이 충만해지는 '4월'과 흙(土)이 연상되는 '11(十一)일'을 도시농업

의 날로 정하고 국가와 지자체는 매년 도시농업의 날 기념식을 개최하고 있다. 한편 도시농업단체가 공동으로 채택하여 매년 기념일에 선언하는 '도시농부 선언문'은 다음과 같다.

표 Ⅰ-3-2. 도시농부 선언문

도시농부 선언문

대도시를 중심으로 온 나라에 퍼지는 도시농업은 사람들의 경작본능을 일깨우며 확산되고 있다. 도시농업의 활성화에 기여하고 있는 도시농부들은 도시농업운동의 출발에서부터 도시농업의 공익적 가치를 실천해오고 있는 사람들이다.

도시농부는
· 회색의 콘크리트와 도시의 버려진 공간을 생명이 자라는 녹색의 공간으로 만들어 가고 있다.
· 단절된 세대와 이웃, 사람과 사람의 관계를 잇는 공동체텃밭을 만들어 간다.
· 버려지는 유기자원을 이용한 자원순환 퇴비 만들기, 빗물의 이용, 화석에너지에 의존하지 않는 삶의 방식을 배우고 실천하고 있다.
· 꿀벌을 기르며, 풀과 곤충과 사람이 어우러지는 생태도시의 미래를 일군다.
· 텃밭에서 아이들을 교육하며, 농부학교를 통해 시민교육의 장을 형성해 간다.

이러한 도시농부들의 실험과 도전에 의해 만들어지고 있는 공동체 텃밭은
· 문화적, 사회적, 세대 간 다양성을 담고 이웃이 함께 하는 소통의 공간이다.
· 자연체험, 생물다양성, 식량주권과 토종종자 보전의 공간이다.
· 도시와 농촌 농업을 잇는 다리이다.
· 자연과 공생하는 인류, 농업의 공익적 가치와 공정한 가격, 친환경 먹을거리에 대한 인식을 높여준다.
· 환경교육, 공동학습, 교환, 공유의 장소이며, 휴식과 치유를 위한 공간이다.

우리가 살아가는 도시에는 더 많은 공동체 텃밭, 더 많은 경작 공간, 더 많은 도시농부를 요구하고 있다.
우리는 공동체가 자라나고, 지속가능한 도시의 미래가 싹트며, 인류의 근본인 먹거리와 농(農)의 가치를 지켜나가는 희망의 씨앗인 이 텃밭들이 튼튼하게 뿌리내리기를 바란다.

도시가 우리의 텃밭이다. 도시를 경작하자!

2) 도시농업관리사

도시농업 전문 인력을 효율적으로 양성하는 기반을 마련하고, 도시민들이 양질의 교육서비스를 받을 수 있도록 국가전문자격인 '도시농업관리사' 제도를 2017년 3월에 도입하였다. 현재까지 도시농업관리사 자격증 총 취득 건수는 4,000여 건으로 취득 건수는 매년 증가하는 추세이다.

* ('17년) 331명 → ('18년 누계) 1,840명 → ('19년 누계) 4,027명

① 정의(도시농업법 제2조)

도시민의 도시농업에 대한 이해를 높일 수 있도록 도시농업 관련 해설, 교육, 지도 및 기술 보급을 하는 자

② 자격취득요건

㉮ 대통령령으로 정하는 도시농업 관련 국가기술자격증(농화학, 시설원예, 원예, 유기농업, 종자, 화훼장식, 식물보호, 조경 또는 자연생태복원 분야의 기능사 이상) 중 1개 취득하고, 도시농업법에 따른 전문인력 양성기관에서 '도시농업전문가 양성과정(이론 40시간 + 실습 40시간 이상)'을 이수

㉯ 위 두 요건에 대한 취득 순서는 무관

③ 자격취득절차

㉮ 자격증 발급신청은 온라인, 우편, 방문접수로 가능하며 자격증 발급기간은 접수일로부터 최대 30일이 소요된다(그림 1-3-1 참조).

㉯ 온라인 : 「모두가 도시농부」(이하 '모두농' ; www.modunong.or.kr) 온라인 사이트에 접속하여 상단메뉴의 '도시농업관리사' 아래 '자격증 발급·신청' 메뉴를 선택하여 신청

㉰ 우편 : 우)30033 세종특별자치시 조치원읍 군청로 93 농림수산식품교육문화정보원 도시농업관리사 담당(주소 및 담당부서는 변동될 수 있으므로 농림수산식품교육문화정보원에 확인 필요)

㉓ 방문 : 농림수산식품교육문화정보원(세종특별자치시 조치원읍 군청로 93)

④ **의무배치사항(도시농업법 제11조의2제5항)**

국가 또는 지자체가 실시하는 도시농업 교육과정의 경우 수강생 40명당 1명 이상 도시농업 관리사를 의무 배치해야 함

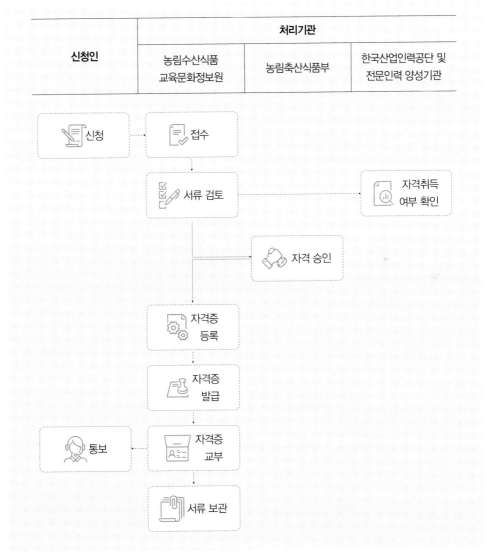

그림 Ⅰ-3-1. 도시농업관리사 자격증 처리절차

⑤ **활동분야**

㉮ 주말농장, 도시농업공원, 실내식물 조경시설 등의 유지 · 관리

㉯ 전문교육기관 교수요원, 전국 농업기술센터의 교육사업 운영(도시농업법 제11조의2제5
항에 따라 국가 · 지자체가 실시하는 도시농업 교육과정 수강생 40명당 1명 이상 도시농
업관리사를 의무 배치해야 함)

㉰ 학교텃밭 조성 · 관리 및 텃밭체험 프로그램 운영 등 유 · 소년, 청소년 대상 학교텃밭 강사

㉱ 사회복지시설 프로그램 운영 등 취약계층 대상 복지텃밭 관리 및 교육 등

3) 도시농업협의회

도시농업의 육성 및 지원에 관한 사항을 심의하기 위하여 도시농업법 제7조에 따라 농림축
산식품부장관 소속으로 도시농업협의회를 운영한다.

① **구성**

㉮ 도시농업협의회는 농식품부 차관이 위원장이 되며 위원장을 포함하여 15명 이내의 위원
으로 구성된다. 위원은 행정안전부, 농림축산식품부, 환경부, 국토교통부, 농촌진흥청,
산림청 소속 공무원인 '당연직 위원'과 농림축산식품부장관이 위촉하는 '민간위촉직 위
원'으로 구성되며 임기는 2년이고 한 번만 연임이 가능하다.

㉯ 민간위촉직 위원 : 도시농업에 관하여 학식과 경험이 풍부한 사람

② **심의사항**

㉮ 종합계획의 수립 및 변경

㉯ 시행계획의 추진실적 평가

㉰ 도시농업 관련 연구 및 기술개발

㉱ 도시농업종합정보시스템의 구축 및 운영

㉲ 그 밖에 농식품부장관이 필요하다고 인정하는 사항

③ 의결

위원장이 회의를 소집하며, 재적위원 과반수의 출석으로 회의를 개의하고 출석위원 과반수의 찬성으로 의결함

4) 도시농업 교육기관

도시농업 법령에 따라 지정되어 운영하는 도시농업 교육기관은 일반인을 대상으로 기초농사기술을 가르치고 도시농업 기본정보를 제공하는 '도시농업지원센터'와 도시농업관리사 등 전문인력을 양성하는 '전문인력 양성기관'이 있다.

① 도시농업지원센터

㉮ 역할 : 도시농업의 공익기능 등에 관한 교육과 홍보, 도시농업 체험 및 실습 프로그램의 설치와 운영, 도시농업 기술의 교육과 보급, 도시농업 관련 농자재 보급과 지원, 그 밖에 도시농업 관련 교육훈련을 위하여 필요하다고 인정되는 사업 수행 등

㉯ 지정기준 : 지도 교수요원 3명 이상(1명 이상 상근), 강의실 50㎡ 이상, 실습 및 체험장 1,000㎡ 이상, 농자재 보관시설 50㎡ 이상, 정보 지원실 30㎡ 이상, 화장실 등 그 밖에 교육 및 실습을 위한 편의시설, '농사요령교육과정'(이론 20시간 + 실습 20시간, 도시농업의 이해, 기본 농사기술, 텃밭기반조성 및 농자재 관리방법 등) 운영, 도시농업 정보 제공 프로그램 운영 등

㉰ 지정절차 : 지원센터 지정신청을 받은 후 지정기준에 적합하다고 판단되면 농식품부장관, 시·도지사 또는 시장·군수·구청장이 지정

② 전문인력 양성기관

㉮ 역할 : 도시농업관리사 등 전문인력을 양성하기 위한 교육과정 운영

㉯ 지정기준 : 지도 교수요원 2명 이상(1명 이상 상근), 강의실 50㎡ 이상, 실습 및 현장학습장 100㎡ 이상, 화장실 등 그 밖에 교육 및 실습을 위한 편의시설, '도시농업전문가 양

성과정'(이론 40시간 + 실습 40시간, 텃밭기반조성, 친환경 농법, 교육프로그램 개발, 관련 법 이해, 리더십 등) 필수 운영. 단, '농사요령교육과정'(이론 20시간 + 실습 20시간)도 추가운영 가능

㉰ 지정절차 : 양성기관 지정신청을 받은 후 지정기준에 적합하다고 판단되면 농식품부장관, 시·도지사 또는 시장·군수·구청장이 지정

표 I-3-3. 지역별 교육기관 지정 현황('2019년 말 기준)

구분	서울	부산	대구	인천	광주	대전	울산	세종	경기	강원	충북	충남	경북	경남	전북	전남	합계
지원센터	8	6	–	2	1	–	–	–	9	1	1	–	1	1	–	–	30
양성기관	8	10	3	2	1	2	2	1	28	1	1	3	8	6	3	2	81

5) 도시농업농장

도시농업농장은 국가 또는 지자체가 조성하고 운영하는 '공영도시농업농장'과 민간이 운영하는 '민영도시농업농장'이 있고, 도시농업 법령에서 정한 규정에 따라 지정되어 운영하고 있다.

① 공영도시농업농장

㉮ 개설승인기준 : 텃밭 1,500㎡ 이상, 쉼터, 화장실, 주차장, 관수용 물탱크, 실습교육장 및 퇴비장 등 부대시설, 업무규정과 운영관리계획서 구비 등

㉯ 지정절차 : 개설승인신청을 받은 후 개설기준에 적합하다고 판단되면 농식품부장관은 시도지사에게, 시·도지사는 시장·군수·구청장에게 승인

② 민영도시농업농장

㉮ 등록기준 : 텃밭 1,500㎡ 이상, 쉼터, 화장실, 주차장, 관수용 물탱크, 실습교육장 및 퇴

비장 등 부대시설, 업무규정과 운영관리계획서 구비 등

㉯ 등록절차 : 시장 · 군수 · 구청장에게 등록신청서를 제출, 등록기준에 적합하다고 판단되면 시장 · 군수 · 구청장이 승인

표 Ⅰ-3-4. 도시농업농장 및 도시농업공원 등록 현황('2019년 말 기준)

구분	서울	부산	대구	인천	광주	대전	울산	세종	경기	강원	충북	충남	경북	경남	전북	전남	제주	합계
공영 농장	31	–	9	–	5	2	–	–	10	–	1	–	2	3	–	–	–	**63**
민영 농장	12	–	10	–	3	–	1	–	2	–	–	–	2	18	–	–	–	**48**
공원	8	–	–	1	–	–	–	–	–	–	–	–	–	–	–	1	1	**11**

6) 도시농업공동체

도시농업공동체는 도시농업활동을 여럿이 함께하기 위하여 자율적으로 구성한 단체로서 도시농업 법령에서 정한 규정에 따라 등록할 수 있다.

① 등록기준

도시지역 가구가 5가구 이상 참여, 텃밭(100㎡ 이상), 곤충사육(도시농업법 시행규칙 별표3 참조) 및 양봉(꿀벌 1~2만 마리 기준으로 봉군 5개 이상) 운영 기준에 따른 시설 및 운영관리계획서 구비, 대표자 선정 등

② 등록절차

시 · 도지사 또는 시장 · 군수 · 구청장에게 등록신청서를 제출, 등록기준에 적합하다고 판단되면 시 · 도지사 또는 시장 · 군수 · 구청장이 승인

표 I-3-5. 도시농업공동체 등록 현황('2019년 말 기준)

구분	서울	부산	대구	인천	광주	대전	울산	세종	경기	강원	충북	충남	경북	경남	전북	전남	합계
공동체	51	48	2	6	1	-	4	-	296	-	-	-	-	2	-	1	**411**

7) 도시농업종합정보시스템

'도시농업종합정보시스템'은 도시농업인을 위한 종합정보를 제공하는 온라인 시스템으로 2015년부터 구축되어 운영 중이다. '도시농업종합정보시스템'에서는 도시농업관리사 신청, 전국교육기관 안내, 텃밭농사기술, 텃밭분양 정보 등 다양한 도시농업 정보를 한눈에 볼 수 있다. 온라인 검색창에서 '모두가 도시농부'(이하 '모두농' ; www.modunong.or.kr)를 검색하면 쉽게 찾을 수 있다.

① 운영사항

㉮ 공영도시농업농장, 민영도시농업농장 등의 임대 정보 및 임차 신청

㉯ 도시농업 관련 텃밭용기 · 농자재 등의 제공 · 교환 · 폐기 · 회수 등에 관한 정보

㉰ 도시농업 관련 교육훈련에 관한 정보 및 신청

㉱ 도시농업관리사에 관한 정보

㉲ 도시농업 관련 기술에 관한 정보

㉳ 그 밖에 농림축산식품부장관이 도시농업의 체계적이고 효율적인 육성지원을 위하여 필요하다고 인정하는 사항

② 운영기관

농림수산식품교육문화정보원이 농림축산식품부로부터 업무를 위탁받아 운영

그림 Ⅰ-3-2. 도시농업종합정보시스템(모두농) PC 메인페이지

그림 Ⅰ-3-3. 도시농업종합정보시스템(모두농) 모바일 메인페이지

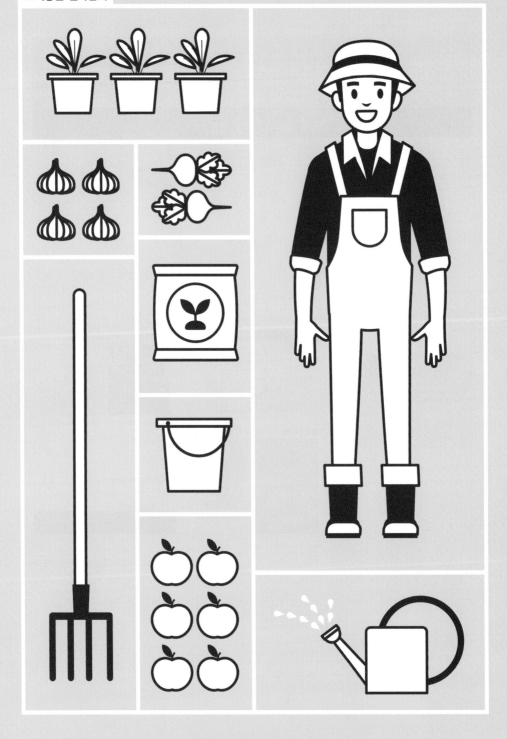

도시농업 기초

1

도시농업의
기반 조성

01

도시농업 유형별
공간 조성 및 관리

오충현

▮1 도시농업 공간 구분

1) 실외텃밭

도시농업 공간은 접근성에 따라 크게 생활권 도시농업 공간과 비생활권 도시농업 공간으로 구분된다. 생활권 도시농업 공간은 주거지, 학교, 직장 등 일상생활권에 인접한 공간을 의미하고, 비생활권 공간은 생활권과 상관없이 도시농업 증진을 위한 목적에서 도시 내에 조성된 공간을 의미한다. 생활권은 흔히 도시계획의 근린주구 이론에 따라 주거지 내에서 접근거리 500m 이내에 위치하는 특성을 가지고 있다.

「도시농업의 육성 및 지원에 관한 법률 시행규칙」 제2조에서는 다음과 같이 생활권과 비생활권 도시농업 공간을 구분하고 있다.

표 Ⅱ-1-1. 도시농업 공간 유형 구분

구분	해당 유형
생활권 도시농업 공간	주택활용형, 근린생활형, 도심형, 학교교육형
비생활권 도시농업 공간	농장형(공영농장, 민영농장), 공원형

2 도시농업 공간별 특성

도시농업 공간은 크게 생활권 공간과 비생활권 공간으로 구분되지만, 도시 내의 입지 특성을 구분하면 중심지역, 외곽지역, 중심지와 외곽지역의 사이로 크게 구분된다.

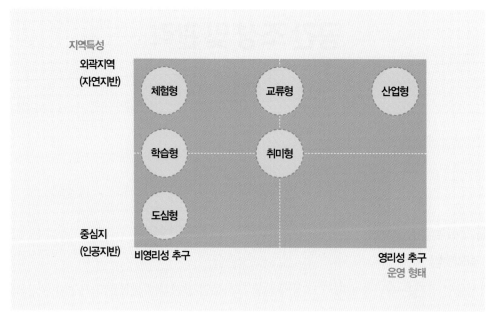

그림 II-1-1. 도시농업의 공간별 운영 특성

중심지역은 흔히 도시계획상 상업지역에 해당하는 지역으로 사무용 건물이나 백화점 등 상업시설이 주로 입지하는 도심형에 해당하는 지역이다. 외곽지역은 시가화가 진행된 공간을 벗어나 자연녹지, 생산녹지 등 녹지지역으로 되어 있는 지역으로 일반적으로 산업목적의 이윤추구형 농업활동이 활발한 지역이다. 중심지와 외곽지역 사이에 위치한 지역은 일반적으로 주거지역으로 이루어진 지역으로 주택, 학교 등이 입지한 지역이다.

중심지역에서 진행되는 도시농업은 경관 등 환경 목적으로 진행되는 도시농업 특성을 가지며, 혼자서 경작하기보다는 공동으로 경작하는 경우가 많다. 사례로는 우리나라의 경우 서울 홍익대 주변 카톨릭회관 옥상에서 진행되는 텃밭, 일본 동경의 롯폰기 고층건물 옥상에서 진행되는 벼경작 등과 같은 형태의 도시농업활동 등이 있다.

외곽지역에서 진행되는 농업활동은 현행 우리나라 「도시농업의 육성 및 지원에 관한 법률」에서 정의하는 도시농업의 범주를 벗어나 취미적 도시농업이 아닌 산업목적의 생산형 농업이 주를 이루고 있다. 다만 이 곳에 위치한 주말농장이나 도시농업농장은 도시농업의 범주에 속하는 형태이다.

중심지역과 근교지역 사이에 위치한 주거지에서 진행되는 도시농업이 도시농업 공간의 가장 큰 주류로 파악할 수 있다.

주거지역에 있는 도시농업 공간은 다양한 주거지 자연지반 텃밭과 옥상이나 상자, 자루텃밭과 같은 형식과 공원을 활용한 텃밭, 도시농업공원, 학교텃밭 등 다양한 유형이 있으며, 경관 등 환경적인 목적보다는 다양한 취미 도시농업이 진행되고 실제 식용 가능한 농작물을 재배하는 경우가 대부분이다.

이를 요약하면 공간적 특성에 따라 외곽지역으로 나갈수록 이윤추구형 농업이 진행되고, 도심으로 들어올수록 이윤추구 목적의 농업활동은 감소하게 된다. 또한 외곽지역으로 나갈수록 농장형 등과 같은 자연지반을 활용한 도시농업이 활성화되고, 도심으로 들어올수록 상자텃밭이나 옥상텃밭과 같은 인공지반 녹지형의 도시농업이 활성화되고 있다.

3 도시농업 공간의 종류

1) 주택활용형 도시농업 공간

주택활용형 도시농업 공간은 단독주택이나 공동주택 내부에 있는 텃밭을 의미하고, 텃밭이란 농작물 경작·재배 또는 수목·화초를 재배하는 공간을 의미한다. 주택활용형 텃밭은 주택에 거주하는 주민들이 가장 근접해서 경작할 수 있는 공간으로서 일상생활 속에서 도시농업을 진행할 수 있는 공간이다.

2) 근린생활형 도시농업 공간

근린생활형 도시농업 공간은 도시계획에 따른 근린주구 생활권 안에 운영되는 텃밭이다.

근린생활권 또는 근린주구는 일반적으로 초등학교 1개소를 공유하는 범위로서 자동차를 이용하지 않고 도보로 접근 가능한 거리에 조성하는 것이 원칙으로, 일반적으로 접근거리 500m 이내에 위치하고 있다.

3) 도심형 도시농업 공간

도심형 도시농업 공간은 사무실이나 상업업무지역, 전철역 주변 등과 같은 공간에 위치한 텃밭으로서 직장인들이 직장생활을 하면서 도시농업을 체험할 수 있도록 만들어진 공간이다.

4) 농장형 · 공원형 도시농업 공간

농장형 및 공원형 도시농업 공간은 도시농업법 제14조에 따른 공영도시농업농장이나 법 제17조에 따른 민영도시농업농장 또는 「도시공원 및 녹지 등에 관한 법률」 제15조제1항제3호에 따른 도시농업공원을 활용한 도시농업 공간을 의미한다.

표 II-1-2. 도시농업농장 및 도시농업공원

구분	내용
공영도시농업농장	도시농업법 제14조제1항에 따라 시·도지사 또는 시장·군수·구청장이 도시농업의 활성화와 도시농업 공간의 확보를 위하여 도시지역에 위치한 공유지 중에서 도시농업에 적합한 토지를 선정하여 개설하는 도시농업농장이다.
민영도시농업농장	도시농업법 제14조제1항에 따라 국가 또는 지방자치단체가 아닌 자가 개설하여 운영하는 도시농업농장이다.
도시농업공원	도시민의 정서순화 및 공동체의식 함양을 위하여 도시농업을 주된 목적으로 설치하는 공원으로서 「도시공원 및 녹지 등에 관한 법률」 제15조제1항제3호에 따른 조성되는 도시농업 공간을 의미한다.

5) 학교교육형 도시농업 공간

학교교육형 도시농업 공간은 학교의 교육공간에 조성하여 운영하며, 세부 유형은 학교 유형과 같이 어린이집 · 유치원 · 초등학교 · 중학교 · 고등학교 텃밭 및 기타 학교 공간 등으로 구분된다.

4 도시농업 유형별 공간 조성 및 관리

1) 주택활용형 도시농업 공간

주택활용형 도시농업 공간은 세부적으로 주택 · 공동주택 외부텃밭, 주택 · 공동주택 인접 텃밭 및 주택 · 공동주택 등 건축물의 난간, 옥상 등 공간을 활용한 도시농업으로 구분된다. 주택활용형 텃밭은 토지 특성에 따라 자연지반 텃밭과 인공지반 텃밭으로 구분된다.

자연지반 텃밭은 주택 내외부의 토지를 활용한 텃밭으로서 토양의 오염 여부, 물빠짐, 건축물에 의한 그늘 여부 등을 감안하여 조성하여야 한다.

인공지반 텃밭은 옥상, 베란다, 지하주차장 상단 등의 인공지반 위에 조성된 텃밭으로 토양의 하중과 토심, 방수, 건축물에 의한 그늘 여부 등을 감안하여 조성해야 하며, 토양의 하중을 고려하여 인공적인 경량 토양 등을 사용하는 경우가 있으므로 토양 성분에 주의를 기울여야 한다.

과수 등을 재배할 경우에는 일반적으로 규모가 큰 화분을 활용해야 하므로 하중을 고려하여 기둥 상단 등 수직하중을 잘 견딜 수 있는 곳에 대형 화분을 배치하여 하중에 의한 건축물 피해가 발생하지 않도록 고려해야 한다. 하지만 건축 당시부터 도시농업을 위해 하중을 반영한 건축물이 아닐 경우에는 가능한 크게 자라는 과수 등을 옥상공간에서 재배하는 것은 피하는 것이 필요하다.

또한 과수와 같은 목본식물의 경우 뿌리에 의해 옥상의 방수층에 손상될 수 있으므로 이런 식물을 재배할 경우에는 배수 및 방근에 대한 전문가 자문을 거쳐 배수판과 방근층을 충분하게 설치하여 식물의 뿌리로 인해 옥상 방수층이 손상되지 않도록 하는 고려가 필요하다.

인공지반 텃밭의 경우 토양에 흡수되지 않고 흘러나오는 물이 하수구로 바로 들어가게 되어, 수질오염이나 악취 등이 발생할 수 있으므로 지나치게 거름을 많이 주거나 악취가 나는 거름 사용을 피해야 한다.

인공지반 텃밭은 직접 방수포와 방근판 등을 설치하여 옥상 등에 텃밭을 만드는 경우도 있지만, 일반적으로 화분과 같은 상자텃밭이나 자루텃밭을 많이 이용한다. 이때 상자텃밭이나 자루텃밭의 재료가 되는 플라스틱이나 옷감 등이 경작활동 후에는 폐기물로 배출되는 경우가 많으므로 이를 수거하여 쓰레기 문제가 발생하지 않도록 주의해야 한다. 또한 주택활용형 도시농업 공간에서 농약을 사용할 때는 이웃에 피해를 주게 되므로 가능한 친환경 농업활동을 하는 것이 중요하다.

2) 근린생활형 도시농업 공간

근린생활권 도시농업 공간은 세부적으로 공공목적형 주말텃밭 및 근린생활권에 위치한 공간을 활용한 도시농업 공간으로 구분된다.

공공목적형의 주말텃밭은 지방자치단체 등에서 주민들의 도시농업을 통한 여가활동 기회 확대를 위해 근린생활권 내 자투리 공간, 일시적인 유휴지 등을 활용하여 조성한 텃밭으로 이런 공간은 장기적으로 사용이 어렵지만 한정된 기간에는 매우 효율적으로 활용할 수 있는 장점이 있다.

근린생활권에 위치한 공공목적의 텃밭은 이용자 편의를 위한 쉘터, 창고, 부분적인 주차장, 유기물 쓰레기를 거름으로 만들 수 있는 퇴비장, 급수시설, 간이화장실 등과 같은 부대시설의 설치가 필요하다. 다만 규모가 작거나, 인근에 공공화장실이나 주차장 등이 있는 경우에는 이런 시설을 의무적으로 설치할 필요는 없다.

근린생활형 도시농업 공간도 자연지반뿐만 아니라 전철역 상단, 상가나 구청 옥상 등 인공지반을 활용한 공공텃밭을 조성할 수 있다. 이 경우에는 주택활용형 도시농업 공간의 인공지반을 활용한 도시농업 공간의 조성 및 관리방법을 참고하여 진행하는 것이 필요하다.

3) 도심형 도시농업 공간

도심형 도시농업 공간 유형은 건축물 내·외부텃밭, 건물 인접텃밭 등을 활용한 도시농업 공간으로 구분된다.

도심형 도시농업 공간은 자연지반을 확보하기가 어려워 대부분 옥상, 벽면, 실내 등을 활용한 인공지반형 공간 등이 대부분이므로 주택활용형 도시농업 공간의 인공지반을 활용한 도시농업 공간의 조성 및 관리방법을 참고하여 진행하는 것이 필요하다.

4) 농장형·공원형 도시농업 공간

농장형 및 공원형 도시농업 공간은 일반적으로 자연지반 중심으로 조성되는 특징이 있다.

농장형은 공영과 민영도시농업농장으로 구분되며, 조성기준은 두 가지 농업농장이 동일하다.

도시농업농장은 면적이 1천500㎡ 이상이어야 하고, 쉼터, 화장실, 주차장, 관수용 물탱크, 실습교육장 및 퇴비장 등 부대시설을 갖추어야 한다.

도시농업농장의 경우 효율적인 활용을 위해 동선의 배치와 구획을 잘 계획하는 것이 필요하다. 동선은 가능한 단순한 형태로 구성하는 것이 중요하며, 구획은 관수시설, 서비스 동선 등을 고려하여 중복되지 않도록 하거나 사용에 불편이 발생하지 않도록 배치하는 것이 중요하다.

공원형으로는 도시농업공원이 있는데 도시농업법이 아닌 도시공원법에 의해 조성 및 운영되는 특징이 있다.

도시농업 공원 조성을 위한 최소면적은 1만㎡ 이상이므로 근린생활권에 설치하기보다는 확보가 용이한 근교지역에 설치되는 사례가 대부분이다. 도시농업공원의 설치는 특별한 기준이 없으므로 도시농업농장과 같이 쉼터, 화장실, 주차장, 관수용 물탱크, 실습교육장 및 퇴비장 등 부대시설을 갖추어야 하며 기타 동선, 구획 등의 경우도 도시농업농장의 조성 및 관리방법을 준용한다.

또한 도시농업공원은 도시농업 참여자뿐만 아니라 일반 시민들도 여가 및 휴식을 위해 방문하는 장소이므로 시민들을 위한 휴게시설, 학습시설 등의 설치 및 경관구성 등을 고려해야 하며, 겨울철 식물관리 및 시민들에게 볼거리 제공을 위해 온실을 운영하는 것도 필요하다.

5) 학교교육형 도시농업 공간

학교교육형 도시농업 공간을 만들 때는 학생들의 활동을 고려하여 조성하며, 생산목적도 중요하지만 교재에서 배우는 식물들을 재배하는 것이 학생들의 학습효과에 도움이 된다. 학생들은 연령 차이에 따라 관심이 있는 부분이 많이 다르므로 학생들의 지적 수준과 눈높이를 고려한 공간의 구성과 프로그램을 유지하는 것이 필요하다.

학교교육형 도시농업 공간 유형은 자연지반 텃밭과 인공지반 텃밭으로 구성되는데 최근 학교 공간 역시 자연지반 텃밭이 감소하고 인공지반 텃밭이 증가되는 추세에 있다.

학교교육형 도시농업 공간은 조성 및 관리 방법이 주택활용형 도시농업 공간과 큰 차이가 없으므로 주택활용형 도시농업 공간의 조성 및 관리방법을 참고하여 진행한다.

도시농업 공간특성별 기반 조성

박동금

최근에는 건강하게 살기 위한 올바른 먹을거리와 농업활동에 대한 치유적 가치에 관심이 높아지면서 손수 땅에다 채소나 꽃을 길러 보려는 사람이 늘어나는 추세이다. 그러나 도시의 한정된 공간에서 경작을 하고 관련 활동을 하려면 공간 조성이 필요하다. 일반적으로 경작지가 있으면 작물의 특성에 맞게 퇴비를 주고 이랑을 만들어 심으면 되나 정원 같은 텃밭, 즉 먹거리뿐만 아니라 볼거리와 즐길거리, 배울거리가 있는 교육형이나 치유형 텃밭을 만들려면 두둑의 바깥을 나무나 벽돌 등 다양한 자재를 이용하여 모양도 다양화하여야 한다. 경작지가 아닌 옥상이나 베란다와 같은 곳을 활용하려면 식물이 잘 자랄 수 있는 흙과 그것을 담을 수 있는 용기와 안전장치가 필수적이며 이에 대한 이해가 필요하다.

1 텃밭 가꾸기 장소별 특성

1) 실외텃밭

실외공간을 활용한 텃밭에는 주말농장, 공원, 유휴지, 학교텃밭, 옥상텃밭 등이 있으며 식물이 자라는 데 필요한 빛(햇빛)의 양이 충분한 편으로 실내보다는 넓은 공간을 활용할 수 있다. 실외텃밭은 비, 바람 등 날씨의 영향을 많이 받고 겨울과 같은 추운 계절에는 텃밭 가꾸기가 제한적이고, 식물이 자라는 데 꼭 필요한 물을 줄 방법을 마련해야 한다.

2) 실내텃밭

베란다, 거실, 사무실 등 실내공간을 활용한 텃밭으로 식물이 자라는 데 필요한 햇빛의 양이 부족하며(실외의 20~50%), 활용할 공간확보가 쉽지 않고, 식물을 심을 수 있는 용기와 용토가 필요하다. 실외보다는 비, 바람 등 날씨의 영향을 상대적으로 덜 받고, 겨울에도 재배가 가능하여 실외에 비해 가꿀 수 있는 기간이 길며, 실내에 있어 멀리 나가야 하는 부담 없이 관리할 수 있다.

2 노지(露地) 재배 공간의 텃밭 조성

1) 텃밭 위치를 고를 때 고려할 점

① 텃밭을 가꾸면서 안전하고 믿을 수 있는 농산물을 얻기 위해서는 텃밭의 안전성 점검 결과 중금속이 오염된 지역, 분진이나 매연이 발생하는 도로인접 지역, 오수와 폐수 및 악취가 유입되는 지역, 법령에서 농업을 제한하거나 금지하는 지역은 피해야 한다.

② 텃밭을 임대하는 경우 임대기간이 정해져 있으므로 그에 맞는 작물을 선정하여야 한다. 3월~11월까지 임대한 경우, 봄~가을 재배가 가능한 일년생 작물 위주로 재배하는 것이 좋고, 마늘, 양파 등 겨울을 넘겨야 하는 작물이나 1년 이상 재배해야 수확이 가능한 작물은 1년 이상 장기간 이용이 가능한 텃밭을 이용한다.

2) 일반 노지텃밭 만들기

밭에 어떤 작물을 가꿀 것인가? 작물의 종류에 따라 밭 모양이 달라진다. 작물의 씨를 뿌리거나 모종을 심기 전에 먼저 할 일은 밭을 가는 일이다. 흙에 산소를 넣어 땅을 부드럽게 하고, 잡초를 제거하고 거름을 깊이 넣어주며, 작물이 잘 자라고 관리가 편하도록 이랑을 만들기 위해서 반드시 작물의 종류나 흙 성질에 알맞은 이랑을 만들어 작물을 가꾸어야 한다.

그림 II-1-2. 텃밭 만드는 순서

① 거름주기

씨앗이나 모종을 심기 위한 밭을 만들기 2~3주 전에 작물이 필요로 하는 만큼의 밑거름을 밭 전체에 골고루 뿌린 후 흙과 잘 섞어준다. 거름의 선택 시 유의점은 작물의 종류와 재배 방법에 맞는 형태와 성분, 함량의 제품을 선택하되 '미숙퇴비'가 아닌, 완전발효된 '완숙퇴비'를 이용하는 것이 좋다.

② 이랑 방향 정하기

이랑을 만들 때는 물빠짐이 잘 되도록 고랑을 파는데, 장마 등 비가 올 때 두둑의 흙이 쓸려나가지 않도록 물이 흘러나가는 방향과 수직 방향으로 두둑을 만든다.

③ 이랑 종류의 선택

이랑의 종류는 재배하고자 하는 작물의 종류에 따라 선택하는데, 재배하는 토양의 특성에 따라서도 달라질 수 있다. 물빠짐이 좋은 토양에서는 '평이랑', 좋지 않은 토양에서는 '좁은 이랑'으로 만드는 것이 바람직하다.

④ 충분한 높이로 두둑 올리기

두둑의 높이는 작물의 뿌리 뻗는 특성에 따라 조절하는데, 비가 오거나 작물이 자람에 따라 두둑의 높이가 낮아진다. 따라서 두둑을 만들 때 충분한 높이로 올려주고, 재배하면서 중간 중간 고랑의 흙을 두둑 쪽으로 올려 이랑의 형태를 유지한다.

퇴비주고 깊이갈기   재배상만들기   밭고르기

노지 텃밭

그림 II-1-3. 텃밭 만드는 요령

3) 아름다움과 편의성을 고려한 틀형 텃밭 만들기

목재나 벽돌 등 틀을 활용하여 두둑의 외곽을 감싸 토양의 유실을 막고 시각적으로도 아름답게 꾸밀 수 있다.

① 틀을 활용한 텃밭의 장점

정원 같은 텃밭으로 교육적 활용이나 치유텃밭으로 활용하기 좋으며, 흙의 유실을 막고 밭갈이를 최소화하고 생태적인 농사가 가능하다.

② 틀의 종류

벽돌이나 목재, 기왓장, 대나무 등 다양한 소재를 이용할 수 있다.

③ 틀 고정 방법

목재를 이용할 경우 이음 부위는 덧대어 피스못이나 쇠말뚝을 박아 고정시킨다. 벽돌이나 기왓장을 활용할 경우에는 땅속에 약간 묻어 고정시킨다.

④ 틀의 규격(폭과 높이)

틀의 폭은 110㎝ 이내가 적당하며 특히 아이들을 위한 텃밭인 경우 폭을 좀 더 줄이는 것이 좋다. 길이는 밭의 형태를 따르면 되지만 중간에 이동로를 확보하여 활동하기 편리하도록 하고, 틀의 높이는 20㎝ 내외가 적당한데 높이가 너무 낮으면 쌓인 유기물로 인해 이랑과 고랑의 경계가 모호해지고 너무 높으면 작업이 불편할 수 있다.

벽돌틀형　　　　　　　　　나무틀형

울타리형　　　　　　　　　기왓장 활용

그림 II-1-4. 다양한 틀을 이용한 텃밭

⑤ 틀을 활용한 텃밭 조성 시 고려사항

이랑과 고랑의 구분 없이 편평하게 해도 되나 배수가 나쁜 곳은 고랑을 내는 것이 좋으며, 밭의 모양에 따라 재료의 선택을 달리하고 각이 진 틀에 곡선을 가미한 틀을 만들어 조성하면 아름다움이 더해진다. 토양을 뒤집을 경우에는 낙엽 등 유기물로 덮어주는 것이 좋다.

재배토양 만들기   흙 뒤집기   평탄하게 고르기

그림 II-1-5. 텃밭 토양관리 요령

3 옥상 및 인공지반 공간의 텃밭 활용

옥상이나 베란다와 같은 인공지반에는 식물이 자랄만한 토양이 없다. 그렇기 때문에 식물이 잘 자랄 수 있는 흙과 그것을 담을 수 있는 용기들이 필요하다. 쉽게 구할 수 있는 스티로폼 박스나 우유팩 같은 것들을 활용해서 화분을 직접 만들 수도 있고, 따로 제작되어 있는 틀이나 화분을 구입해서 사용해도 좋다.

식물을 심을 용기가 마련되면 그다음 흙을 채워야 한다. 흙은 작물이 자라는 양분과 수분의 공급처가 되고 작물이 지탱할 수 있는 지지대 역할도 하기에 그 특성과 작용이 매우 중요하다. 배수가 잘되면서 물을 잘 간직하고 통기성도 좋으며 식물을 잘 고정되게 해야 한다.

1) 옥상텃밭 조성 시 고려사항

건축물의 구조상 하중에 제약을 받으므로 경량상토가 가볍고 통기성이 좋아 유리하나 지지력이 부족하므로 경우에 따라서는 마사토를 따로 구입하여 1:1 비율로 섞어 사용해도 좋다. 옥상은 광이 강하여 음지성 작물의 생육에는 부적합하며, 지상보다 바람이 심하여 도복의 우려가 있다. 옥상공간은 안전조치가 필수적이며, 관수장치 설치에 대한 사전 검토가 있어야 한다.

2) 옥상텃밭의 시스템구성 및 기능

표 Ⅱ-1-3. 옥상텃밭의 시스템구성 및 기능

구분	구성요소	기능 및 내용
건축물 외피	구조 안전진단	• 옥상텃밭(정원) 시스템을 지지하는 구조 전체 검토 • 설계 시 허용하중 및 구조적 보강 가능성 등 검토 • 반드시 구조물의 허용하중 현장조사 필요 부분
	방수진단	• 옥상텃밭 시스템으로 인한 건물 누수차단 역할 • 옥상텃밭 시스템의 내구성에 가장 영향을 주는 부분임 • 구조진단과 함께 검토해야 할 전제조건임
식재기반	방근층	• 식물의 뿌리로부터 방수층과 건물을 보호 • 기계적, 물리적 충격으로부터 방수층을 보호하는 역할
	배수층	• 옥상텃밭 시스템이 침수되어 식물 뿌리가 죽은 것을 예방 • 하자발생이 가장 많은 부분이므로 신중하게 설계해야 함
	여과층	• 토양이 빗물에 씻겨내려 하부로 유출되지 않도록 여과
	토양층	• 텃밭 식물이 지속적으로 생장하는 기반 • 옥상텃밭 시스템 중량의 대부분을 차지하므로 경량화 노력
식생층	식생층	• 옥상텃밭 시스템의 최상부 구성요소 • 유지관리를 위한 토양층의 깊이, 토양의 특성 고려 필요 • 유형에 맞는 식생의 종류 및 관리방법 선택

3) 베드(틀)형 옥상텃밭 조성

① 베드(틀)형 텃밭구조

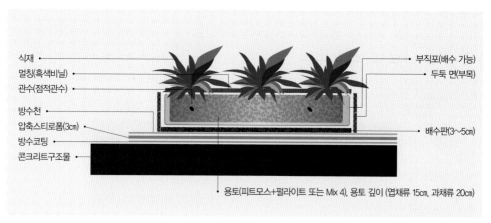

식재
멀칭(흑색비닐)
관수(점적관수)
방수천
압축스티로폼(3㎝)
방수코팅
콘크리트구조물

부직포(배수 가능)
두둑 면(부목)
배수판(3~5㎝)

용토(피트모스+펄라이트 또는 Mix 4), 용토 깊이 (엽채류 15㎝, 과채류 20㎝)

그림 II-1-6. 인공지반의 베드(틀)형 텃밭구조

② 베드형 재배상 만들기

㉮ 먼저 방수코팅이 된 콘크리트 구조물 위에 압축스티로폼(두께 3㎝)을 깔고 그 위에 방수천을 깐다.

㉯ 그 위에 코팅된 방부목을 규격에 맞게 대고 베드를 만든다. 베드의 하부에는 배수구를 두고 베드가 긴 경우는 중간에 보조바를 대어 벌어지지 않도록 한다.

㉰ 베드 안에 5㎝ 높이의 배수판을 깐 다음 부직포를 깔고 용토를 채운다.

㉱ 옥상텃밭에 사용되는 용토는 중량이 가벼운 인공용토를 많이 활용한다. 추천 용토는 혼용토인 Mix 4, 또는 피트모스+펄라이트를 혼합하여 활용하며, 깊이는 엽채류 15㎝, 과채류 20㎝ 기준이 적당하다.

㉲ 관수(점적관수)시설을 설치한다.

㉳ 정식 전 강우로 인한 비료의 용탈과 햇빛에 의한 수분증발을 막기 위하여 흑색비닐로 멀칭하고 그 위에 작물별 재식거리에 따라 정식을 한다.

㉴ 옥상의 특성상 바람에 의한 피해를 막기 위하여 방풍망을 설치하기도 한다.

옥상 상자재배　　　　　　　　자투리 베드재배

그림 Ⅱ-1-7. 베드(틀)형 옥상텃밭

4) 다양한 용기 활용형(상자 및 화분 등)

① 재배용기의 종류

재질은 플라스틱, 토분, 나무, 스티로폼(재활용), 마대, 헝겊 등이고, 형태, 크기 등이 매우
다양하다. 플라스틱 화분은 가벼워서 운반하거나 다루기가 편리하고 보수성이 높은 반면,
통기성이 나쁘기 때문에 과습해지지 않도록 물관리에 주의한다. 토분은 용기의 크기가 큰
경우 상토를 담으면 무거워서 다루기 어려우나 통기성이 우수하다. 나무화분은 통기성이
우수하지만 나무 등이 부식되어 내구성이 떨어질 수 있다. 자루재배는 헝겊이나 폐 포대 등
을 활용하여 다양하게 식재할 수 있는데 폐 포대 등 깊이가 깊은 것은 우엉, 마 등 뿌리채소
에 이용하면 좋다.

판매재배기　　　　　보온 재배기　　　　　입체재배기　　　　　상자재배

다양한 용기재배　　　　폐용기재배　　　　다양한 자루재배　　　　폐포대 재배

그림 Ⅱ-1-8. 다양한 용기재배

② 용기의 선택

밭을 대신할 화분은 원예자재를 파는 곳에 가서 구입해도 되고, 주변에서 쉽게 구할 수 있는 것들을 이용해도 좋다. 용기를 선택할 때는 심을 작물의 종류에 따라 용기의 깊이나 폭, 크기를 고려해야 한다. 스티로폼 상자나 플라스틱 상자 등 재활용 용기를 이용해서 바닥에 배수 구멍을 뚫고 키울 수도 있다.

③ 용기재배의 주의점

용기의 밑바닥에 구멍이 있는 것은 관계없지만, 구멍이 없는 것은 물이 빠지도록 한 두 군데 구멍을 내주어야 한다. 구멍으로 상토가 빠져나가면 바닥이 지저분해지고 상토의 양도 적어지므로 배수망으로 막아준다. 물빠짐이 좋고 바닥을 건조하게 하려면 나무토막이나 벽돌 등을 놓은 후 그 위에 흙을 담을 용기를 올려놓는다.

5) 베란다 및 실내텃밭 활용

실내재배에서는 빛이 부족하므로 그늘에 잘 견디는 작물을 선택하고 필요시 LED등으로 보광이 필요하다.

① 재배용기(화분)

㉮ 플라스틱 소재는 통기성이 좋지 않으므로 과습하지 않도록 주의해야 한다. 흙으로 된 화분(토분)은 무겁지만 통기성이 우수하다. 목재로 된 화분도 공기가 잘 통하나 내구성이 떨어진다.

㉯ 상추·쑥갓과 같은 잎채소는 화분 깊이가 10~15㎝면 충분하다. 어린 잎채소는 씨앗을 뿌리고 3~4주 안에 수확하므로 2~5㎝면 된다. 그러나 생강과 같은 뿌리채소는 깊이가 20㎝ 이상 되어야 한다.

㉰ 깊이가 10~15㎝ 정도 되는 스티로폼 박스나 2L 페트병을 자른 용기에 물빠짐 구멍을 뚫어 활용할 수도 있다.

㉑ 이전에 사용했던 재배용기를 재사용할 때는 잔존하던 병해충을 없애기 위해 반드시 깨끗이 씻고 말려서 이용한다.

② 상토

㉮ 중요한 것은 양분이 되는 흙이다. 마당이나 밭에 있는 흙을 활용하면 잡초종자와 벌레가 함께 옮겨질 수 있고, 물빠짐이 안될 수 있는 만큼 유기물이 포함된 원예용 상토를 화원이나 농자재마트 등에서 구입하면 편리하다.

㉯ 원예용 상토는 가볍고 배수·보수성이 좋은 데다 소독되어 있어 잡초나 벌레 걱정이 없다. 사용하고 남은 상토는 오염되지 않게 밀봉해서 보관한다.

㉰ 원예용 상토는 심은 후 한 달 정도 지나면 양분이 대부분 부족해진다. 양분을 추가로 줄 때는 작물별로 적정량을 지켜야 한다. 너무 많이 주면 식물이 시들시들해지고 잎이 타들어 가는 등 피해를 입을 수 있다.

그림 II-1-9. 다양한 실내재배와 실내재배기

2

작물재배 기초

01

식물기르기
기초

채 영, 서명훈

도시텃밭에 재배하는 식물은 이용 목적과 재배시기에 따라 종류, 재배 방법, 재배 기간이 다양하다. 그리고 텃밭을 가꾸는 사람의 노력과 재배 기술 등에 따라 수확물의 수량과 품질은 크게 달라진다. 식물의 종자 및 영양종자의 파종, 이식, 번식, 정지, 유인, 비배관리, 수확 시기 결정 등 생육단계별로 적합한 작업을 수행할 수 있도록 필요한 지식을 이해하고 활용하도록 한다.

1 종자의 파종

1) 종자의 분류

종자는 크거나 작거나 하나의 완벽한 생명체이다. 종자에는 그 작물의 그리고 품종 고유의 특성을 나타내는 맛, 크기, 색깔, 향, 병에 견디는 능력 등 다양한 유전형질이 들어 있고, 이 유전형질은 싹이 나서 자라면서 고유의 특성을 나타난다.

채소종자는 교배종자(F_1 종자)와 고정종자 그리고 영양종자로 나눌 수 있다. 우리나라에서 유통되는 고추, 토마토, 배추, 무, 오이, 수박, 호박, 참외 등 대부분의 채소종자는 교배종자이다. 교배종자는 우수한 형질을 갖고 있는 서로 다른 품종을 교배하여 얻은 종자로써 교배 종자 세대에서는 우수한 특성을 나타내지만 그다음 세대로 유전하지 않고 분리한다. 즉, 교 배종자를 파종하여 획득한 식물체에서 수확한 종자를 이듬해 종자로 사용할 경우 특성이 다양하게 분리되므로, 종자로 사용할 수 없다. 따라서 대부분의 채소종자는 매년 새 종자를 구매하여 사용하게 된다. 반면에 벼, 보리, 밀, 콩, 상추, 미나리, 고정종 쑥갓, 고정종 시금 치 등 고정종자는 우수한 형질을 계속 선발하여 유전형질을 고정시킨 종자로써 품종 고유 의 우수한 형질이 다음 세대로 유전되므로 이듬해 종자로 활용할 수 있다.

한편, 감자, 마늘, 부추, 딸기, 토란, 쪽파, 고구마 등 종자가 아닌 영양체로 번식하는 작물 들은 우수한 유전정보가 영양체 안에 간직되어 있으므로 유전형질이 퇴화되지 않고 다음 세대에 그대로 발현된다.

이와 같이 작물의 종류에 따라 종자의 특성이 다른 것은 종자를 육성하는 방법이 다르거나 작물 고유의 번식 방법이 다르기 때문이다. 따라서 매년 구입하여야 하는 종자가 있고, 직 접 키운 식물체에서 채종하여 사용할 수 있는 작물이 있으며, 영양체로 번식하는 작물은 영 양체를 보존하거나 구입하여 파종에 이용한다.

표 II-2-1. 종자의 구분

구분	작물
교배종자(F_1 종자)	고추, 토마토, 오이, 수박, 배추, 무, 가지, 호박, 참외 등
고정종자	벼, 보리, 밀, 콩, 상추, 미나리, 고정종 시금치, 재래종 호박, 고정종 쑥갓 등
영양종자	감자, 마늘, 부추, 딸기, 토란, 고구마, 쪽파 등

2) 육묘방법의 선택

도시텃밭에 재배하는 작물 중에는 씨앗을 직접 뿌려서 가꾸는 작물이 있는가 하면 별도의 공간에서 모를 기르고 이것을 밭에 아주심기하여 가꾸는 작물이 있다. 그러나 기본적으로 모든 작물은 직접 종자를 뿌려 가꿀 수 있다. 모를 별도로 키워 텃밭에 아주심기하는 것은 작업과 관리에 편리하기 때문이다.

무, 당근, 순무 등의 뿌리채소는 묘상에서 본밭으로 옮겨 심는 과정에서 뿌리가 엉키고 구부러져 볼품없이 자라게 되므로 반드시 직파를 하여 재배한다. 반면에 고추, 토마토, 가지 등 과일을 주로 이용하는 과채류는 유묘기간이 길어서 육묘를 하는 것이 좋다. 특히 노지 재배에서는 기온과 지온 등 기상조건이 파종기를 제한하며, 작물의 생태적 특성에 따라 파종적기가 있다. 예를 들면 고추의 경우 늦서리가 끝나는 5월경부터 노지에서 가꿀 수 있다. 이때 고추 씨앗을 뿌린다면 2월에 비닐하우스 등 시설에서 씨앗을 뿌려 가꾼 고추 모종을 심는 것과 비교할 때 60~80일 늦어지게 된다. 따라서 어린 모종기간이 긴 과일채소들은 거의 모두 모기르기를 하여 가꾸는 것이 편리하다. 가을 김장용 결구배추나 양파는 여름에 파종해야 결구가 잘되고 인경이 정상적으로 비대한다.

전문 농업인이 아닌 도시농부가 모종을 키우는 것은 상당히 어렵다. 모종을 키우려면 비닐하우스와 같은 시설이 있어야 하고 모기르는 기간 내내 하루에도 몇 번씩의 관리를 해주어야 하는 번거로움이 있기 때문이다. 그래서 모기르는 것은 가급적 피하고 모종을 사다 심는 것이 더 유리하다. 전문 농업인도 모종만을 전문적으로 생산하는 전문 육묘공장에서 모종을 주문하여 사다 심는 것이 일반적이다. 전문 농업에서는 모기르기와 본포 가꾸기를 구분하며, 분업화되어 있다.

3) 종자 봉투 이해

일반작물 벼, 보리, 밀, 콩, 감자 등은 종자를 국가에서 책임지고 보급하고 있다. 그러나 국가기관에서 보급하는 품목의 종자는 종자 생산량이 한정되어 있으며 전문 농업인의 신청에 의해 보급되고 있다. 그러므로 텃밭을 가꾸거나, 주말농장을 하거나 소규모 농사를 하는 사람은 이웃에게 얻거나 종자 판매상에게 부탁하여 구입하여야 한다.

반면에 채소 씨앗은 일반 종묘회사에서 보급하고 있기 때문에 구입이 편리하다. 채소종자는 알루미늄이나 은박지로 코팅된 포장지에 담아 유통된다. 종자의 양이 많은 것들은 캔에 포장하여 유통하기도 한다. 포장지 앞면에는 채소 품종 고유의 사진과 품종명이 적혀 있으며 종자의 양과 육성한 회사명, 병해충 저항성 등이 표기되어 있다. 포장지 뒷면에는 품종명, 품종등록번호 혹은 생산판매 신고번호를 명기하고, 종자 고유의 품종 특성을 표기하고 있다. 이외에도 종자업등록번호, 종묘회사명, 종묘회사주소 등을 표기하고 있다.

표 II-2-2. 채소종자 봉투의 주요 내용

구분	내용
품종명	일반적으로 품종명은 그 종자의 대표적인 특성을 한마디로 표현하여 이름을 짓는 것이 보통이다. 그래서 품종명만 보아도 그 품종의 특성을 짐작할 수 있기도 하다.
특성	품종을 개발한 간단한 목적이 소개되고 품종의 우수성이 돋보이는 특징 등을 소개한다.
재배상 유의사항	재배지침서와 같은 사항이다. 여기에 명시한 사항을 주의 깊게 읽고 이해하여 채소를 가꾸어야 한다. 유의사항에 따르지 않으면 좋은 채소로 가꿀 수 없다.
재배형	그 품종의 가꾸는 시기를 명기하고 있다. 하우스, 터널조숙, 노지재배, 촉성재배 등으로 표기하고 있다. 텃밭에 가꿀 채소는 터널조숙, 노지재배, 억제재배용이어야 한다.
재배력	월별로 각 재배형의 파종기(씨뿌림 때), 육묘(모기르기), 정식기(아주심기), 수확기를 그림으로 표기한 것이다. 이것으로 이 품종의 가꾸는 시기를 짐작할 수 있으며, 이것을 벗어난 시기에 재배할 때는 문제가 생긴다.
생산 (수입연월)	종자 생산 년도
포장연월	종자를 포장한 시기
생산지	종자를 채종한 곳
발아율	포장 당시 발아율
유효기간	종자가 정상적으로 싹이 틀 수 있는 유효기간을 지정한 것이나 종자를 저장하는 조건에 따라서 유효기간이 크게 달라질 수 있다.
순도검정	종자회사에서 자체적으로 실시한 순도를 검정한 여부를 표기한다.
병해충	없음

4) 파종 방법

작물별로 파종하는 방법에 차이가 있고 재배형태나 상황에 따라 달라질 수 있으나 파종 방법에는 크게 세 가지가 있다. 줄뿌림(條播, 조파)$^{drill\ seeding}$, 포기뿌림(點播, 점파)$^{hill\ seeding}$, 흩어뿌림(散播, 산파)^{broadcast seeding} 등이다.

흩어뿌림은 열무, 얼갈이배추, 쑥갓 등 재배기간이 짧고 단기간에 수확하는 작물에 이용된다. 흩어뿌림은 다른 파종방법에 비해 종자량이 많이 요구되므로 자가채종 등 종자량이 충분한 경우와 비교적 종자가격에 대한 부담이 적은 작물에 이용한다. 작물의 크기가 작고 재배기간이 짧은 상추, 시금치, 쑥갓, 파, 열무 등은 작은 골을 내고 줄지어 뿌리는 줄뿌림을 주로 사용한다. 반면에 작물의 크기가 비교적 큰 배추, 무, 당근, 양배추, 콩류, 옥수수 등은 포기뿌림을 하여 재배하는 것이 일반적이다. 포기뿌림은 한군데에 종자를 2~3개 뿌리고 1~2회에 걸쳐 솎음작업을 하여 최종적으로 한 포기만 키운다.

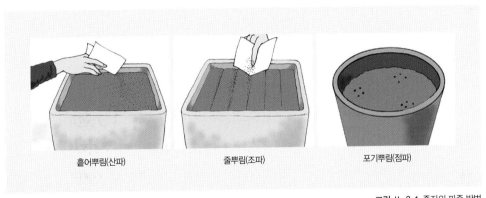

흩어뿌림(산파)　　　　　줄뿌림(조파)　　　　　포기뿌림(점파)

그림 II-2-1. 종자의 파종 방법

종자량은 발아율과 육성률을 고려하여 충분한 양을 준비한다. 자가채종한 종자라면 반드시 종자를 소독한 다음 파종한다. 파종하기 전에 온탕침지, 냉수침지, 종피연화 등의 전처리를 해주면 발아가 촉진된다. 저온발아성인 시금치나 상추 등을 고온기에 파종할 경우에는 냉수에 침지하거나 냉장고에서 최아시켜 파종하는 것이 좋다. 종자를 파종하는 용기는 용기 바닥에 물빠짐 구멍만 있다면 어떤 것이라도 좋다. 시중에 육묘용으로 판매되는 플러그트레이나 비닐포트, 플라워박스를 구매하거나 스티로폼박스 또는 종이컵 등을 재활용할 수 있다. 채소작물의 파종 시 종자가 큰 것은 깊게 심고 작은 것은 얕게 심어야 한다. 일반적으로 파종하는 깊이는 종자 두께의 3~5배 정도가 알맞다. 씨앗이 흙속에 너무 깊게 들어가면 싹이 올라오는 기간이 오래 걸린다. 종자의 크기가 큰 종자를 너무 얕게 뿌리면 흙이 건조하여 종자가 싹트지 않는다. 그리고 작물에 따라 종자의 발아 조건 중 빛이 필요한 작물과 빛이 필요하지 않은 작물이 있다. 종자의 발아에 햇빛이 필요한 상추, 우엉 등은 씨앗을 뿌리고 흙을 가급적 얕게 덮어주어야 한다. 반면에 가지과작물인 가지, 고추, 토마토와 박과작물인 오이, 수박, 호박 등은 햇빛이 없어야 싹이 잘 나므로 흙을 알맞게 덮어준다. 그러나 대부분의 채소는 햇빛에 관계없이 싹이 잘 나므로 씨앗의 크기를 감안하여 알맞게 덮어준다. 종자를 파종하고 난 후에는 씨를 뿌리고 상토나 흙으로 덮어준 다음 물을 충분히 준다. 그리고 볏짚이나 비닐 등을 덮어서 파종상이 마르지 않도록 한다. 종자가 발아하면 비닐이나 볏짚 등은 바로 걷어주어 식물체가 웃자라지 않도록 한다.

5) 솎음

작물재배에서 솎음작업은 충실한 모가 균일하게 자라도록 도와주는 것이다. 본밭에 직접 파종하여 재배할 경우에는 안전을 위하여 전체 소요 주수보다 많은 양의 종자를 파종한다. 종자는 개별 종자의 충실도에 따라서 싹 트는 것이 빠르거나 늦기도 한다. 싹 트는 것이 빠른 것은 생육도 빠르고, 늦게 싹이 튼 것은 자라는 것도 느리다.

그리고 발아한 식물체의 떡잎끼리 서로 겹쳐서 웃자라면 연약하게 되어 우량한 묘가 될 수 없으므로 솎음작업을 한다. 이 작업을 통해 튼튼하고 균일한 크기의 묘를 남겨 생육을 고르게 키울 수 있는 것이다. 솎음작업은 시간적 여유에 따라서 발아 후 1~3회에 걸쳐 적당한 간격으로 솎아 준다. 솎아내는 대상은 떡잎이나 새잎이 올바르지 않고 비정상적인 것, 줄기가 올곧게 자라지 않고 구부러진 것, 잎이나 줄기가 병든 것, 자람세가 너무 빠르거나 뒤쳐진 것을 위주로 솎아주면 모 전체가 균일하게 자랄 뿐만 아니라 계속되는 후속관리 작업에서도 생육이 일치하여 관리하기가 편리하다. 마지막 솎음은 가능한 한 빨리하는 것이 바람직하며, 작업 시에는 작물별로 알맞은 거리를 감안하여 솎아준다.

2 육묘와 정식

요즘은 무, 당근 등 직파재배를 하는 작물이 아니면 대부분 육묘하여 이식재배를 한다. 육묘는 직파에 비하여 발아율을 향상시켜 종자를 절약할 수 있다. 육묘는 환경관리 및 병해충 방지 등이 용이하고, 집약적으로 관리하므로 비용이 절감된다. 그리고 접목 등을 통해 본밭에서의 적응력을 향상시킬 수 있다. 뿐만 아니라 조기 파종을 통해 조기 수확이 가능하고, 수확기간을 연장하므로 수량이 증가한다.

1) 육묘의 종류

육묘방법은 모종상^{seedling bed}의 설치장소에 따라 시설육묘와 노지육묘로 구분한다. 가온 유무에 따라 온상육묘와 냉상육묘로 분류하며, 육묘용 배지에 따라 상토육묘와 양액육묘로 분류한다. 그리고 삽목육묘, 접목육묘, 공정육묘 등 특수육묘도 있다.

① 시설육묘와 노지육묘

시설육묘는 기존의 하우스를 이용하거나 육묘 전용 시설을 별도로 설치하여 시설 내에 묘상을 설치하여 육묘하는 것이다. 시설육묘는 저온기에는 전열선 등 보온장치를 이용해 온도를 관리하고, 고온기에는 환기하거나 냉각 시설을 설치하여 시설 내 온도를 낮추어 모종상을 관리하므로 묘상의 환경관리를 정밀하고 편리하게 할 수 있다.

노지육묘는 노지에 육묘공간을 만든 다음 비가림, 차광, 방충 등의 간단한 시설을 하여 육묘하는 것이다. 가을배추, 딸기, 양파, 파 등의 경우는 주로 노지육묘를 한다.

시설육묘

노지 터널 육묘

그림 Ⅱ-2-2. 육묘의 종류

② 온상육묘와 냉상육묘

온상육묘는 전열선이나 온수 보일러 등을 이용하여 저온기에 가온하면서 육묘하는 방식이다. 냉상육묘는 가온을 하지 않고 보온만으로 온도를 관리하는 육묘방법으로 기온이 따뜻한 시기에 주로 많이 이용한다.

③ 상토육묘와 양액육묘

상토육묘는 육묘를 위해 특별히 조제된 상토를 이용한다. 육묘용 인공상토가 다양하게 개발되어 판매되고 있다. 수경재배용 모종을 생산하는 경우에 이용되는 양액육묘는 상토 대신 무균의 인공토양에 배양액을 공급하거나 배양액만으로 육묘하는 방식이다.

④ 관행육묘와 공정육묘(플러그육묘)

관행육묘는 대체로 대용량의 개별 포트에 토양 상토를 넣고, 상토 내에 기비를 첨가하는 방법으로 육묘하므로, 모종의 품질이 불규일하고 넓은 공간을 요구하며, 노력이 많이 소요된다. 반면에 공정육묘(플러그육묘)는 공장에서 공산품을 생산하듯 규격화된 자재와 집약적 관리를 통하여 육묘 비용을 절감하고 균일한 모종을 생산하는 시스템이다.

공정육묘는 작물 재배과정에서 식물공장의 개념을 육묘에 적용하여 육묘를 분업화하고, 전문화한 것이다. 공정육묘는 파종 용기로 소형 포트가 연결된 플러그트레이를 이용하고, 상토로는 유기물 재료와 무기물 재료가 혼합된 경량상토를 사용한다. 양분관리는 식물 생장에 필요한 양분이 균형있게 조성된 액비를 추비하는 방식이다.

2) 육묘용 상토

상토는 육묘를 위하여 특별히 제조된 토양으로 육묘기간 동안 뿌리에 적절한 양·수분과 산소를 공급할 수 있도록 물리성, 화학성 및 생물성이 적절하게 조절되어야 한다. 물리성으로서 배수성, 보수성, 통기성이 우수해야 한다. 화학성은 적절한 pH를 유지해야 하고, 각종 무기양분을 적정 수준으로 골고루 함유하고 있어야 한다. 그리고 사용 중 유해가스가 발생되지 않아야 한다. 생물성은 병원균, 해충, 잡초 종자가 없어야 한다. 이외에도 저렴한 가격으로 쉽게 구할 수 있어야 한다.

① 토양상토

토양상토는 무병토, 유기물, 화학비료를 섞어 만든다. 속성 토양상토는 완전 부숙시킨 유기질, 깨끗한 흙, 그리고 화학비료를 적절히 배합하여 만든다. 토양상토는 반드시 소독한 후에 사용해야 하며, 주로 사용하는 가열소독에는 소토법과 증기소독법이 있다.

② 경량혼합상토

경량혼합상토는 3~4종의 유기물과 무기물을 혼합하여 만드는데 유기물 재료로는 피트모스, 코코넛 더스트 등을 사용하고, 무기물 재료로는 펄라이트, 버미큘라이트, 지오라이트 등이 이용된다. 공극률은 토양상토가 보통 50% 정도인 반면, 경량혼합상토는 80% 이상이다. 경량혼합상토는 비료가 충분한 양으로 첨가된 유비상토와 비료가 없거나 최소량만 첨가되고 pH가 적절히 조절된 무비상토로 나뉘고 있다. 경량상토는 토양상토에 비해 품질의 안정성이 높고, 물리성이 우수하며, 가볍기 때문에 육묘 및 이식에 노력이 적게 소요되는 장점이 있으나 가격이 비싸다는 단점이 있다.

③ 기타

육묘용 배지로 포트제작기^{potting machine}에 점토, 피트, 유기물을 물과 함께 넣어 압축한 다양한 크기의 성형포트가 제작되어 판매되고 있다. 또한 버미큘라이트, 훈탄, 모래 등도 이용되고 있다. 암면은 석회암 등의 천연암석을 고온(1,600℃)으로 용해시킨 후 부풀려 섬유화시킨 다음 적절한 밀도로 성형한 것이다.

3) 육묘상의 관리

① 파종 후 관리

파종 후 종자가 발아할 때까지 가능한 한 관수를 하지 말고 발아적온과 적정 토양수분을 유지한다. 발아적온을 유지하기 위하여 환기시키지 않고 차광을 하여 지나친 기온의 상승을 막아 주면서 상토의 수분을 유지한다. 발아가 종료되면 육묘상을 환기하고, 온도를 발아적온에서 육묘적온으로 내려주어 식물체가 웃자라지 않도록 한다. 발아 시에 토양이 너무 건조하면 종피를 쓰고 나오는 경우가 있다. 이때에는 25℃ 정도의 미지근한 온수로 가볍게 관수하여 종피가 쉽게 떨어지도록 한다.

② 가식, 자리바꿈, 단근

정식하기 전에 묘상에서 묘를 옮겨 심는 것을 가식(假植)이라고 한다. 가식은 묘상에서 모종이 커감에 따라 간격을 조절하여 웃자람을 막고, 잔뿌리를 많이 발생시켜 이식성을 높이기 위하여 실시한다. 그러나 가식을 하면 모종이 몸살을 일으켜 생육이 지연되고, 작업에 노동력이 많이 필요하다. 정식기가 늦어지면 모종이 지나치게 생장하는 것을 억제하고, 정식 후 몸살을 줄이고 활착을 돕기 위하여 묘상에서 자리바꿈과 단근을 하기도 한다. 자리바꿈은 일부의 모종을 떠내어 차례로 모종을 옮긴 다음 먼저 떠낸 모종으로 빈자리를 메우는 작업으로 거리와 간격을 같게 하고 단지 자리만 바꾼다는 뜻이다. 단근(斷根)은 같은 목적으로 종횡으로 모종 사이를 잘라 주는 것이다.

③ 일반관리

작물의 싹이 트면 날마다 물을 주어야 한다. 모 기르는 환경이 파종상자나 플러그트레이, 스티로폼박스 또는 플라워박스를 이용한다면 하루에 한 번씩 가급적 오전에 약간 미지근한 물을 주는 것이 좋다. 흙의 양이 제한된 상자나 박스를 이용할 경우에는 흙이 쉽게 마르기 때문이다. 물론 식물체가 아직 어리고 잎도 작기 때문에 증산작용이 많지 않아 물의 소모량은 비교적 작다. 그러므로 물을 너무 많이 주어 물이 고이지 않도록 한다. 물이 일시적으로 고이더라도 금방 물이 빠지면 괜찮다. 물주는 양은 한번 줄 때마다 물빠짐 구멍으로 물이 흘러나오도록 충분히 준다. 물주는 시간은 어느 때 주어도 상관이 없으나 규칙적으로 매일 아침 일찍 주는 것이 좋다. 아침 일찍 해가 뜨기 시작하면 식물 잎은 탄소동화작용으로 생장할 양분을 만든다. 물은 탄소동화작용에 필수적인 요소이므로 오후에 주는 것보다 아침 일찍 주는 것이 더 좋다.

육묘상은 보온과 환기로 적정 기온을 유지해 준다. 낮에는 적온의 범위 내에서 온도를 높여 광합성을 촉진시키고, 밤에는 가능한 온도를 낮추어 호흡작용에 의한 탄수화물의 소모를 줄여 웃자람을 방지하면서 화아분화 등의 발육을 순조롭게 유도한다. 일반적으로 주야간의 온도교차는 7~10℃, 지온은 기온보다 5~7℃ 정도 낮게 관리해 준다. 육묘 중의 광도는 광합성과 건전한 묘 생산에 큰 영향을 미친다. 약광기에는 피복재에 물방울이 생겨지 않도록 하는 등 채광을 좋게 하기 위하여 노력한다. 고온기 육묘 시에는 온도가 높은 오후에는 한랭사 등으로 10~20% 차광하여 엽온을 내려 주는 것이 필요하다.

④ 묘의 순화

모종을 본밭에 정식하기 전, 노지환경에 잘 견딜 수 있도록 식물체를 굳히는 것을 순화(馴化)^{acclimation} 또는 경화(硬化)^{hardening}라고 한다. 모종의 순화는 관수량을 줄이고, 상온을 낮추며, 서서히 직사광선을 쪼여 준다. 순화 처리 후 모종은 건물량이 증가하고, 엽육은 두꺼워지며, 조직도 단단해지고, 큐티클이 잘 발달한다. 순화한 모종은 지상부의 생육은 억제되지만 지하부의 생육이 촉진되어 정식에 따른 심한 단근과 노지의 불량환경에 견디는 힘이 강해진다. 순화를 강하게 하면 할수록 정식 후의 몸살은 덜하지만 활착 후의 생육은 더딘 것이 보통이다.

3 정식

육묘상에서 키운 모종을 본밭에 옮겨 심는 것을 정식(定植)^{planting}이라고 한다. 작물을 재배할 밭을 미리 준비하고 정식 적기는 모종의 상태, 포장의 환경, 작물의 생리적 특성 등을 고려하여 결정한다.

1) 포장 준비

정식할 포장의 준비는 작물의 종류, 재배형태 등에 따라 다양하지만, 밭에 작물의 씨를 뿌리거나 모종을 심기 전에 먼저 할 일은 밭을 가는 일이다. 밭을 가는 이유는 첫째, 흙에 산소를 넣어주고 땅을 부드럽게 해주기 위해서이다. 단단히 굳은 땅을 갈아엎으면 땅속 깊이 산소가 들어가게 되어 이로운 토양미생물의 번식이 양호해지고 땅의 물리성이 부드러워져 작물의 뿌리가 쉽게 뻗을 수 있게 하여 생육을 좋게 한다. 둘째, 잡초 제거와 비료를 깊이 넣어주기 위해서이다. 잡초를 갈아엎게 되면 잡초가 땅속으로 들어가므로 토양 속의 유기물을 공급해주는 효과가 있고, 비료를 땅속 깊이 넣어 섞어주므로 작물 뿌리가 깊고 넓게 분포하게 하여 생육을 양호하게 한다. 셋째, 작물이 잘 자라고 관리에 편리하도록 이랑을 만들기 위해서이다. 밭을 갈지 않고 이랑을 만들 수도 있겠지만 작물을 잘 가꾸기 위해서는 반드시 작물의 종류나 흙 성질에 알맞은 이랑을 만들어 작물을 가꾸어야 한다.

이랑이란 작물을 가꿀 두둑과 물을 빼주거나 작물을 관리하는 사람이 다니는 용도로 만드는 고랑을 포함한다. 이랑의 종류는 크게 평이랑과 골이랑이 있다. 대부분의 채소작물은 비교적 높은 이랑을 필요로 한다. 평이랑은 두둑 넓이를 90~150㎝ 가량으로 편평하고 넓게 만들고, 골이랑은 두둑의 폭이 60㎝ 이내로 좁고 편평하지 않고 골을 지어 고랑과 구분된다. 고랑의 폭은 30~40㎝ 가량 넓이로 만들어 사람의 통로나 물빠짐 통로가 된다. 물빠짐이 좋은 모래땅이나 모래참흙인 밭은 평이랑으로 만들고, 양토나 질참흙밭은 물빠짐이 더디므로 평이랑보다는 외골로 밭을 만드는 것이 좋다.

골이랑   평이랑

그림 II-2-3. 골이랑과 평이랑

2) 밑거름과 웃거름

식물이 잘 자라기 위해서는 기본적으로 16원소의 영양소가 필요하고, 토양이나 외부에서
공급되지 못하는 영양소는 인위적인 공급이 필요하다. 작물의 생육에 필요한 성분으로는
탄소(C), 수소(H), 산소(O), 질소(N), 인산(P), 칼륨(K), 칼슘(Ca), 마그네슘(Mg), 유황(S),
철(Fe), 붕소(B), 아연(Zn), 망간(Mn), 몰리브덴(Mo), 염소(Cl), 구리(Cu) 등 16종의 필수원
소가 있는데 이들 중 공기나 물에서 얻을 수 있는 C, H, O를 제외한 나머지 13종의 원소들
은 땅에서 직·간접적으로 얻을 수 있다. 이중에서 N, P, K, S, Ca, Mg 등은 많은 양이 요
구되므로 다량 필수원소로 취급하고 Fe, Cu, Zn, Mo, Mn, B, Cl 등은 적은 양이 요구되므
로 미량원소로 분류한다. 실제 영농에서는 토양에서 공급량이 부족한 N, P, K, S, Ca, Mg,
B 등이며 이들은 인위적인 공급이 필요하다.

흙속에 넣어 주어야 할 거름은 밑거름과 웃거름으로 나눈다. 밑거름은 작물의 종자를 파종
하거나 모종을 심기 전에 밭을 만들면서 넣어주는 비료이고, 웃거름은 생육기간이 오래 경
과함에 따라 흙 속의 양분이 식물에게 빼앗기고 용탈되어 비료 성분이 고갈되어 갈 때 다시
추가로 비료를 넣어주는 비료이다.

대부분의 식물은 생육초기에는 비료 흡수가 적고 생육 중·후반기에 왕성한 생육이 이루
어지므로 이때 많은 비료를 요구한다. 따라서 밑거름량은 전체 주는 양의 50% 내외로 하고
생육상태에 따라 웃거름으로 준다. 밑거름으로 사용하는 가축분뇨, 골분, 유박, 어박, 나뭇

재 등의 유기물은 완전히 부숙하여 사용한다. 미숙한 유기물은 썩는 과정에서 많은 열을 내어 발아장해나 뿌리생육에 장해를 일으키므로 주의한다.

비료 성분 중에서 질소질 비료와 칼륨질 비료만 밑거름과 웃거름으로 나누어 주고 나머지 비료는 모두 밑거름으로 준다. 웃거름으로 주는 비료는 속효성(速效性) 비료를 사용하는 것이 바람직하다. 즉, 질소질 비료로 유안이나 요소를, 칼륨질 비료로 황산칼륨이나 염화칼륨을 주거나 질소와 칼륨이 혼합된 복합비료를 준다. 작물의 생육이 경과함에 따라 복합비료를 15~20일에 1회 사용한다.

거름을 효과적으로 사용하기 위해서는 몇 가지 주의가 필요하다. 첫째, 모든 거름의 분량은 적은 듯하게 준다. 비료가 조금 부족한 것은 견딜 수 있으나 과다하면 식물이 역삼투 현상으로 말라 죽을 수 있다. 둘째, 주는 시기와 양은 정확해야 한다. 작물의 생육단계에 따라 요구하는 비료 성분의 종류와 양이 다르다. 가령, 질소는 생육초기에 중요하며 개화기나 결실기에는 인산과 칼륨을 많이 필요로 한다. 그리고 미숙된 퇴비를 겨울에 시비할 경우, 봄에는 효력이 없다가 여름이나 가을에 나타나게 될 경우가 많기 때문에 시비의 시기를 정확히 지켜야 하며, 유기질 비료는 잘 부숙된 것을 주도록 한다.

3) 정식적기

파종에서 정식하기까지 육묘기간은 작물의 종류, 육묘방법, 재배방법 등에 따라 달라진다. 육묘기간이 길어 묘가 크게 자라면 수확은 빠르지만 정식 후에 옮김 몸살이 심하고, 활착이 더디다. 특히 발근력이 약한 박과채소나 콩과채소는 정식 후 시들기 쉽다. 반면 어린 묘는 발근력이 강하고 흡비, 흡수가 왕성하여 정식 후 활착이 빠르다.

모종을 심는 날은 햇빛이 좋고 바람이 없는 맑은 날이 가장 좋다. 옮겨 심은 모종의 뿌리에 새 뿌리가 빨리 나오려면 땅 온도가 높아야 한다. 특히 호온성 과채류는 지온이 낮으면 수분흡수와 새 뿌리의 발생이 더디다. 토마토는 지온이 10℃, 오이는 15℃ 이상 되어야 뿌리의 활착이 순조롭다. 오이는 지온이 낮으면 순멎이 현상이 생겨 줄기의 신장이 멈춘다. 그러므로 땅 온도가 20℃ 이상으로 높게 유지되어야 한다. 그러나 비가 오는 날은 차가운 빗물로 인해 땅 온도가 낮아져 결과적으로 새 뿌리가 늦게 나오고 초기 생육이 지연된다. 그러므로 모종을 심기 좋은 날은 해가 쨍쨍한 맑은 날이며, 이런 날 채소를 심고 물을 충분히 주는 것이 좋다. 겉보기에는 모종이 시들해지는 모습을 보이기도 하지만 뿌리내림이 빠르고 초기 생육이 빨라진다. 그리고 바람이 심하게 부는 날에 정식하는 것은 좋지 않다. 바람이 심하게 불면 식물체는 잎의 증산작용이 활발해져서 쉽게 시들게 된다.

표 Ⅱ-2-3. 작물별 노지재배 기준 적정 육묘일수와 묘의 크기

작물	육묘기간(일)		묘 크기 (본잎 수)	묘의 상태
	봄	여름		
토마토	60~70	30~40	8~9	첫 화방 출현~약 10% 개화
고추	70~80	30~40	10~13	첫 꽃 출현~개화
오이	25~35	25~30	4~5	묘의 약 10%가 덩굴손 출현
호박	25~35	25~30	5~6	자엽 부근에서 구부러짐
참외, 수박	25~35	25~30	3~5	–

4) 모종 구입

채소를 전문적으로 영농하는 사람도 이제 손수 육묘를 하지 않고 플러그육묘 공장에서 모종을 주문하여 납품받아 재배하는 것이 일반화되고 있다. 그만큼 모기르는 것이 중요하고 전문성이 필요하다. 따라서 모종을 키워서 가꾸는 채소는 직접 종자를 뿌려 키우는 것보다 모종을 사다 심는 것이 좋다. 재배 규모가 작을 경우, 육묘가 필요한 채소는 모종을 사서 심는 것이 효과적이다. 예전에는 봄철 한때만 모종을 구할 수 있었으나 이제는 봄부터 가을까지 채소 모종을 구할 수 있다.

시중에 판매되는 모종은 전문가가 기르기 때문에 비교적 튼실하고 품종도 믿을 수 있다. 모종을 살 때 다음 몇 가지를 점을 유심히 살펴보아야 한다. 첫째, 모종의 뿌리가 잘 엉겨져서 흙이 부서지지 않아야 한다. 시장에 나와 있는 거의 모든 모종들은 플라스틱 용기로 되어있는 플러그트레이에 기르기 때문에 흙이 충실히 붙어있다. 둘째, 모가 웃자라지 않은 것이

좋은 묘이다. 또한, 줄기는 곧고 잎과 잎 사이가 짧아야 웃자라지 않은 묘이며 잎줄기에 병해충 피해가 없는 묘가 좋은 묘이다. 셋째, 가지, 고추, 토마토 등은 묘의 생장점 부근에 꽃이 피어있거나 곧 필 듯한 꽃봉오리가 보이는 것이 좋은 묘이다. 넷째, 묘상에서 매장으로 묘가 옮겨와 오랫동안 팔리지 않아 모 잎이 노랗게 변색되어 볼품없어진 것은 모가 노화된 것이므로 좋지 않다.

또한 모종은 실제 필요한 수량보다 20% 가량 여유있게 사야 한다. 모종은 심을 양보다 많아야 심은 후 말라죽거나 하면 보충해서 심을 수 있다. 또한 모종을 사오면 바로 심는 것이 좋다. 모종은 제한된 틀 안의 흙 속에서 자랐으며, 모에 붙은 흙은 모를 기를 때 작물에 양분을 모두 빼앗긴 상태이다. 그러므로 구입한 모종은 곧바로 본밭에 심어주어야 한다.

5) 모종 심기

모종을 옮겨 심으면 뿌리가 많은 상처를 입게 되고 새 뿌리가 나오는 일주일 동안 몸살을 한다. 그러므로 정식을 할 때에는 모판에서 모종을 캐 올 때부터 뿌리가 상하지 않게 조심하며, 뿌리에 붙은 흙이 떨어지지 않도록 한다. 뿌리에 붙은 흙이 떨어지면 채소의 잔뿌리가 같이 붙어서 떨어지기 때문에 몸살을 하는 것이다.

모종 심기에서 또 하나 중요한 사항은 모종을 심는 깊이이다. 모종의 흙이 밭 두둑의 높이와 같게 심는다. 일반적으로 채소 모종을 옮겨 심을 때 모종이 쓰러지지 않도록 깊게 심어주는 것이 일반적이다. 그러나 깊게 심으면 연약한 지상부 줄기 조직이 땅속으로 들어가 흙속의 유해한 병원균에 감염되어 토양전염성병에 쉽게 걸리게 된다. 따라서 접목한 모종을 사서 심을 때는 접목한 위치가 두둑에서 높이 떨어져 있게 심어야 접수가 토양전염성 병원균에 노출되지 않아 접목의 효과를 거둘 수 있다. 그리고 모종의 초형이 납작한 배추, 상추 등의 모종은 줄기가 짧기 때문에 깊게 심고 복토를 하면 생장점이 흙 속에 묻히게 되어 식물체가 죽는다. 한편 모종의 흙이 밭 두둑의 위로 올라오도록 너무 얕게 심으면 뿌리가 지상부에 노출되어 가뭄이 계속될 경우 뿌리의 수분이 부족한 경우가 쉽게 발생한다. 따라서 모종을 심을 때는 반드시 너무 깊게 심거나, 너무 얕게 심지 않도록 한다.

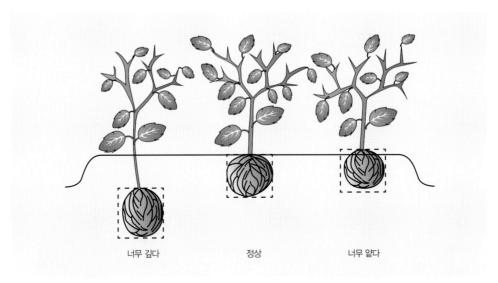

너무 깊다   정상   너무 얕다

그림 II-2-4. 정식 시 모종을 심는 깊이

4 정식 후 관리

밭에서 작물이 생장함에 따라 작물의 종류에 따라 적절한 관리가 필요하다. 잡초를 제거하고 과채류는 줄기나 덩굴을 지주에 묶어 세워 주어야 쓰러지지 않게 된다. 그리고 몇몇 채소는 북주기를 통해서 바람직한 품질의 생산물을 수확할 수 있다.

1) 지주 세우기와 묶어주기

덩굴성인 완두나 줄기가 길게 자라는 오이, 토마토 등 과채류는 줄기가 자라더라도 나무처럼 곧바로 서지 못한다. 줄기가 길게 자라는 열매채소들을 스스로 자라도록 내버려두면 볼품없이 자라며 자기 몸을 지탱하지 못하고 쓰러지게 되므로 버팀목으로 지주를 세우고 묶어주어야 한다. 지주 세우기는 제한된 토지를 보다 입체적으로 이용할 수 있어 단위면적당 재식주수를 늘리면서 잎, 줄기가 겹쳐지지 않게 하여 수광을 좋게 한다. 그 결과 과실의 비대와 착색에 도움이 되고, 병 발생을 억제시키며, 수확도 편리하게 하는 이점이 있다.

지주를 세워 주는 방법에는 여러 가지 방법이 있다. 식물체 하나하나에 버팀목을 하나씩 세워서 줄기를 묶어주는 개별 지주를 세워 주는 방법이 있는가 하면, 끈을 내려뜨려 끈으로 줄기를 지탱하도록 하여 작물이 쓰러지는 것을 막는 방법도 있다. 또 채소를 열로 심어서 2~3m 간격으로 지주를 세워서 지주들 사이에 유인 끈을 연결하여 세워주는 방법이 있다. 또한 지주를 A자 틀로 만들어 오이를 유인해주는 방법이 있다. 이렇듯 쓰러지지 않게 지주를 세워서 가꾸는 채소는 토마토, 고추, 가지, 오이, 완두, 멜론, 등이 있다. 이들 채소는 반드시 지주를 세워서 키워야 잘 자라며, 관리하기도 수월하고 알찬 수확을 기대할 수 있다.

그림 II-2-5. 고추의 지주 세우기

2) 잡초 관리

재배에 있어서 전문 경영인이나 주말농장에서 농사짓는 사람이나 잡초 제거하는 일이 가장 힘든 일 중의 하나이다. 끈질긴 생명력을 갖고 있는 잡초는 작물과 여러 가지 면에서 경쟁적 관계이다. 잡초가 작물에 해를 주는 이유는 흙 속에 넣어준 비료와 물을 채소와 서로 흡수하려고, 그리고 햇빛을 많이 받으려고 경쟁을 하며 병해충의 온상이 되기 때문이다. 그렇지만 잡초를 근본적으로 없애기는 힘들다. 잡초를 제거해주었다 하더라도 땅속에는 눈에 보이지 않은 잡초 씨앗이 엄청나게 많이 들어 있으므로, 봄에서 가을까지 지속적으로 잡초 씨앗들이 날아 들어온다.

종자를 뿌리고 싹이 틀 때부터 약 1개월 가량은 집중적으로 잡초를 뽑아주어야 한다. 이때 뽑아주지 못하면 작물이 잡초에 파묻혀서 보이지도 않을뿐더러 정상적인 생육을 하지 못한다. 씨앗을 뿌린 뒤 1개월이 되면 채소의 본잎이 5~6매 정도 자라게 된다. 그 뒤에 나오는 잡초는 새싹이 나서 자라더라도 생장속도가 채소가 훨씬 빠르기에 뒤늦게 올라오는 잡초에 뒤지지 않는다. 씨앗을 뿌리거나 모종을 심은 후 1개월 동안의 기간에 잡초 뽑기를 게을리 하고, 나중에 뽑으려 하면 힘이 많이들 뿐만 아니라 잡초를 뽑아주는 효과도 거둘 수 없다. 채소 가꾸기 경험이 없는 사람은 씨앗이 싹틀 때 잡초의 싹인지 채소의 싹인지 분간하기가 매우 힘들다. 그럴 때는 떡잎이 나오고 본잎이 나올 때까지 가만히 두었다가 확연히 분간이 될 때 잡초를 뽑아준다. 자칫 잘못하면 채소의 싹을 뽑아버리는 불상사가 생길 수 있으므로 주의한다. 잡초를 제거해주고 작물 포기 사이에는 마른 짚이나 풀 등으로 덮어준다. 이렇게 하면 여름철 고온기에 땅 온도가 높게 올라가는 것을 막아주고 또 잡초발생을 억제하며, 장마나 호우에 흙이 유실되고 또 흙이 단단해지는 것을 막아주는 효과가 있다.

3) 멀칭

작물을 심지 않은 공간에 비닐이라든지 풀이나 짚으로 땅을 덮어서 수분증발이나 땅에서 나는 잡초발생을 억제하기 위해서 비닐이나 마른 짚 등으로 흙을 덮어주는 일을 멀칭^{mulching}이라고 한다. 멀칭의 효과는 이른 봄 땅 온도를 높여 채소의 자람을 빠르게 하거나, 여름철 고온기에 짚으로 땅을 덮어서 지온이 높아지는 것을 억제하기도 한다.

멀칭에 필요한 재료는 비닐이 가장 많이 쓰이며 짚, 우드칩, 바크, 부직포, 야자매트 등도 사용한다. 멀칭을 하면 비바람에 의한 땅의 유실도 막을 수 있으며, 과일과 식물이 지면에 가까이 위치하게 되는 딸기나 수박, 참외 등을 재배하는 밭에서는 멀칭을 하여 땅에서 흙이 빗물에 튀지 않도록 한다. 멀칭은 저온기의 땅 온도를 높여주어 파종한 씨앗의 싹 트는 것이 빨라지는 이점이 있다. 특히 검은 비닐 또는 부직포를 덮어주면 빛이 차단되어 잡초의 싹이 트지 않아 풀이 거의 없어 풀매는 노력을 아낄 수 있다. 볏짚, 바크, 우드짚, 야자매트 등으로 덮어준 것은 잡초 발생을 억제할 뿐만 아니라 나중에 다시 땅속으로 들어가 흙속의 유기물 함량을 높여주고 흙의 물리성을 좋게 해주어 채소의 생육을 좋게 한다.

그림 II-2-6. 짚멀칭

4) 북주기

작물의 포기 주위 골 사이에 있는 흙을 두둑하게 모아 덮어주는 것을 북주기라고 한다. 당근을 기르다 보면 뿌리가 흙 위로 올라오는데 이것을 그대로 두면 뿌리 윗부분이 녹색으로 착색되어 당근 고유의 색깔이 나지 않는다. 그러므로 당근을 북주기하면 뿌리 윗부분부터 아래 끝까지 주황색으로 예쁘게 착색되어 상품의 질을 높인다.

감자에서 북주기의 효과는 감자 알이 잘 들게 할 뿐만 아니라, 이랑에 있는 흙을 포기쪽으로 모아주어 물빠짐을 좋게 하여 결과적으로 감자가 잘 자라게 된다. 북주기를 소홀히 하여 감자가 햇빛에 노출되면 노출된 부분이 녹색으로 변하여 인체에 해로운 솔라닌solanine을 함유한 감자가 된다. 북주기를 하지 않으려면 씨감자를 15cm 정도 깊게 심어서 햇빛에 감자가 노출되지 않도록 하는 방법이 있다.

파는 아래 줄기의 하얀 연백 부분이 길수록 상품가치가 높아진다. 따라서 파를 가꿀 때 북주기를 많이 하면 연백되는 부분이 많아져서 상품의 질을 높이게 된다. 그러므로 파를 가꿀 때 북주기는 필수적인 작업이다. 그러나 생육 초기부터 북주기를 하면 파 줄기가 가늘어져서 수량이 크게 떨어지므로 줄기가 굵게 자란 생육 후기에 하는 것이 좋다.

토란은 알토란이 여러 개 있는 것보다 크기가 큰 것이 좋은데, 토란을 북주기하면 여러 개로의 분화가 억제되고 비대생장이 촉진되어 토실토실한 큰 토란이 된다. 그러므로 토란을 알차게 알토란으로 가꾸기 위해서는 북주기가 필수적이다.

북주기는 작물을 잘 자라게 하고 품질을 높여주는 직접적인 효과 이외에도 작물이 쓰러지는 것을 막아주고, 이랑에 있는 잡초를 제거할 수 있어서 일석이조의 효과가 있다. 북주기 작물의 공통점은 모두 뿌리를 먹는 채소이다. 그렇지만 뿌리를 먹는 채소라 할지라도 무와 고구마, 열무 등은 북주기가 필요 없다. 이들 작물은 북주기를 하면 오히려 품질이 떨어진다. 그리고 다른 일반작물은 북주기가 오히려 생육을 방해하거나 병을 유발할 수 있으므로 주의해야 한다.

5 줄기고르기와 유인

열매채소들은 대부분 줄기가 길게 자라고 필요 이상의 곁가지들이 나온다. 그리고 너무 많은 과일이 달려서 열매를 솎아줘야 하는 일이 생긴다. 특히 스스로 곧게 자라지 못하는 작물은 특성에 따라 적정하게 수형을 만들고 가지를 절단하는 등 적절한 정지와 유인 작업을 통해 우수한 품질의 생산물을 꾸준히 생산할 수 있다. 정지(整枝)^{pruning}란 순지르기(摘芯)$^{topping, pinching}$, 새눈따기(摘芽)^{disbudding}, 잎따기·잎솎기(摘葉)^{defoliation}, 과일솎기(摘果)$^{fruit thinning}$, 지주세우기 등 유인(誘引)^{training}에 관련된 작업을 의미한다.

1) 정지

줄기나 덩굴의 길이 또는 수를 제한하는 정지법에는 적심(순지르기)과 적아(측지 제거)가 있다.

적심은 줄기의 끝을 잘라주는 것이다. 적심을 하면 불필요한 착과를 방지하고, 남아 있는 잎이 크고 두꺼워지며 빛깔이 진해지고, 그 결과 착과된 과실의 발육과 품질을 높인다. 참외, 수박, 멜론 등 박과작물과 토마토 등에서 많이 이용한다. 참외는 어미덩굴을 적심하여 아들덩굴을 키우고, 아들덩굴을 적심하여 손자덩굴에 착과시킨다. 토마토는 재배하면서 최종적으로 수확하고자 하는 과방의 위에 있는 잎 2~3매를 남기고 주지의 선단을 잘라 준다. 적아는 곁순을 따주는 것으로 오이는 보통 원줄기 하나만 기르고 곁눈을 제거한다. 그러나 측지착과형 품종은 곁눈을 제거하지 않고 착과를 시키기도 한다. 토마토는 키우고자 하는 줄기만 남기고 마디마디에서 나오는 곁순은 모두 제거하여 곁순이 자라는 것을 방지하여야 한다. 가지는 주지와 첫 꽃 아래의 측지 1~2개를 남기고 나머지 측지는 모두 제거한다. 그리고 적엽도 일종의 전정이라고 볼 수 있다. 고추는 버팀목을 설치하여 쓰러지지 않게 관리해 주고 줄기를 별도로 손질할 필요는 없으나, 방아다리(첫째 분지에 착과하는 과일) 아래에서 발생하는 줄기나 잎은 제거한다. 오이나 딸기, 토마토 재배에서는 불필요한 아랫잎, 노화된 잎을 제거하면 수광과 통풍을 좋게 하여 병해를 방지하면서 적정한 엽면적을 유지하여 수량과 품질을 향상시킬 수 있다.

알맞은 수의 열매가 착과하면 균일하게 자라서 고품질의 상품을 얻을 수 있는데, 적과는 식물체의 양분 균형과 노화를 억제하기 위하여 1주당 착과 수를 조절하는 작업이다. 적과는 개화, 수정 후 열매가 어느 정도 자라서 좋은 과일로 자랄 수 있는지 여부를 판단할 수 있을 때 실시한다. 예를 들면 멜론, 참외, 수박 등은 수정 후 3~4일경에 과일의 모양이 꼭지 쪽을 향해 타원형으로 되면서 연녹색을 띠며 생육이 좋은 것을 남긴다. 반대로 열매의 색이 짙어지면서 원형으로 되어 생육의 기미가 나쁜 것을 제거한다. 특히 1주 1과를 착과시키는 네트멜론의 재배에서는 적과 작업이 고품질 멜론 생산에 매우 중요하다.

2) 유인

과채류에서 줄기나 덩굴의 위치를 평면이나 입체적으로 달리하는 것을 유인이라 한다. 잎과 줄기를 적절한 방향으로 유인하면 밀식이 가능하고, 서로 겹치는 것을 막아 수광량을 늘리고 작업을 편리하게 해준다. 노지에서는 지주를 세워 유인하는데 파이프 등 지주용 자재를 하나씩 세우거나 2개 이상을 합장하여 세우고 그물이나 유인용 끈을 이용하여 유인한다. 시설재배에서는 가는 철사나 유인용 끈을 천장에 매달아 유인한다.

6 결실의 조절

1) 채소의 결실 조절

호박, 수박, 멜론과 같은 박과류는 자연수분이 어려워 결과율이 낮다. 이를 보강하기 위하여 화분을 채집하여 암꽃 주두에 묻혀 주는 인공수분을 해주는데, 이들 꽃은 아침에 일찍 피고 오후에 시들기 때문에 오전 9시 이전에 모든 작업을 끝내는 것이 좋다. 토마토와 같은 가지과식물은 자가수분이 잘 일어나므로 노지에서는 별로 문제가 되지 않는다. 단지 시설재배에서는 바람이 없고 다습하므로 수분과 수정이 잘 일어나지 않아 수정벌을 방사하거나 꽃이 흔들리게 하여 수분을 돕는다. 딸기와 같이 꽃의 수가 많은 작물은 꿀벌을 키워 수분에 이용한다. 수정이 이루어지지 않아도 과실이 정상적으로 맺히는 현상을 단위결과라고 하는데 오이가 대표적인 예이다. 오이는 시설재배에서도 인공수분이 전혀 필요하지 않다.

2) 과수의 결실 조절

과수재배에서는 착과된 과실의 일부만이 최종적으로 수확·이용되므로 적화와 적과를 실시한다. 과수는 많은 꽃과 어린 열매가 달리는데, 불필요한 것을 일찍 제거할수록 꽃눈분화 촉진, 과실 비대, 착색 및 당도 증진, 저장양분 축적에 유리하다. 불필요한 꽃을 제거하는 적화가 지나쳐서 남은 꽃들이 제대로 결실을 못하면 충분한 수확량을 확보할 수 없으므로 기상조건과 관리여건에 따라 적화를 조절한다. 적과란 수정되어 어린 열매가 자라나는 기간에 솎아 주는 작업을 말한다. 어린 과실들은 초기에 조기낙과^{June drop}라고 하는 생리적 낙과현상이 나타나므로 이 기간이 지난 다음에 최종 적과를 하는 것이 좋다.

7 원예작물의 번식

1) 유성번식

원예작물의 번식에는 크게 유성번식(有性繁殖)과 무성번식(無性繁殖)이 있다. 유성번식은 종자가 중요한 번식수단이므로 종자번식이라고도 한다. 유성번식은 식물의 번식과정에서

성이 관여하는 것으로, 수정과정에서 어느 정도 다른 개체로부터 화분을 받아 수정하느냐
에 따라 자가수정과 타가수정으로 구분한다.

표 II-2-4. 자가수정작물과 타가수정작물

구분	작물의 종류
자가수정	고추, 토마토, 가지, 상추, 완두콩, 강낭콩, 부추, 잠두, 오이, 호박, 수박, 금어초, 샐비어, 아스타
타가수정	배추, 무, 파, 양파, 당근, 시금치, 쑥갓, 단옥수수, 대부분의 과수, 메리골드, 버베나, 베고니아, 페튜니아

2) 무성번식(영양번식)

무성번식은 성이 관여하지 않고 모식물체의 영양기관 일부를 떼어내어 개체를 증식하는 것
으로 영양번식이라고도 한다. 식물은 기관, 조직, 단세포, 심지어 원형질체까지도 재생능력
을 갖고 있기 때문에 무성번식이 가능하다. 과수류, 화목류, 관엽식물, 선인장류 등은 무성
번식으로 개체를 증식시킨다. 감자, 딸기, 마늘, 백합, 국화 등은 자연상태로 생성된 생장점
이나 개체를 떼어내어 증식한다. 그리고 접목이나 삽목처럼 재배의 편의상 인위적으로 번
식을 조작하는 방법도 있다.

무성번식의 장점은 첫째, 모체와 유전적으로 완전히 동일한 다수의 개체를 얻을 수 있다.
둘째, 바나나, 무화과, 감귤류처럼 종자번식이 불가능한 식물의 유일한 증식수단이다. 셋
째, 초기생장이 좋고 과실을 일찍 맺을 수 있다. 그러나 무성번식은 바이러스에 감염되면
제거가 불가능하고, 종자에 비하여 저장과 운반이 어렵고 비싸며, 장기보관이 불가능하고,
증식률도 매우 낮은 단점이 있다.

3) 무성번식의 종류

무성번식은 식물의 세포, 조직, 줄기, 잎, 눈, 뿌리 등 영양기관의 일부를 모식물로부터 분
리하여 번식하는 것이다. 무성번식은 어떤 방법으로 영양체를 분리하느냐에 따라 다양한

방식으로 세분된다. 대표적인 방법으로 삽목, 접목, 취목, 분주, 분구 등이 있다. 식물의 조직배양$^{tissue\ culture}$도 무성번식 방법의 하나이다.

① 삽목(꺾꽂이)

삽목(挿木)^{cuttings}은 식물의 영양기관인 잎, 줄기, 뿌리 등을 모체로부터 분리하여 상토에 꽂아 뿌리를 내리게 하고, 새싹을 돋게 하여 새로운 개체를 얻는 방법이다. 삽목은 삽수로 이용되는 영양체에 따라 가지삽목, 뿌리삽목, 엽삽(잎꺾꽂이) 등으로 나뉜다.

식물의 삽목은 세포의 전형성능^{totipotency}과 손상된 조직의 재생작용을 번식에 활용하는 것이다. 식물의 재생력은 종류에 따라 다른데 쌍자엽식물이나 나자식물에서는 발근이 잘 되나, 단자엽식물과 고사리류에서는 잘 되지 않는다.

초본성 식물은 삽목환경과 삽수의 크기가 적당하면 어느 시기에 삽목하여도 좋다. 그러나 목본성 작물은 종류에 따라 삽목시기가 다르다. 상록침엽수는 4월 중순, 상록활엽수는 6월 하순부터 7월 상순 사이의 장마철에 하는 것이 좋고, 낙엽과수는 3월 중순경 눈이 트기 전에 삽목하는 것이 좋다.

일반적으로 삽수는 병이 없고, 충실한 개체로부터 채취한다. 삽목용 상토는 거름기가 없고, 산도가 알맞고, 보수력과 통기성이 좋으며, 병해충에 감염되지 않아야 한다. 주로 사용되는 상토는 질석(버미큘라이트), 펄라이트, 피트모스 등의 인공상토를 이용한다. 발근촉진제로는 옥신류의 생장조정제가 이용된다.

삽목 후에는 삽목상의 온도, 습도, 광 등과 같은 환경관리에 유의한다. 온도는 일반적으로 생육적온보다 약간 낮은 20~25℃ 정도가 좋다. 열대식물은 이보다 높은 온도를 요구한다. 삽수는 건조하면 말라죽게 되므로 뿌리가 내리기 전까지는 공중습도를 90% 이상으로 유지해야 한다. 잎이 붙어 있는 삽수는 삽목 후 강한 광을 쪼이면 잎이 증산을 많이 하여 시들게 되므로 차광이 필요하다.

그림 II-2-7. 삽목 후 뿌리가 나온 모습

② 접목

접목은 대목과 접수의 장점을 동시에 활용하기 위해 이용된다. 접목은 내병성을 강화할 뿐만 아니라 저온신장성과 초세가 강해 양수분의 흡수력이 강화되며, 수확기를 앞당기고 수량을 크게 증대시킬 수 있다. 접을 하는 가지를 접수(接穗)^{scion}라 하고, 뿌리가 되거나 접수의 밑부분이 되는 식물을 대목(臺木)^{stock}이라고 한다. 채소에서 주로 사용하는 접목 방법에는 맞접(호접), 합접, 편엽합접, 할접, 핀접, 삽접 등이 있다.

그림 II-2-8. 채소류의 접목

가지과채소와 박과채소 등 과채류에 많이 사용하는 접목(接木, 접붙이기)^{grafting}은 수량성과 품질이 좋은 접수에 토양전염성병에 대한 저항력이 높고, 저온 및 고온 등 불량환경에 견디는 힘이 강하며, 흡비력이 높은 대목을 붙여 접목한다.

과수에서 접목의 효과는 병해충 저항성 및 토양환경에 대한 적응성을 강화할 뿐만 아니라 과수의 결과연령을 앞당기고, 과수의 왜성화를 가능하게 하며, 수령이 높은 과수를 갱신할 수 있는 장점도 있다. 접목은 수분과 양분의 이동통로인 도관의 일부 및 전부가 절단되므로 접수와 대목의 도관이 이어지는 일정기간 동안 묘상의 습도, 온도, 광 등의 환경관리가 매우 중요하다. 과수에서는 깎기접(절접), 쪼개접(할접), 맞접(호접), 눈접(아접) 등을 주로 사용한다.

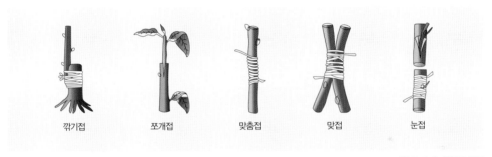

| 깎기접 | 쪼개접 | 맞춤접 | 맞접 | 눈접 |

그림 II-2-9. 접목의 종류

③ 취목

취목(取木, 묻어떼기)^{layering}은 생육이 왕성한 봄부터 여름에 걸쳐 과수나 화목류를 번식하는 방법이다. 취목은 모식물의 가지를 휘어 땅속에 묻거나, 가지에 상처를 내고 수태 등으로 싸서 뿌리를 내리게 한 다음에 잘라내어 번식한다. 취목은 가지를 땅에 묻어 햇볕이 차단되면 황화현상이 일어나면서 발근이 촉진되는 생리적 특성을 이용한 것이다.

취목은 식물체의 일부에서 뿌리를 발생시킨다는 점에서 삽목에 가까우나, 모식물에서 발근하여 한 개체로서의 형태와 기능을 갖춘 부위를 잘라 떼어 낸다는 것이 삽목과 다르다. 가지가 모식물에 붙어있는 상태이기 때문에 양수분의 공급이 원활해서 발근까지의 기간이 길어도 상관이 없다. 그러나 대량증식이 어렵고, 번식기간이 길다는 것이 단점이다. 방법은 휘문이, 성토법, 당목취법, 높이떼기가 있다.

취목은 온실용 원예식물은 3월부터 5월 사이에 주로 실시하고, 노지 원예식물은 봄철에 싹이 트기 전이나 6~7월에 한다. 예를 들면 왜성 사과대목의 취목은 봄에 실시하고 이식은 늦가을이나 이듬해 봄에 한다.

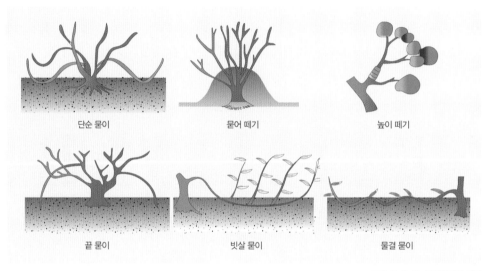

단순 묻이	묻어 떼기	높이 떼기
끝 묻이	빗살 묻이	물결 묻이

그림 II-2-10. 묻어떼기의 종류

④ 분주

분주(分株, 포기나누기)division란 뿌리 부근에서 자연적으로 생겨난 포기나 부정아를 떼어내어 증식시키는 번식방법으로 포기나누기라고도 한다. 국화, 거베라, 붓꽃, 꽃창포 등 대부분의 숙근초, 나무딸기, 앵두나무 등의 관목류에서 활용한다. 분주 시기는 작물의 꽃눈분화와 개화시기에 따라 결정된다. 철쭉, 수국, 라일락, 남천 등은 3월 하순에서 4월 상순에 실시하고 꽃창포, 아이리스, 관음죽, 종려죽, 배롱나무, 석류나무 등은 6월부터 7월에 걸쳐 분주한다. 딸기, 작약, 소철, 매화나무, 영산홍 등은 9월에 주로 분주한다. 분주방법은 포기를 나누는 부위에 따라 분류할 수 있다. 주요 부위는 근관부, 흡지, 포복경 등이다.

그림 Ⅱ-2-11. 분주

⑤ 분구

구근류는 종자로 번식하면 후계에 개체 간 형질이 달라지므로 재배를 목적으로 할 때는 분구하여 번식한다. 분구(分球, 알뿌리나누기)는 지하부의 줄기, 뿌리 등이 비대해진 구근을 번식에 이용하는 방법이다. 구근은 완전한 개체로 독립할 수 있는 번식기관으로서 종자와 비슷한 기능을 가지며 인경, 구경, 괴경, 괴근, 근경 등의 종류가 있다.

분구는 구를 분리하여 번식하는 분리법과 여러 개로 절단하여 번식하는 절단법으로 구분할 수 있다.

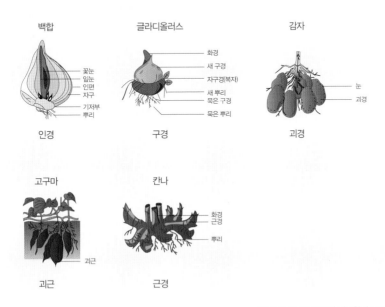

그림 Ⅱ-2-12. 구근의 식물학적 구조

환경관리
기초

윤형권

1 식물영양과 생육

1) 무기양분의 종류

작물체를 분석해 보면 약 60여 종의 원소가 발견된다. 이것은 이러한 원소들이 작물 생육에 필요하다는 것을 의미한다. 이 원소들 가운데 없어서는 열여섯 가지 필수원소$^{essential\ element}$가 있다. 필수원소는 작물의 요구도가 큰 다량요소^{macroelement}와 미량요소^{microelement}로 분류된다. 탄소(C), 수소(H), 산소(O), 질소(N), 인(P), 칼륨(K), 칼슘(Ca), 마그네슘(Mg), 유황(S)의 아홉 가지 원소는 다량원소이고, 철(Fe), 망간(Mn), 아연(Zn), 구리(Cu), 몰리브덴(Mo), 붕소(B), 염소(Cl)는 미량원소이다. 탄소·수소·산소는 물과 공기로부터 흡수되지만 그 이외의 원소는 토양으로부터 수분과 함께 흡수·이용된다.

2) 무기양분의 흡수

무기양분은 잎에서도 흡수가 가능하지만 대부분 뿌리에서 흡수된다. 그리고 뿌리에서의 양분흡수는 주로 근모(뿌리털)에서 이루어진다. 양분흡수는 수동적 흡수와 능동적 흡수가 있다. 채소류의 무기양분은 수분흡수와 함께 확산·침투하거나 세포벽의 양이온 흡착에 의하여 흡수된다. 양분의 종류에 따라 이동성이 달라지는데 질소, 인, 칼륨, 마그네슘, 황산 등은 이동성이 크고 철, 구리, 아연, 몰리브덴 등은 중간이며, 칼슘과 붕소는 특히 이동성이 낮다. 재이동성이 큰 양분의 결핍증은 하위엽으로부터 나타나지만 이동이 어려운 양분은 상위엽, 경정부, 과실 등에 주로 나타난다.

3) 양분흡수 특성

채소류는 뿌리의 염기치환용량이 높아 일반작물에 비하여 양분의 흡수량이 많다. 몇 가지 중요 무기양분의 흡수량을 비교해 보면 벼, 보리에 비하여 인산은 1.5배, 질소는 2배, 칼륨·마그네슘 등은 3배, 칼슘은 7배 정도 높다. 그리고 질소는 암모니아태보다는 질산태 질소를 많이 흡수하며, 무엇보다도 칼슘의 흡수가 많은 것이 특징이다. 칼슘은 체내에서 재이동이 어렵기 때문에 생육기간을 통하여 계속 흡수되어야 한다. 채소류는 다른 볏과에 비하여 칼슘요구도가 크고 부족하면 결핍증상이 나타나기 쉽다. 또한 채소류는 붕소를 많이 흡수하기 때문에 붕소결핍증이 문제가 된다. 규소는 많은 채소에서 시용효과가 인정되고 있으며 내병성을 증진시키기도 한다. 채소류는 생육단계별로 양분흡수량이 변화하는데 생육 후기까지 연속적으로 활발하게 양분이 흡수되는 채소류(A)와 생육 중에 흡수량이 최대에 달했다가 후기로 갈수록 흡수량이 감소하는 채소류(B)가 있다. A형에 속하는 채소는 토마토와 같은 과채류, 양배추, 상추, 시금치 등이 있다. 이 채소들은 후기까지 잎과 줄기의 생장이 계속되기 때문에 무기양분의 지속적인 공급이 필요하다. B형은 양파, 브로콜리, 옥수수, 무 등이 있다. 이들은 어느 단계에 이르면 경엽의 생장이 정지되며, 경엽에 축적된 양분은 비대근이나 과실로 이행된다. B형 채소는 생육 후기까지 질소질 비료를 공급하면 경엽의 생장이 계속되어 과실이나 저장기관의 비대가 억제된다.

4) 양분 결핍 증상

각각의 무기양분은 체내에서 담당하는 생리적 기능이 다르고 흡수와 체내 이동성이 다르기 때문에 결핍되면 여러 가지 특징적인 증상이 나타난다. 채소의 결핍증상은 오래된 잎에서 나타나는 것과 새로운 잎 또는 생장점 부근에서 나타나는 것으로 구별된다. 늙은 잎에서부터 결핍증상이 나타나는 무기원소로는 질소, 인, 구리, 유황의 A그룹과 칼륨, 마그네슘, 몰리브덴의 B그룹이 있다. A그룹의 원소가 결핍되면 전체적으로 생장이 쇠퇴하고 줄기가 가늘어지며, 잎은 작아지고 늙은 잎부터 황화되면서 죽는다. 그리고 안토시아닌 색소가 발현되는 경우도 있다. B그룹이 결핍되면 생육 초기에는 잘 나타나지 않지만 생육이 진전되면서 많이 나타난다. 처음에는 아랫잎 또는 바깥잎에서 시작하여 점차 젊은 잎으로 옮겨진다. 새로운 잎 또는 생장점에 결핍증상이 나타나는 것으로는 철, 망간, 아연, 칼슘, 붕소가 있는데 이 가운데 칼슘과 붕소는 결핍되면 윗부분의 끝이 죽는 것이 특징이다.

2 기상환경의 조절

기상환경은 온도, 광선, 공기의 세 영역으로 구분하며, 공기환경에는 공중습도, 탄산가스 분포, 바람 등을 포함시킨다.

1) 온도환경 조절

① 생육적온

온도는 식물의 생장과 발육을 조절하는 중요한 환경 요소 중에 하나이다. 기온, 지온, 체온 및 주야간의 변온 등은 체내의 모든 물질대사에 직접적으로 영향을 미치며, 다른 환경과의 상호작용으로 식물 생육을 조절하기도 한다. 채소는 종류별로 온도에 대한 적응성이 다르다. 비교적 서늘한 온도조건에서 잘 자라는 호냉성채소와 대부분의 과채류와 같이 높은 온도조건에서 생육이 잘 되는 호온성채소가 있다.

표 II-2-5. 온도 적응성에 따른 채소의 분류

구분	채소
호냉성채소	배추, 양배추, 상추, 시금치, 마늘, 양파, 파, 부추, 염교, 리크, 셀러리, 파슬리, 아스파라거스, 근대, 갓, 무, 당근, 순무, 고추, 냉이, 감자, 비트, 딸기, 잠두, 완두
호온성채소	고추, 토마토, 가지, 수박, 참외, 오이, 호박, 멜론, 고구마, 토란, 생강, 옥수수, 동부, 죽순, 풋대콩

표 Ⅱ-2-6. 과채류의 종류별 생육적온(℃)

| 채소 | 주간기온 | 야간기온 | | 지온 |
	적온	적온	최저유지온도	적온
토마토	25~23	10~8	5	18~15
가지	28~23	18~13	10	20~18
피망	30~25	20~18	12	20~18
오이	28~23	15~12	10	20~18
수박	28~23	18~13	10	20~18
멜론	30~25	20~18	15	20~18
호박	23~18	15~10	8	18~15
딸기	23~18	7~5	3	18~15

대부분의 과채류는 화아분화를 위해 생육의 일정단계에 특정한 온도조건을 경과해야만 하는 현상이 있는데 이를 춘화라고 한다. 이때의 온도조건과 온도에 감응하는 생육단계는 채소에 따라 다르다. 예를 들면 배추는 종자 때부터 저온에 감응하여 화아분화가 되고, 양배추는 일정한 크기의 녹식물상태에 이르면 저온에 감응하여 화아분화가 되며, 상추는 고온에 의해 화아분화가 이루어진다.

② 온도환경의 일반관리

종류별, 생육단계별로 생육적온이 다르기 때문에 계절별로 재배되는 채소가 다르다. 노지에서 생육적기에 재배하는 것은 일종의 온도환경 조절이다. 양파와 딸기의 월동재배는 겨울을 경과하면서 생육에 필요한 저온조건을 충족시켜 주기 위한 것이다. 경우에 따라 화아분화를 유도하기 위하여 저온처리를 하기도 하고, 추대를 촉진하기 위하여 고온처리를 하기도 한다. 좀 더 적극적인 온도환경 조절을 위해서는 온상, 멀칭, 핫캡, 터널, 차광 등 간이시설을 이용하여 기온과 지온을 조절하는 것이 좋다.

③ 주야간의 변온관리

식물은 주야간의 생육적온이 다르기 때문에 변온관리가 중요하다. 주간에는 적온이 높고 야간에는 상대적으로 낮다. 주간에는 적온에서 활발하게 광합성이 이루어지도록 하고, 야간에는 비교적 저온에서 호흡이 억제되도록 온도를 관리하는 것이 좋다. 노지의 기온은 온도교차가 있어 생육적기에 재배하면 자동적으로 밤과 낮의 온도가 조절된다.

2) 광환경의 조절

① 광환경 적응

태양광선은 혼합광으로 계절, 기후, 시각, 위도 등에 따라 분포상태가 다르다. 이 광선들은 그 자체가 광합성·화아분화·색소 발현·종자 발아 등에 관여하지만, 한편으로는 온도환경을 조절하여 식물의 여러 가지 생육에 영향을 미친다.

식물의 생육과 관계있는 광환경은 크게 광도, 광질 및 일장으로 나눈다. 광도와 광질은 광합성과 깊이 관련되어 있으며 일장은 화아분화·추대·저장기관의 발육 등과 관련이 깊다. 이미 앞에서 언급한 바와 같이 채소류는 종류에 따라 광포화점이 다르고 그것을 기준으로 강광성, 중광성, 약광성으로 분류된다. 그리고 개화에 미치는 일장반응으로 단일성채소, 중성채소, 장일성채소로 분류한다. 광환경의 적응성에 따라서도 강한 광선을 좋아하는 양성채소와 어느 정도의 그늘에서 잘 자라는 음성채소로 분류할 수 있다. 그리고 음성채소는 다시 어느 정도의 그늘에 견디는 것과 그늘을 좋아하는 것으로 세분된다.

표 II-2-7. 광적응성에 따른 채소 분류

구분	채소
양성채소	과채류(박과, 콩과, 가지과, 딸기), 양배추, 배추, 결구상추, 무, 당근, 양파, 옥수수, 고구마, 감자, 마
음성채소	비결구성 잎채소, 마늘, 생강, 파, 부추, 토란, 토당귀, 아스파라거스, 머위, 부추, 구약(특히 그늘을 좋아함)

② 광환경의 일반관리

일반적으로 노지 보통재배의 경우는 적기에 파종하여 재배함으로써 일장조건을 충족시킨다. 마늘과 양파는 가을에 재식하여 저온조건을 충족시킨 다음, 이듬해 봄부터 장일조건에서 인편 또는 인경의 분화와 비대가 이루어진다. 노지에서는 광도조절이 쉽지 않기 때문에 일조량이 풍부하고 지형적으로 그늘이 지지 않는 적지선정이 매우 중요하다. 그리고 재식밀도의 조절, 정지, 적엽, 유인 등의 재배기술은 광환경 개선을 위한 수단들이다. 우리나라 경우 한여름 차광재배는 대부분 광도 조절보다는 온도 조절을 하기 위한 것이다. 멀칭을 하는 경우는 지온의 상승과 함께 잡초방지를 목적으로 흑색이나 녹색의 유색 필름을 이용하기도 한다. 광합성에 필요하거나 유효한 광선을 차단하여 잡초의 생육을 억제할 수 있기 때문이다.

3) 공기환경 조절

① 생육과 공기환경

대기 중에는 여러 가지 성분의 기체가 분포되어 있다. 지표 가까이에 분포하는 성분 중 질소, 산소, 탄산가스의 비중이 가장 크다. 이 성분들 외에도 다양한 성분과 함께 수분, 미생물, 화분, 분진 등이 있다. 이 성분들은 대부분 바람으로 골고루 분포되지만 지역에 따라서는 밀집해서 분포하여 공해로 작용하기도 한다. 대기 중의 탄산가스 농도는 지역에 따라 다르지만 350ppm 정도이다. 특히 군락상태의 작물체 주변이나 밀폐된 시설 내의 탄산가스 농도는 대기 중의 농도보다 낮아지는 경우가 있기 때문에 환기가 되도록 잘 될 수 있도록 하는 것이 중요하다. 대기 중은 물론이고 토양 중의 산소농도 또한 식물과 미생물의 호흡작용과 관련하여 매우 중요하다. 대기 중 약 21%를 차지하는 산소는 특별히 조절해 줄 필요는 없지만 토양수분이 지나치게 많으면 산소공급이 차단되어 뿌리 활력이 떨어지고 미생물 활동이 둔화되어 종자발아나 양수분 흡수에 지장을 초래하는 경우가 있다. 도시 근교, 공장지대나 교통이 혼잡한 도로변에서 채소를 재배할 때에는 대기오염물질의 피해를 입는 경우가 있기 때문에 주의를 기울여야 한다. 적절한 바람은 대기성분을 균형있게 유지해 주고 군락상태의 작물체 주변의 탄산가스를 공급해 주며 유해가스를 제거해 준다. 그리고 증산작용과 광합성을 촉진시키기도 한다. 반면에 강한 바람은 작물에 해를 미치기 때문에 바람을 막을 수 있는 방풍림이나 방풍시설을 설치하는 것이 좋다.

4) 토양환경 조절

지하부의 근역환경으로 토양은 매우 다양한 요소로 구성되어 있다. 토양은 화학적 · 물리적 · 생물적 요소로 구성된 매우 복잡한 환경으로 그 조절이 쉽지 않다.

① 재배 적지

토양의 물리적 환경은 토양구조, 입경분포, 지온, 수분, 통기성 등이 중요하다. 화학적 환경으로 토양반응, 유기물, 무기양분의 동태 그리고 생물적 환경으로 각종 미생물과 소동물 등이 채소 생육에 직접 또는 간접적으로 영향을 끼치는 중요한 환경요소들이다. 이러한 근역환경의 모든 요소들이 적절해야 뿌리의 생육이 순조롭고 양분과 수분의 흡수가 원활해진다.

㉮ 토양종류

　우리나라 산지 토양을 분류해보면 사토, 충적토, 홍적토, 화산회토로 나뉜다.

㉠ 사토

　강변이나 해안에 있는 모래땅으로 경작을 통하여 표토가 부식되고 점토가 다소 함유되어 있으나 심토는 자갈이 섞인 모래가 대부분이다. 보수력과 보비력이 약하지만 배수가 양호하고 이른 봄 지온이 빠르게 상승한다. 관수가 가능하면 시비에 유리하면서 과채류와 무, 배추를 조기재배하면 유리하다.

㉡ 충적토

　하천유역에 상류로부터 토사가 운반되어 퇴적된 토양이다. 주로 사질양토 또는 양토로서 토심이 깊고 비옥하여 논과 밭 어느 쪽으로든 이용할 수 있다. 무, 당근, 우엉 등의 근채류를 많이 재배할 수 있다.

ⓒ 홍적토

지질 연대로 약 1만 년 전인 제4기 홍적세 때 퇴적하여 이루어진 토양으로 남부 구릉지 등에 많이 분포된 토양이다. 오랜 세월 염기가 용탈되어 산성을 띠는 경우가 많고 유기물이 부족하며 척박한 점질토가 대부분이다. 배수성을 높이고 유기물을 많이 시용함으로써 토양을 개선하여 조선무와 단근채류를 재배하면 좋다.

ⓓ 화산회토

화산 분출물이 퇴적하여 형성된 제주도 일대의 토양으로 표층은 흑색이지만 심토는 황갈색을 띤다. 흙이 가볍고 배수가 양호하며 알루미늄 함량이 높다. 무, 당근, 우엉과 같은 근채류의 재배에 적당하다.

② **토양물리와 생육**

㉮ 토성과 토양구조

토양입자는 입경의 크기에 따라 자갈, 모래, 점토로 구분한다. 이들 분포비율을 토성이라고 하며, 점토함량이 12.5% 이하인 것을 사토, 25%인 것을 양토, 50% 이상인 것을 식토라고 한다. 그리고 그 중간 것을 각각 사양토 및 식양토라고 한다. 사질토양에서는 생육이 빠른 대신 쉽게 노화하며, 생산물은 조직이 치밀하지 못하고 저장기관은 저장성이 약하다. 반대로 식질토양에서는 생육속도가 느린 대신 노화가 늦고, 생산물의 조직이 치밀하여 저장성이 커진다.

㉯ 토양수분과 통기성

토양의 삼상(고상:액상:기상 = 50:25:25)에서 고상을 제외한 나머지는 입자와 입자 사이에 형성되는 토양 공극으로 이곳은 물과 공기가 분포하는 공간이다. 채소류는 수분함량이 많고 다른 작물에 비하여 수분요구도가 높다. 한편 지나친 수분공급은 습해를 유발한다. 습해의 주원인은 토양산소의 감소이지만 토양의 환원으로 생성되는 유해물질도 습해에 관여한다. 그리고 다습토양에서 많이 발생하는 감자 흑점병, 양파 역병 등도 습해로 간주할 수 있다. 채소류 가운데 내습성이 약한 것은 파, 양파, 당근, 감자, 멜론, 고추, 토마토 등이고 강한 것으로는 미나리와 고추냉이 같은 수생식물과 토란, 옥수수 등이 있다. 토양 구조상 기상이 부족하여 통기성이 불량해지면 생육이 억제되는데, 이는 산소공급이 억제되기 때문이다.

표 II-2-8. 토양수분과 통기성

구분	종류
산소부족에 강한 채소	상추, 가지, 오이, 토마토, 양배추
산소부족에 약한 채소	시금치, 우엉, 무, 고구마
산소부족에 매우 약한 채소	콜리플라워, 당근, 피망, 멜론

㉓ 토양온도

일반적으로 토양온도(지온)는 지상부의 생육적온보다 낮고 적지온의 폭이 좁아 대체로 15~20℃의 범위이다. 채소의 적지온은 종류, 품종 및 대목에 따라 다르지만 생리적으로 15℃ 이상이 요구되며, 20℃ 부근이 양·수분의 흡수에 가장 적절하다. 엽·근채류는 저온성이 대부분이고 과채류는 비교적 고온성이지만 토마토, 콩류, 달기는 낮다. 그리고 생육이 진전되면서 점차 저온쪽으로 내려가는 경향이 있다. 지온이 낮으면 호흡이 저하되어 뿌리생장과 기능이 억제된다. 특히 뿌리의 발달이 빈약하여 양·수분의 흡수 범위가 작아지고 뿌리의 시토키닌 합성 기능이 쇠퇴한다. 오이는 정식 후 지온이 낮으면 줄기신장이 억제되고 짧은 마디에 암꽃이 밀생하는 순멎이(난쟁이) 현상이 나타난다. 지온이 높은 경우에도 유사한 피해가 나타나는데 당근은 리코핀의 생성이 억제되어 품질이 저하되고 가지과의 청고병, 반신위조병, 박과의 덩굴쪼김병 등이 많이 발생한다. 노지에서는 저온기에 흑색 플라스틱이나 투명 플라스틱 멀칭, 고온기에는 짚 멀칭이나 반사필름을 이용한 멀칭 등으로 지온을 조절할 수 있다.

③ 토양화학과 생육

㉮ 토양반응

토양용액의 수소이온(H^+) 농도, 즉 산도를 토양반응이라고 한다. 이 토양반응은 가장 중요한 토양의 화학적 성질로서 채소생육에 큰 영향을 미친다. 우리나라는 모암(화강암)의 성질이 산성이고 비가 집중적으로 내리기 때문에 산성토양이 많다. 특히 사질토양과 유기물이 적은 토양은 염기용탈이 심하고, 더욱이 채소재배 지대는 질소 사용이 많으며 채소류는 염기의 흡수량이 다른 작물에 비하여 많기 때문에 산성화되기 쉽다. 비료 종류에 따라서도 토양의 pH는 영향을 받는다. 과인산석회와 같은 산성비료를 시용하거나 유안과 같은 중성비료를 시용하면 pH가 낮아진다. 채소의 적정 토양은 pH 6.0~6.5의 범위에 있다. 이 범위를 벗어나면 생육의 이상반응이 나타난다. 토양 반응을 조절하는 수단으로 석회와 함께 유기물의 시용이 있다. 보통 석회는 소석회, 탄산석회를 시용하는데 산성토양에서는 마그네슘의 결핍도 예상되기 때문에 고토석회를 시용하는 것이 바람직하다. 그리고 일시에 다량의 석회를 시용하면 인산이 불용화되기 쉽기 때문에 인산비료를 함께 주는 것이 좋다. 퇴비 등은 토양의 완충작용을 증대시키고 알루미늄의 용출을 억제시켜 토양반응을 간접적으로 조절하는 역할을 한다.

표 Ⅱ-2-9. 토양산도 적응성에 따른 채소 분류

구분	적정 범위	채소
산성에 약한 채소	pH 6.8~6.0	아스파라거스, 셀러리, 멜론, 피망, 시금치, 배추, 오크라, 양배추, 콜리플라워류, 상추, 양파, 파, 리크 등
산성에 다소 강한 채소	pH 6.8~5.5	강낭콩, 호박, 콜라비, 무, 당근, 파슬리, 오이, 토마토, 가지, 고추, 완두, 마늘, 순무, 단옥수수 등
산성에 강한 채소	pH 6.8~5.0	치커리, 고구마, 수박, 감자, 토란 등

㉯ 염류집적

토양 중에는 여러 가지 무기염이 용액 중에 이온상태로 존재한다. 경작지에는 계속해서 다양한 염류가 비료 형태로 공급되고 있다. 이 염류들은 대부분 강우 등으로 유실되거나 용탈되고 일부는 작물에 의하여 흡수·이용된다. 그러나 채소재배 지대의 토양에는 이러한 염류가 표층에 집적되어 여러 가지 피해가 나타난다. 염류집적의 원인은 다비재배, 토양개량제 및 계분 등의 연용 등에 의해 발생된다. 염류농도가 높아지면 식물생육이 억제되며 잎은 농록색을 띠기도 하는데 잎이 선난부터 타 들어가다가 결국은 숙는다. 염류집적을 미리 방지하기 위하여 비료 종류의 선택, 시비량과 시비법의 합리화, 유기물의 사용 등이 필요하다.

표 II-2-10. 과채류의 생육저해 및 고사를 일으키는 토양염류 농도의 한계점(단위: dS/m)

토양	생육저해 한계점			고사 한계점		
	오이	토마토	고추	오이	토마토	고추
사질토	0.6	0.8	1.1	1.4	1.9	2.0
충적식양토	1.2	1.5	1.5	3.0	3.2	3.5
부식질식양토	1.5	1.5	2.0	3.2	3.5	4.8

④ 토양환경 관리

채소 생육에 적합한 최적의 토양환경을 만들어 주기 위해 여러 가지 관리가 필요하다. 주로 채소의 재배기술적 측면에서 경운, 정지, 중경, 배토, 멀칭, 관수 및 시비를 중요한 토양관리로 취급하고 있다.

㉮ 경운과 정지

굳은 땅을 갈아엎는 것을 경운이라고 한다. 경운 후 흙덩이를 잘게 부수고 작물에 따라 적당한 크기의 이랑을 만드는데 이 과정을 정지라고 한다. 채소재배는 집약적으로 이루어지기 때문에 경작지는 답압과 빈번한 관수로 물리적 성질이 나빠지기 쉽다. 뿐만 아니라 다비재배와 강우 등으로 염류집적이 심해 염류농도 장해를 나타내는 경우가 많다. 이를 개선하기 위해서는 경운을 잘해야 하는데, 무엇보다도 땅을 깊에 파서 갈아주는 것이 좋다. 경운 후에는 바로 흙덩이를 부수고 적절히 구획한 다음 배수로를 만들고 한쪽으로 흙을 긁어모아 이랑을 만든다. 이랑을 만들면 배수를 좋게 하고 파종, 제초, 솎음 등의 작업이 편리해진다.

㉯ 중경, 제초 및 배토

채소재배 중 경작지 표면을 가볍게 긁어 파주는 것을 중경이라고 한다. 표토의 경화를 막아 토양의 통기성을 증진시키고, 표면 관수 시 침투를 용이하게 해주는 효과가 있다. 중경과 동시에 추비와 제초를 할 수 있으며, 고랑을 정리하고 복토를 하기 때문에 배수성을 좋게 할 뿐만 아니라 토양 표면의 증발산을 억제하는 효과도 있다. 그러나 최근에는 노동력이 부족하여 가능한 한 생력화하는 방향으로 나아가고 있고 멀칭재배 등으로 사실상 중경을 실시하는 경우가 많지 않다. 채소를 재배하면서 경작지 표면의 흙을 그루 주변에 모아 주는 것을 배토라고 한다. 일반적으로 잡초 및 도복 방지, 방풍 대책, 맹아 억제, 추비 복토 등의 목적으로 실시한다.

㉰ 관수

적정 토양수분을 유지하기 위하여 인위적으로 경작지에 수분을 공급하는 것을 관수라고 한다. 관수방법에는 전면관수, 고랑관수, 살수관수, 분수관수, 분무관수, 점적관수 그리고 지중관수 등의 방법이 있다. 점적관수는 물을 절약할 수 있을 뿐만 아니라 관수에 의한 표토유실이나 경화를 막을 수 있고 무엇보다도 자동화되어 편리하기 때문에 광범위하게 이용되고 있는 관수 방법이다.

3

도시농업
작목별
재배기술

채소 및
식량작물 재배기술

채 영

1 채소의 분류

채소로 재배하는 식물은 그 종류가 매우 다양하고, 형태적, 생태적 또는 재배적 특성이 상이한 작물이 많다. 이들 채소는 형태적 또는 재배적, 이용상 성질이 비슷한 것을 함께 묶어서 다루면 여러모로 편리하다. 꽃의 형태나 식물의 성상이 공통적인 유사성을 갖는 여러 채소들을 묶어서 종(種)^{species}, 이와 근연하는 종들을 묶어서 속(屬)^{genus}, 그리고 유사한 속들을 묶어서 과(科)^{family}로 분류하는 것을 자연분류 또는 식물학적 분류하고 한다. 종 내에서도 특징이 약간 다른 것들을 묶어 아종(亞種) 또는 변종(變種)으로 세분하여 분류하기도 한다. 품종은 자연분류가 아니고 재배나 이용면에서 다른 개체와 비교하여 형태나 성질이 다르면서 그 고유형질이 다음 세대에 안정적으로 전해지는 개체의 집단을 말한다.

1) 자연분류

자연적인 분류 방법은 매우 과학적인 것으로 채소의 형태, 생리, 생태를 파악하는 데 편리하다. 자연분류는 꽃의 형태나 식물의 성상이 공통적인 유사성을 갖는 식물들을 묶어놓은 것이다. 즉, 같은 과(科)에 속하는 식물들은 재배환경, 개화생리, 병해충 발생 등이 매우 유사하여 실제로 작물을 기르는 데 많은 도움을 준다.

2) 이용에 따른 분류

이용 부위, 즉 식용 부위가 잎, 뿌리, 과실 중 어느 것에 속하느냐에 따라 엽채류(잎채소), 과채류(열매채소), 근채류(뿌리채소)로 분류하는데 가장 간편하고 쉽게 구분되므로 흔히 이용되는 분류법이다. 이용 부위에 분류기준을 두고 있지만 재배상 공통점을 가지고 있다. 엽채류는 대부분 서늘한 기후에서 잘 자라고 질소와 수분을 많이 요구하며 재배도 비교적 단순한 특징을 지니고 있다. 과채류는 일반적으로 따뜻한 기후에서 잘 자라는 특징이 있다.

표 II-3-1. 채소의 형태적 특성에 따른 분류

구분		채소의 종류
잎줄기채소 (엽경채류)	엽채류	배추, 양배추, 상추, 시금치, 쑥갓, 케일 등
	비늘줄기 (인경채류)	마늘, 양파, 염교, 달래, 파, 쪽파, 부추
	꽃(화채류)	브로콜리, 콜리플라워
	줄기(경채류)	아스파라거스, 죽순, 두릅, 토당귀
열매채소 (과채류)	박과채소	오이, 수박, 호박, 참외, 멜론 등
	가지과채소	토마토, 가지, 고추
	딸기	딸기
뿌리채소 (근채류)	괴근류	고구마, 마
	괴경류	감자, 토란
	직근류	무, 당근, 우엉, 순무, 20일무
	근경류	생강, 연근

표 II-3-2. 채소의 주요 색소성분

구분	색소성분	색깔	채소의 종류
카로티노이드계carotenoids	β-카로텐β-carotene	황색	당근, 호박, 토마토
	리코핀lycopene	적색	토마토, 수박, 당근
	크산틴xanthin	황색	옥수수
	캅산틴capsanthin	적색	고추, 파프리카
플라보노이드계flavonoids	케르세틴quercetin	황색	양파
	루틴rutin	황색	토마토
안토시아닌계antocyanins	델피니딘delphinidin	청자색	가지
	프라가린fragarin	적색	딸기
베타레인계betalains	베타시아닌betacyanine	적색	비트, 순무

2 채소의 재배 환경

식물은 흙 속에 뿌리를 내리고 지기 몸체를 지탱하며 수분과 양분을 흡수한다. 그리고 지상부의 줄기와 잎은 햇빛을 받아 탄소동화작용으로 동화양분을 만들어 식물이 자란다. 식물 생육에 미치는 자연환경 요인은 기후, 토양, 생물 등이 있다. 이 요인들은 채소 생육에 절대적인 영향을 끼치므로 각각의 요인들이 채소 생육에 어떻게 작용하는지 면밀히 알아서 이에 대응한다.

1) 햇빛

햇빛은 식물생육에 가장 중요한 요인 중의 하나이다. 햇빛은 잎에서 광합성작용을 통하여 동화양분을 만들고, 이 동화양분은 식물의 각 기관에 분배되어 성장 발육을 한다. 때문에 햇빛이 잘 들지 않는 텃밭은 채소작물이 잘 자라지 못하기 때문에 광선 적응성에 따라서 채소작물을 선택한다.

표 II-3-3. 햇빛의 세기에 따라 잘 자라는 채소

구분	채소의 종류
강한 햇빛에서 자라는 채소	수박, 호박, 참외, 토마토, 강낭콩, 고구마, 무, 순무, 열무, 20일무, 감자, 단옥수수, 당근, 땅콩, 토란, 옥수수, 딸기, 양파, 당근
보통 햇빛에서 자라는 채소	완두, 오이, 고추, 시금치, 상추, 배추, 양배추, 엔다이브, 마늘, 부추, 파, 쪽파, 생강
약한 햇빛에도 자라는 채소	생강, 쑥갓, 미나리
어둠에서 재배하는 것	양송이, 연백채소(대파)

우리나라는 4계절이 뚜렷하여 밤낮의 길이가 계절별로 다르다. 12월 22일 전후인 동지에 하루해가 가장 짧고, 6월 22일 전후인 하지에 낮 길이가 가장 길다. 또 3월 22일경의 춘분과 9월 22일경인 추분은 해 길이가 같다. 식물 생육은 해가 길어지고 짧아지는 일장에 민감한 반응을 보인다. 즉, 식물은 보이지 않는 눈과 시계를 갖고 있다. 따라서 해가 언제 뜨고

언제 지는가를 식물체 잎에서 모두 인식하여 꽃을 빨리 피우거나 늦게 피우는 등 개화특성을 생육반응으로 나타낸다. 따라서 봄에 꽃이 피는 무, 배추, 시금치, 상추 등은 모두 잎을 먹는 채소이기 때문에 최대한 꽃이 늦게 피는 품종을 선택해서 재배를 해야 잎을 많이 수확할 수 있다. 이들 채소들은 꽃대가 올라오면 품질이 크게 떨어져서 식용가치를 상실하게 된다. 따라서 주요 채소들이 일장에 어떻게 반응하는지를 미리 알아서 실제 재배에 응용한다.

표 II-3-4. 가꾸는 시기별로 알맞은 채소

구분	채소의 종류
봄 채소	봄배추, 봄무, 상추, 엔다이브, 시금치, 쑥갓, 부추, 파, 완두, 강낭콩, 미나리, 감자
여름채소	들깻잎, 토마토, 가지, 호박, 수박, 참외, 단옥수수, 땅콩
가을채소	양배추, 가을무·배추, 순무, 파, 고구마, 토란, 당근
월동채소	마늘, 딸기, 부추

표 II-3-5. 해의 길이에 따른 채소의 분류

구분	채소의 종류
해 길이가 길어질 때 꽃 피는 채소	시금치, 상추, 무, 당근, 양배추, 갓, 배추, 감자
해 길이가 짧아질 때 꽃 피는 채소	딸기, 옥수수, 콩
해 길이와 상관없이 일정한 생육기에 도달하면 꽃 피는 채소	고추, 토마토, 가지, 오이, 호박, 수박, 참외, 멜론 등

2) 온도

채소 재배에서 온도는 생장과 발육을 조절하는 중요한 환경이다. 채소는 종류에 따라 적정 생육온도가 다르다. 대개 열대지역이 원산지인 채소는 고온을 좋아하고, 온대지역이 원산지인 채소는 서늘한 저온을 좋아한다. 작물별로 온도에 대한 적응성이 다르기 때문에 계절별로 재배되는 채소가 다르다.

표 Ⅱ-3-6. 온도 적응성에 따른 채소의 분류

구분	온도 특성	채소의 종류
고온성 채소 (18~26℃)	고온에 강한 것	가지, 고추, 박, 동아, 생강, 고구마, 부추, 동부
	고온에 다소 약한 것	오이, 호박, 참외, 토마토, 우엉, 강낭콩, 아스파라거스, 머위, 옥수수
저온성 채소 (10~18℃)	내한성이 강한 것	배추, 양배추, 무, 순무, 파, 시금치, 완두, 잠두, 딸기, 염교
	내한성이 다소 약한 것	감자, 당근, 비트, 꽃양배추, 상추, 미나리, 샐러리, 근대, 마늘, 양파, 쪽파 등

3) 수분

채소는 일반 밭작물에 비해 물을 많이 필요로 하여 수분요구도가 높고 수분함량도 많아 60 ~95%에 이른다. 수분이 약간만 부족해도 광합성의 저하, 수량 감소, 품질 저하 등의 장해가 일어난다. 그러므로 관수시설이 잘 갖추어져야만 재배관리가 편리하다. 채소류가 수분 요구도가 높긴 하지만 너무 과습하면 제대로 자랄 수 있는 작물은 거의 없다. 따라서 장마 철에는 고랑을 미리 정비하여 배수가 잘되도록 힘써야 한다. 배수가 잘 안될 때는 습해를 받아 정상적인 생육을 기대할 수 없다.

표 Ⅱ-3-7. 수분요구도에 따른 채소의 분류

구분	채소의 종류
다소 건조해도 재배가 잘 되는 것	고구마, 수박, 토마토, 땅콩, 잎들깨, 호박
다소 습한 토양에서 재배가 잘 되는 것	토란, 생강, 오이, 가지, 배추, 양배추
다습한 곳을 좋아하는 것	연근, 미나리

4) 토양

식물의 뿌리는 토양으로부터 양분과 수분을 흡수하여 자라게 되므로 토양 환경은 매우 중요하다. 토양 입자는 입경의 크기에 따라 자갈, 모래, 점토로 구분한다. 토양의 화학적 특성을 표시할 때 산성 또는 알칼리성으로 구분하는데, 작물에 따라서 선호하는 화학성 특성이 있다. 그리고 토양의 물리성에 따라 작물의 생육은 영향을 받는다.

표 II-3-8. 토양반응에 따른 채소의 분류

구분	채소
산성 땅에 약한 채소	시금치, 완두, 잠두, 강낭콩, 양파
산성 땅에 약간 약한 채소	양배추, 상추, 셀러리, 배추, 부추 등
산성 땅에 약간 강한 채소	토마토, 가지, 오이, 호박, 옥수수, 당근, 무, 순무 등
산성 땅에 강한 채소	수박, 토란, 고구마, 감자 등

표 II-3-9. 토성의 종류에 따른 채소의 생육

구분	장점	단점
모래땅	• 생육이 빨라 수확이 빠르다. • 생육이 비교적 왕성하다. • 뿌리채소의 경우 모양이 예쁘다.	• 저항력이 약하다. • 생산물 조직이 무르다. • 저장성이 약하다. • 조숙한다.
점질땅	• 가뭄 등에 강하다. • 생산물의 조직이 치밀하다. • 각종 성분 농도가 높다. • 저장성이 좋다.	• 생육이 더디고 수확기가 늦다. • 대체로 크기가 작다. • 수량이 적다. • 뿌리채소의 외관이 좋지 않다.

5) 양분 흡수특성

채소는 일반적으로 칼슘(Ca)에 대한 요구도가 높아 요구량이 벼의 10배 이상이다. 칼슘에 대한 요구도가 큰 만큼 칼슘 부족에 의한 생리장해도 많이 발생하여 수량과 품질이 크게 떨어질 수 있다. 황(S)도 식량작물보다는 채소, 특히 배추과채소에 많으며, 백합과채소인 마늘, 양파 등에도 많이 들어 있다. 일반적으로 잎과 줄기 등을 이용하는 채소는 영양생장을 좋게 하여 수량을 높이며, 과일을 먹는 채소는 영양생장과 생식생장의 균형을 잘 유지하여 재배해야 한다. 미량원소 가운데 석회(Ca)와 붕소(B)는 비료 요구도가 큰 편이기 때문에 별도로 줄 필요성이 있다.

3 채소의 종류

1) 가지과채소

가지과채소에는 고추, 토마토, 가지, 감자 등이 있다. 고추는 우리나라에서 김치, 고추장 등 다양한 음식의 양념채소로 활용되며 풋고추, 피망, 파프리카 등 신선채소로도 활용이 다양하다. 토마토는 우리나라에서 신선 채소용으로 주로 재배하고 있으나 케첩, 쥬스 등 다양한 식품원료로 이용되어 세계적으로 가장 많이 이용되는 채소이다. 감자는 채소이면서 식량작물로 분류한다. 가지과채소는 일장반응이 중성으로 일장에 관계없이 일정한 수준의 영양생장이 이루어지면 화아분화하여 개화한다.

―――――――― 고추 ――――――――

재배　노지재배용 고추의 육묘일수는 보통 60~80일 정도이다. 고추는 두둑 너비 100㎝ 또는 150㎝, 두둑 높이 20~30㎝로 높게 한다. 두둑 위에 멀칭을 하고 한 줄 또는 두 줄로 심는다. 고추 식물체 사이의 거리는 40~50㎝로 아주심기한다. 바람에 넘어지지 않도록 지주대를 박고 유인 줄을 쳐서 관리한다. 고추 모종을 심은 다음 35~40일경에 첫 번째 웃거름을 주고 고추를 가꾸는 동안 35~40일 간격으로 3~4번 웃거름을 준다.

물주기는 너무 건조하거나 습하지 않도록 관리하며, 물이 늘 뿌리에 고여 있지 않도록 배수에 특별히 주의한다. 밀식재배를 하거나 측지가 많이 발생하는 품종은 1차 분지 아래 주지에 발생하는 측지와 중심부의 웃자란 가지들을 제거해 준다.

수확 수확은 7월 초순부터 10월 초순까지 계속한다. 초기에는 풋고추를 수확하고, 8월 상순부터 붉은 고추를 수확한다. 풋고추는 꽃이 핀 후 15일 전후하여 과실이 충분히 자라고 너무 맵지 않은 단계에서 수확하고, 홍고추는 가능하면 나무에서 충분히 익은 것을 수확하여 말려야 색이 좋은 고춧가루를 만들 수 있다. 수확한 풋고추는 5~7℃, 상대습도 90% 정도의 조건에서 저장하는 것이 좋고, 홍고추는 수확 후 건조기나 태양열을 이용하여 건조한다.

토마토

재배 노지에서 토마토를 재배할 경우에는 보통 3월 상순부터 온실에서 육묘하여 4월 하순에서 5월 상순에 정식하고, 7월 초순~9월 말까지 수확한다. 정식에 적당한 묘는 본잎이 7~9매 전개되고 제1화방의 꽃이 보이거나, 약 10% 정도 개화된 묘가 적당하다. 봄철에 심는 모종의 육묘일수는 50~60일 전후 육묘한 것이다. 심는 거리는 품종이나 재배목적, 토양의 비옥도 등에 따라 달라질 수 있으나 100×40cm로 심는 것이 관리에 용이하고 수량도 많다. 정식은 기온이 낮을 때는 오전에 하고, 기온이 높은 여름에는 오후 3시 이후에 하는 것이 뿌리내림이 좋다.

토마토를 심은 후 길이 120~150㎝의 지주대를 일정한 간격으로 꽂고 끈이나 줄로 식물체를 묶어준다. 보통 정지는 외대가꾸기 또는 2개가꾸기를 한다. 외대는 측아를 모두 제거하여 주지 하나만을 남기고, 2대가꾸기는 주지와 제1화방 바로 밑에 나오는 측지를 착과지로 이용하거나, 육묘 시 떡잎 위에서 적심하여 2개의 줄기를 유인하거나, 본잎 2개를 남기고 잘라 2개의 줄기를 유인하여 재배할 수 있다. 착과지로 이용하는 줄기 이외에 발생하는 곁가지를 모두 제거하여 재배한다. 순지르기는 재배하고자 하는 화방 수에 도달하면 화방의 위에 있는 잎 2장을 남기고 생장점을 잘라준다. 노지재배에서 수확하는 화방 수는 재배자의 관리상태에 따라 다르지만 보통 4~8단 정도이다.

수확 토마토는 수정 후 3~5일이면 과실이 자라기 시작하여 30일이 경과하면 과실 비대가 완료된다. 토마토 수확은 여름에는 30~40%, 가을과 겨울에는 60~70% 착색되었을 때가 적당하다. 완숙과 수확은 저온기에는 수정 후 45~50일, 고온기에는 35~40일 정도 지났을 때 가능하다.

—— 가지 ——

재배 가지는 육묘기가 길어 보통 75~80일 정도이다. 아주심기에 적당한 모종은 꽃봉오리가 맺히기 시작할 때이다. 보통 제1번화 바로 아래에 발생하는 측지를 1개만 남겨 2줄기로 재배하거나, 2~3개를 남겨 3~4줄기로 재배한다. 가지는 잎이 크고 넓어 아주심기할 때 유인하여 재배할 줄기 수를 많이 하면 식물체 간 거리를 넓게 한다.

가지를 재배하는 이랑은 1줄재배에서는 두둑의 너비 60~70㎝이고, 2줄재배에서는 두둑의 너비 100~120㎝이다. 모종의 아주심기 간격은 보통 2줄기로 재배할 때는 40㎝, 3~4줄기로 재배할 때는 80㎝로 한다. 가지는 땅 온도가 17℃ 이상 되어야 빨리 활착되므로 햇빛이 좋고 기온이 높은 날을 택해 아주심기한다. 모종을 심은 후 지주를 세우고 부드러운 끈으로 가지를 묶어주어 비바람에 넘어지는 것을 방지한다. 가지 모종을 아주심기한 후 비가 내리지 않을 때는 보통 4~5일 간격으로 물을 준다. 비가 자주 내릴 때는 물이 잘 빠지도록 배수로를 깊게 만든다. 가지 모종을 심은 다음 25~30일경에 첫 번째 웃거름을 주고, 가지를 가꾸는 동안 20~25일 간격으로 웃거름을 준다. 가지는 거의 대부분의 토양에서 잘 자라며, 건조에 약하므로 약간 습한 토양이 좋다. 그러나 과습하면 뿌리 끝이 썩고 병 발생이 많아진다.

수확 가지는 개화 후 10~15일 전후에 수확한다. 과실 무게는 보통 80~100g 정도이다. 수확이 늦어지면 과실이 단단해져 맛이 없어지고 수량이 적어진다. 수확은 기온이 낮은 오전이 좋으며, 기온이 높은 오후에 수확하면 저장성이 크게 떨어진다. 과실이 상처를 받으면 갈색으로 변색되어 흉하게 된다. 가지의 저장온도는 10~12℃가 좋으며, 이보다 낮으면 저온장해로 과실이 상해서 광택이 없어지고 저장성이 떨어진다.

2) 박과채소

우리나라에서 주로 재배하는 박과채소에는 수박, 참외, 오이, 호박, 멜론, 박, 수세미, 여주, 동아 등이 있다. 박과채소는 덩굴이 길게 뻗어 공간을 많이 차지하므로 도시텃밭에서는 거의 재배하지 않고, 대부분 전문농가에서 시설재배를 하고 있다. 그러나 덩굴성 박과채소도 두둑 위로 줄기가 뻗어가는 포복재배 대신에 지주대를 세워 유인하는 유인재배를 하면 제한된 공간에서 재배가 가능하다. 그리고 줄기의 길이가 짧은 쥬키니 호박은 도시텃밭에서도 재배가 가능하다. 박과채소는 덩굴성 1년생 초본식물로 자웅동주이며, 대부분 인공수분이 필요하지만 오이는 단위결과성이 높아 별도의 인공수분을 하지 않아도 착과가 잘 된다.

— 오이 —

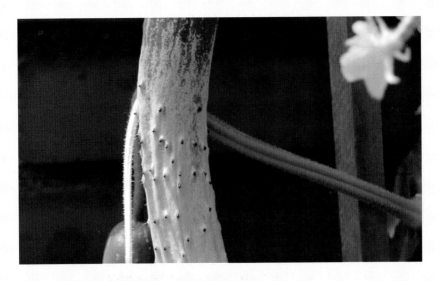

재배 오이를 노지에 심을 때는 늦서리가 내리지 않은 5월 상순경에 심어야 안전하다. 백다다기 계통이나 은침오이 품종이 원줄기에 오이가 잘 달려 재배하기 편리하다. 미니오이 계통도 암꽃이 많이 피어서 수량성이 높고 절간이 짧아서 재배가 편리하다. 오이는 땅온도가 최저 15℃ 되어야 활착이 잘 되므로 햇빛이 좋고 따뜻한 날에 심는다.

오이의 아주심기는 종자를 파종 후 25~35일 정도 경과하여 잎이 3~5장 정도로 자랐을 때가 적당하다. 오이는 두둑 너비 120㎝, 오이 모종 간격 35~40㎝로 2열 정식한다. 오이 잎이 5~6매 이상 자라면 막대를 대각선으로 세워 묶고 부드러운 끈으로 오이 줄기를 유인해준다. 청장계 오이와 다다기 오이는 어미덩굴을 기르고, 아들덩굴은 순을 지른다. 흑진주 오이와 삼척계 오이는 어미덩굴의 20~25마디에서 순을 질러, 주로 아들덩굴을 기른다. 오이는 원줄기 6~7마디까지 달리는 암꽃은 일찍 제거해서 식물체가 튼튼하게 자라도록 한다.

적심으로 덩굴이 자라는 것을 제한하고 불필요한 줄기와 잎을 제거해 주며, 덩굴이 늘어지지 않도록 지주를 세우거나 끈으로 매달아 유인한다. 오이는 단위결과성이 강하여 인공수분이 필요 없다. 아주심기 1개월 정도 후 첫 번째 암꽃의 과실이 비대하는 시기에 1차 웃거름을 주고 5일 간격으로 꾸준히 준다.

수확 아주심기 약 30일 전후이면 수확이 가능하다. 무게 150g 내외, 길이 20~25㎝ 정도의 과실을 수확한다. 수확은 오전 중에 하는 것이 신선도를 오래 유지할 수 있다.

호박

재배 호박의 생육적온은 20~25℃이며, 저온 단일조건에서 암꽃 착생이 촉진되며, 비교적 저온에서도 잘 생육한다. 호박은 두둑 너비 2m로 이랑을 만들고, 주간 간격은 60㎝ 정 도로 심어 1줄기 또는 2줄기 재배를 한다. 호박은 어미덩굴의 5마디에서 순지르기 하여, 3~4마디에서 나오는 아들덩굴을 2~3개 기르고 나머지 곁가지는 제거한다.

호박은 본잎이 4~5장 형성될 때 정식한다. 호박의 육묘기간은 보통 20~40일로 작형에 따라 다르다. 육묘 중 저온과 단일 처리를 하여 암꽃의 착생을 촉진시킨다. 암꽃이 피면 아침 일찍 붓이나 손으로 수꽃의 꽃가루를 암꽃에 묻혀 수정한다. 수꽃 1개의 수술로 4개의 암꽃에 묻혀 준다. 호박 재배 시 물주기는 1주일에 한 번 정도씩 충분하게 관수한다. 호박은 흡비력이 강해 시비효과가 매우 크므로 정식 후 20~25일 간격으로 웃거름을 준다. 호박 덩굴이 서로 엉키지 않도록 유인해준다.

수확 청과용 애호박, 풋호박은 개화 후 7~10일에 수확한다. 숙과용 늙은 호박은 개화 후 약 50일 경과 후 수확한다. 수확은 오전 중에 마치는 것이 좋다.

─── 수박 ───

재배 수박은 땅 온도가 최저 15℃ 이상 되어야 활착이 잘된다. 바람이 없는 맑은 날을 택해 본잎이 4매 정도 전개될 무렵에 정식한다. 수박을 재배하는 이랑은 너비 250~300㎝, 포기 사이는 45~50㎝로 정식하는 것이 일반적이지만 지역이나 여건에 따라 약간 좁게 만드는 경우도 있다. 이랑은 가급적 높게 만드는 것이 좋다. 정식 후 충분히 관수한다. 수박은 어미덩굴의 4~6마디에서 순을 질러 아들덩굴 2~3가지를 기르고, 아들덩굴에서 나오는 곁순은 바로 제거한다. 수박은 아들덩굴 10~12마디에 착과하고, 보통 과실 1개를 목표로 한다. 맑은 날 수꽃을 따서 꽃 밑에 어린 과실이 달려 있는 암꽃에 꽃가루를 묻혀준다. 인공수분을 하면 과실의 비대가 촉진된다. 관수는 1주일에 2회 정도 충분히 한다. 웃거름은 정식하고 나서 20~25일 간격으로 2~3회 준다.

수확 수박은 착과 후 대과종은 40~45일, 소과종은 33~37일경에 수확한다. 수박을 인공수정할 때 교배 날짜를 기록하여 확인하면서 수확한다. 착과한 마디의 덩굴손이 말랐거나 과실 표면이 윤기가 나고, 호피 무늬가 선명하며, 두드리면 통통하는 경음이 날 때가 수확적기이다.

3) 배추과채소

배추과채소는 대부분 월동 2년생 초본식물로 4개의 노란 꽃잎이나 흰 꽃잎이 십자화를 이루며 매운맛을 낸다. 배추, 양배추, 콜리플라워, 브로콜리, 케일, 콜라비, 방울다다기양배추 등 양배추류, 순무, 겨자, 갓, 고추냉이 등이 있다. 그리고 종속 간 교잡종으로 쌈추, 배무채 등이 있다. 양배추류의 원산지는 유럽이며, 재배종들은 모두 야생 양배추에서 기원하는 변종들이다. 엽구의 형성 여부를 기준으로 결구성, 반결구성, 비결구성으로 분류할 수 있다. 모두 저온 자극을 받으면 화아분화하고 추대한다.

— 배추 —

재배 배추는 12℃ 이하의 저온을 일주일 이상 연속 경과하면 추대하여 상품 가치가 없어지므로 주의한다. 특히 종자를 냉장고에 보관하여도 추대하므로 조심한다. 배추는 직파 혹은 육묘 이식재배를 한다. 배추 모종의 육묘기간은 봄재배는 약 30일, 가을재배는 약 15~20일이다. 육묘기간은 기온이 높으면 짧아지고, 기온이 낮으면 길어진다.
배추 이랑은 물빠짐이 좋은 땅은 2줄재배하고, 물빠짐이 안 좋은 땅은 1줄재배한다. 1줄 재배는 이랑 너비를 60~90㎝, 2줄재배는 이랑 너비를 120㎝로 만들고 멀칭하여 토양의 온도를 유지하고 잡초를 예방한다. 배추 정식에 적당한 모종의 크기는 봄재배는 본잎 5~7매, 가을재배는 본잎이 4~5매이다. 심는 간격은 1줄재배는 60~90㎝, 2줄재배는 120×30~40㎝로 심는다. 모종을 심을 때는 생장점 부분에 흙이 들어가지 않도록 주의

하고, 관수하여 뿌리가 잘 내리도록 한다. 이후 물주기는 특별하게 가물지 않으면 크게 신경 쓰지 않아도 된다. 그러나 온도가 높은 계절에는 일주일에 1~2회 오전에 물을 주어야 생리장해 발생을 예방할 수 있다. 배추는 단기간에 자라므로 양분이 부족하지 않도록 밭을 만들기 전 밑거름을 잘 주어야 한다. 양분 흡수는 결구가 시작될 무렵부터 왕성해진다.

수확　배추의 결구를 위에서 눌러서 약 1~2㎝ 정도 들어갈 때 수확하면 속이 너무 꽉 차지 않아 좋다.

──────────── 양배추 ────────────

재배　양배추는 재배 적응성이 넓어 전국에서 널리 재배된다. 양배추를 아주심기하는 재식 간격은 60×40㎝, 만생종일 경우 75×45㎝이다. 정식에 적당한 모종의 크기는 고온기에는 본잎이 4~5매, 저온기에는 본잎이 6~7매 정도 전개되었을 때이다. 외엽이 충분히 생장하고 적정한 엽수를 확보해야 결구가 충실해진다. 양배추는 결구기에 수분이 부족하면 품질이 나빠지므로 수분이 부족하지 않도록 한다. 결구 개시 15일 전쯤에 추비를 준다. 추비가 늦으면 결구가 지연되고 엽구가 터지는 경우가 있다. 결구기에 수분이 부족하면 결구가 억제된다. 관수는 지온의 급격한 변화를 피하기 위해 아침이나 저녁에 한다. 결구가 완성되면 열구하기 쉬우므로 적기에 수확해야 한다.

수확　수확기에는 수시로 결구 정도를 확인하여 구가 터지기 전에 수확한다. 가을에 수확한 것이 봄에 수확한 것보다 호흡량이 적어 저장에 유리하다. 저장온도는 0~2℃이나 10일 이하의 단기저장일 경우 5℃에 저장하여도 품질 차이는 거의 없다.

무

재배　무는 뿌리채소로 직파재배를 하는 것이 원칙이다. 무를 재배하는 이랑은 물빠짐이 좋은 땅은 2줄재배하고, 물빠짐이 나쁜 땅은 1줄재배한다. 1줄재배에서는 이랑 너비를 60~90㎝, 2줄재배에서는 이랑 너비를 120㎝로 만들고 멀칭하여 토양의 온도를 유지하고 잡초가 생기는 것을 막는다. 파종은 약 30㎝ 간격으로 포기뿌림을 하는데 한 구멍에 2~3립의 종자를 서로 떨어뜨려 심는다.

무는 파종 후 보름 정도 지나 본잎이 나오면 솎음작업이 필요하다. 발아 후 본잎 1장 정도일 때 1차로 솎아주고, 본잎이 3장 정도일 때 2차로 솎아준다. 솎아내기가 끝나면 무가 제대로 설 수 있도록 주변의 흙을 이용하여 약간 북을 준다. 생육 초기에 충분한 엽면적을 확보하도록 관리한다. 무는 파종 직후에 물을 충분히 주면 발아율을 높일 수 있다. 이후 특별한 물 관리는 필요 없으나 덥고 건조한 날이 지속되면 일주일에 한 번 정도 물을 주어야 잘 자란다.

수확   수확은 품종과 재배지역별로 시기가 다르지만 지상부로 돌출된 무 어깨 부분의 지름이
약 6㎝ 정도이며, 겉잎이 아래로 처지기 시작하면 수확한다. 20일무, 미농무, 궁중무는
바람들이가 빨리 나타나므로 적기에 수확해야 한다.

4) 백합과채소

백합과채소에는 마늘, 양파, 대파, 쪽파 등 파속 식물과 아스파라거스가 있다. 호냉성 작물
로서 월동이 가능하나 내서성이 약해 한여름에는 휴면을 한다. 백합과의 파속 식물은 저온
에 일정 기간 조우한 다음에 고온과 장일 조건에서 인경이 비대한다. 마늘, 쪽파, 염교는 영
양번식을 하고, 양파, 파, 달래는 종자번식을 한다. 인경을 형성하는 채소류는 독특한 생태
적 특징 때문에 품종이 다양하게 분화되지 않았고, 재배작형도 제한적이다. 마늘과 양파는
재배조건과 수확 후 환경조건이 저장에 큰 영향을 미친다.

마늘

재배   마늘을 파종하기 전 상처가 있거나 뿌리가 날 부분이 불량한 것은 썩거나 생육이 좋지
않다. 따라서 씨마늘로 사용할 마늘쪽은 뿌리가 발생될 부분이 건전한 것을 골라 소독
약액에 1시간 침지하고 그늘에 말려 파종한다. 마늘의 뿌리는 곧게 자라므로 뿌리가 쉽
게 뻗을 수 있도록 마늘을 재배할 밭을 깊게 갈아준다.

마늘을 심는 방법은 두둑의 넓이 80㎝, 두둑의 높이 10㎝, 줄 간격 15~20㎝, 포기 사이 10~12㎝로 하여 4~5줄 재식한다. 뿌리 부분이 밑으로 가도록 심어야 하며, 옆으로 비스듬히 눕거나 거꾸로 심으면 마늘통의 모양이 비뚤어진다. 너무 깊게 심으면 싹이 늦게 나오고, 또 너무 얕게 심으면 마늘쪽이 땅 위로 올라와 겨울 동안 언 피해를 받거나 김매기를 할 때 상할 염려가 있다. 파종 후 인편 길이의 2배 정도인 4~5㎝ 가량 복토를 하고 월동 중 종구가 솟아니오지 않도록 잘 눌러 준다. 난지형은 맹아하여 월동하지만 한지형은 월동 후에 맹아한다. 북부지방에서는 월동 전에 볏짚, 낙엽, 미숙퇴비 등으로 피복해 준다. 멀칭재배를 하면 조기수확과 수량증대가 가능하다.

비가 자주 내리거나, 장마철에는 배수로를 정비하여 습해를 예방한다. 가뭄이 있다면 주기적으로 관수한다. 특히 구 비대기에는 10일 간격으로 충분한 관수를 한다. 주아를 수확할 계획이 없다면 추대가 되었을 때 화경(마늘쫑)을 제거한다. 화경을 마늘 수확 시까지 그대로 두고 재배하면 주아를 수확할 수 있다. 주아를 심으면 1년차에 중심구를 생산하고, 2년차에 중심구를 심으면 정상적인 마늘을 생산할 수 있다. 주아재배는 병충해 피해를 줄이고 종구 비용을 절약하며 수량을 늘릴 수 있다.

표 II-3-10. 난지형과 한지형 마늘의 특성 비교

구분	난지형	한지형	구분	난지형	한지형
인편 크기	작다	크다	**한계일장**	짧다	길다
인편 수	여러 쪽	6쪽	**숙기**	조생	만생
휴면성	얕다	깊다	**저장성**	보통	양호
추대성	완전 추대	불완전 추대	**시장성**	보통	양호
저온요구도	낮다	높다	**맹아**	월동 전	월동 후

수확 마늘은 잎과 줄기가 2/3~1/3 정도 황변하였을 때 수확한다. 적기에 맑은 날 상처가 나지 않도록 수확한다. 수확기가 늦어지면 저장성이 떨어져서 열구와 부패구가 많이 발생한다.

— 양파 —

재배 양파는 중생종 기준 평균기온이 15℃가 되는 시기에서 육묘일수를 45~55일 거꾸로 계산하여 파종한다. 묘상은 관리가 편리하고 햇볕과 바람이 잘 통하며, 산도가 약산성이고 사질양토로 유기질이 풍부하며 배수가 잘되는 곳이 좋다. 양파 종자의 발아율은 평균 70% 정도이므로 파종 시 이를 고려한다. 파종은 묘상에 흩어뿌리는 방법, 6~9㎝ 파종골을 만들어 파종하는 줄뿌림 방법, 상토를 채운 트레이에 1립씩 파종하는 상자육묘법이 있다. 파종 후 물을 충분히 준 다음 일주일 정도 지나 발아가 되면 매일 오전과 오후에 물을 충분히 준다.

중만생종의 아주심기 적기는 10월 하순~11월 상순이며, 조생종은 적기에서 약간 빨리 정식한다. 아주심기에 알맞은 묘는 육묘일수가 45~55일 정도이며, 키는 30㎝ 정도, 줄기 직경 6~8㎝, 무게 4~6g, 잎 수 4매 정도가 적당하다. 양파는 큰 모를 심으면 월동이 잘되나 추대 발생이 많고, 작은 모를 심으면 추대 발생이 적으나 월동 중 말라죽는 포기가 많이 발생한다. 양파를 심는 거리는 배수 조건에 따라 두둑 너비 120~180㎝, 줄 사이는 18~20㎝, 포기 사이 10~13㎝가 적당하다. 시판되고 있는 13~15공 유공비닐을 이용하면 편리하다. 수분이 부족하면 동해나 건조의 피해가 크게 발생하므로 정식 후 충분히 관수한다. 정식 후 비가 올 때는 습해 방지를 위하여 사전에 배수구를 설치한다. 4~5월 구의 비대 시기에 가뭄이 발생하면 7~10일 간격으로 토양수분이 충분하도록 관수한다.

수확 지상부가 50~80% 정도 도복했을 때 수확한다. 맑은 날 상처가 나지 않도록 수확하고 잘 건조하여 저장한다. 저장용은 5~7일간 포장에서 건조를 시킨다.

파

재배   봄과 가을에 파종하여 육묘한다. 봄재배는 3~4월에 파종하고, 5~6월에 정식하며 9월부터 수확한다. 가을에는 적기에 파종하여 월동 중의 동해(凍害)와 추대를 방지한다. 파는 재배형태가 매우 다양하여 재배조건에 따라 다양한 방법으로 재배할 수 있다. 대파는 6월에 20~30cm로 자란 모종을 옮겨 심는다. 골의 북쪽에 10~15cm 간격으로 모종을 세운 뒤 얕게 흙을 덮고 가볍게 눌러 안정시킨다. 낮은 이랑 심기는 30~40cm 골 간격에 3~4줄씩 10cm 간격으로 심는다. 두둑 2줄심기는 70~80cm로 두둑을 만들고 줄 사이는 10cm로 하여 7~8cm 간격으로 2줄을 심는다. 두둑 1줄심기는 70~80cm 두둑을 만들고, 두둑 안쪽에 10cm 간격으로 심어 파가 생육함에 따라 두둑 위의 흙으로 북주기를 한다. 파는 건조에는 강하지만 과습에 약하므로 배수가 잘 되도록 한다. 가을에는 북주기를 자주하여야 백색 부분이 긴 파를 생산할 수 있다. 파를 옮겨심고 나서 40~50일 후 웃거름을 주고 5~6cm 두께로 북을 준다. 한 달 간격으로 3회 반복한다. 물주기는 토양이 건조하지 않도록 땅속 깊이 스며들 정도로 충분한 관수를 한다.

수확   파는 특별히 수확기가 정해져 있지 않고 크기에 따라 실파, 중파, 대파로 구별하며, 모종을 심은 후 40~50일 정도 지나면 식미를 느낄 수 있다. 파는 겨울철이 되면 지상부의 잎이 말라버리므로 땅이 얼기 전에 수확하거나 이듬해 봄에 꽃대가 올라오기 전에 수확한다.

5) 국화과채소

국화과식물에는 유액이 들어있어 쓴맛을 내며 잎, 꽃, 줄기, 뿌리 등이 다양하게 이용되고 있다. 상추는 대표적인 국화과채소로서 세계적으로 널리 재배되고 있으며, 품종도 다양하게 분화되어 있다. 상추 이외에 쑥갓, 엔디브, 치커리, 우엉, 아티초크, 머위 등이 있다. 상추, 쑥갓, 엔디브는 엽채류로서 쌈채소로 인기를 끌고 있다. 우엉은 뿌리를 이용하고, 아티초크는 꽃을 이용하는 채소류이다. 국화과는 특유의 냄새로 인해 해충의 피해가 상대적으로 적다.

─── 상추 ───

재배   상추는 비료가 매우 적게 들고 직파하면 솎음채소로 이용할 수 있고, 육묘하여 이식재배할 수 있다. 재배방법이 단순하고, 병해충 피해가 적어 도시텃밭에서 인기가 높다. 상추 재배는 보통 두둑의 넓이 80㎝, 포기 간 거리 18×18㎝이다. 상추는 잎을 생식하므로 빗물에 의해 잎으로 흙이 튀는 것을 막기 위해 두둑을 비닐로 멀칭하여 재배하는 것이 좋다. 밭에 직파할 때는 두둑 위에 열간 18㎝로 작은 고랑을 내고 종자를 줄뿌림한다. 상추는 광발아성 종자이므로 복토를 얇게 하고, 물을 충분히 주면 3~5일 후 발아한다. 이후 자람에 따라 혼잡해진 부분을 포기 간 거리가 18㎝ 정도 되도록 솎아준다.

상추는 모종을 구매하여 옮겨심는 것도 좋다. 상추 모종의 아주심기에 적당한 묘는 본 엽이 3~4매 이상 전개한 것이다. 상추의 육묘일수는 보통 25~30일이며, 고온기에는 기간이 다소 짧아진다. 상추를 심을 때는 너무 깊게 심지 않도록 한다. 보통 떡잎이 보일 정도의 깊이로 아주심기한다. 아주심기 후에는 토양수분이 건조하지 않도록 충분하게 물을 준다. 충분한 관수를 하지 않으면 뿌리도 얕게 분포하고, 토양 내 비료성분을 충분히 활용하지 못하여 생육이 불량해진다. 상추는 생육기간이 짧기 때문에 기비 중심으로 시비한다. 결구상추는 산성에 약하므로 석회를 충분히 사용한다.

수확 잎상추는 봄 파종의 경우 30일부터, 가을 파종의 경우 60일 후부터 수확할 수 있다. 본 잎이 10장 이상 되면 7~8장을 남기고 바깥 잎을 수확할 수 있다. 결구상추는 정식 후 40~50일이면 결구가 완료되므로 충분히 생장한 것부터 포기째 수확한다.

━━━━━━ 쑥갓 ━━━━━━

재배 쑥갓의 생육적온은 15~20℃이지만 더위에도 강하여 여름재배도 가능하다. 장일식물 이므로 고온기에 파종하면 발아 후 60일 정도 경과하면 추대한다. 쑥갓을 직파재배할 경우에는 이랑 폭 100~120㎝에 30~40㎝ 간격으로 3줄로 줄뿌림하며, 본엽이 2~3매 때 포기 간격 3~4㎝ 정도 남기고 1차로 솎아 주고, 다시 본엽 7~8매 정도에 포기 간 격 8~10㎝ 정도가 되도록 2차 솎음을 한다. 모종을 이식재배할 때는 이랑 폭 100~120 ㎝, 주간거리 10×10㎝로 한다. 육묘를 하고 본엽이 5~6매일 때 정식한다. 육묘기간은 봄, 가을에는 25~30일, 여름은 25일, 겨울은 30~35일 가량 소요된다. 재배기간이 짧아 전량 밑거름으로 시비한다.

수확 파종 후 30일경부터 초장이 20㎝ 정도 자랐을 때 수확한다. 본잎 4~5장을 남기고 순지르기하듯이 1차 수확하고, 측지가 20㎝ 정도 자라면 2차 수확한다.

6) 콩과채소

콩과작물은 식물성 단백질 공급원으로 중요한 작물이다. 콩류는 곡류로서 중요한 작물일 뿐만 아니라 채소로서의 활용도 또한 높다. 채소용으로 인기가 있는 콩과작물로는 강낭콩, 완두콩, 풋콩, 땅콩 등이다.

─── 강낭콩 ───

재배 강낭콩의 재배적온은 10~25℃ 범위이다. 생육온도가 높으면 일반적으로 생육이 촉진되고 화아분화와 개화 수가 증가하며 개화기도 빨라지나, 고온(30℃ 이상)에서는 낙화 및 낙협이 증가할 뿐만 아니라, 꼬투리의 길이가 짧아지고 꼬투리당 종자 수 등이 감소한다.

강낭콩은 습해에 약하므로 배수가 잘되는 비옥한 토양에서 잘 생육한다. 덩굴이 없는 품종은 4월 하순부터 7월 말까지 파종할 수 있으며, 파종하고 50일 정도 지나면 수확할 수 있다. 덩굴 있는 품종은 수확까지 70일 전후가 소요되나 수확 기간이 길다. 더위에 강하므로 5월 또는 7~8월에 파종한다. 일반적으로 이랑 너비 50~60㎝에 직립형은 포기 사이 20~30㎝, 덩굴성은 이랑 너비 750㎝에 포기 사이 30~40㎝로 하여 종자를 2~3립씩 포기뿌림한다. 덩굴성은 넝굴이 자라기 시작하면 지주를 세워 준다. 유인하지 않아도 덩굴이 지주를 감고 올라간다. 모종을 이식재배할 경우 육묘일수는 20일 전후를 표준으로 하여 늦어도 아주심기 25일 전에는 파종하여 육묘한다.

수확 왜성 강낭콩은 일시에 수확하지만 덩굴 강낭콩은 여러 번에 걸쳐서 장기간 수확한다. 종실용은 거의 모든 꼬투리가 완숙되어 변색이 완료되었을 때 수확한다. 조생종은 파종 후 4~6주일, 꽃이 핀 후로 10~12일경에 수확한다. 덩굴 강낭콩은 파종 후 7~8주에 3~4일 간격으로 한 번씩 수확한다. 꼬투리용은 품종에 따라서 다르나 일반적으로 10~15㎝ 정도 자랐을 때가 적기이며, 꼬투리의 종실 부위가 불룩해지기 이전에 어린 꼬투리 상태로 부드러운 열매 시기에 수확한다. 온대지역에서는 미숙 종실을 삶아서 이용하거나, 어린 꼬투리를 채소로 많이 이용한다.

완두콩

재배 더위에 약하고 추위에는 강하므로 남부지방에서는 10월 초순경에 파종하여 그 다음해 5~6월에 수확하고, 중부지방은 3월 하순경에 파종하여 7월에 수확한다. 1줄재배는 이랑 너비 60㎝에 고랑은 50㎝, 2줄재배는 이랑 너비 100~120㎝, 고랑은 50㎝, 포기 간

격 20~30cm로 완두콩 종자 2~3립을 포기뿌림한다. 모종이 10cm 정도 자라면 세력이 좋은 2개를 남기고 솎아 준다. 종자는 첫서리가 내리기 직전에 씨를 뿌린다. 너무 빠르거나 늦게 뿌리면 추위를 견딜 수 있는 크기로 자라지 못하여 실패한다. 곁가지가 자라 성장이 시작되면 지주를 세운 다음 바인더줄, 그물망을 치고 끈으로 묶는다. 이윽고 덩굴손이 자라고 꽃이 핀다.

수확 열매용 완두는 개화 후 30일이면 수확이 가능하다. 꼬투리용 완두는 12~20일 정도 지나면 수확을 시작한다. 꼬투리용 완두는 종실이 굵어지기 전 꼬투리가 부드러울 때 수확하고, 녹색의 알을 이용할 경우에는 열매 꼬투리가 변색되기 전에 수확한다.

땅콩

재배 땅콩은 사질토와 같이 배수가 잘 되는 흙을 좋아하며 25~30℃에서 잘 자란다. 사양토는 자방병이 토양 속으로 진입하는 것이 쉽고 토양 중에서 협실의 형성과 발달에 도움이 되며, 수확작업이 용이하다. 발아 온도가 높고 새나 쥐 등이 피해를 입히는 경우가 많으므로 모종을 키워 옮겨 심는다.

땅콩은 토양에 석회가 부족하면 빈 꼬투리가 생기기 쉬우므로 밭을 갈기 전에 반드시 석회를 넣어 준다. 땅콩 종자는 발아환경에 민감하기 때문에 토양수분 및 기온이 알맞은 상태에서 파종하여야 한다. 남부지방은 4월 하순에서 5월 상순, 중부지방은 5월 상순에 해당한다. 파종이 늦으면 초기 생육 및 개화기간도 지연되어 성숙기간에 기온이 낮아 종자의 발육에 지장을 가져올 수 있다.

하룻밤 물에 불린 땅콩 종자 2~3개를 2㎝ 깊이로 심는다. 물을 준 뒤 따뜻한 곳에 두고 비닐 등으로 덮는다. 3~4일 뒤에 발아하면 1주에 1회 약한 액체비료를 주며 본잎 3~4 장이 될 때까지 기른다. 폭 70~80㎝의 이랑을 만들고 포기 간격 20~30㎝로 모종을 2 포기씩 옮겨 심는다. 꽃이 피기 시작하면 풀을 뽑아주고 사이갈이, 북주기하여 수분한 꽃의 씨방이 땅속으로 쉽게 들어갈 수 있도록 만든다. 이때 생육 상태가 좋지 않으면 제초한 다음 화학비료 등을 웃거름으로 준다. 특히 곁가지가 자라기 시작하면 칼륨 성 분이 많은 것을 준다. 질소를 너무 많이 주면 줄기만 무성하고 꼬투리는 잘 안 달리므 로 주의한다.

직립성 품종의 경우 포기 밑에 약 15㎝ 정도 범위로 흙을 북주기 한다. 포복성 품종의 경우 가지 주변에 조금 넓게 북주기한다. 꽃이 피고 며칠이 지나면 씨방자루가 지면을 향해서 자라 땅속으로 파고든다. 4~5일이면 씨방이 커지기 시작한다.

수확 10~11월에 잎줄기가 시들기 시작하면 시험 수확을 해서 꼬투리에 그물무늬가 뚜렷해 졌을 때 전체 포기를 파낸다. 꼬투리는 대체로 자랐으나 미숙한 열매일 경우 꼬투리째 삶아서 땅콩을 꺼내 먹는다. 꼬투리에 그물무늬가 뚜렷하고 굵어진 완숙 열매를 수확 하였을 경우 며칠 밭에 펼쳐서 잘 말린다. 꼬투리째 말려서 필요할 때 꺼내어 땅콩을 사용한다.

7) 그 밖의 채소류

그 밖에 장미과의 딸기, 미나리과의 당근, 명아주과의 시금치, 근대, 비트, 생강과의 생강, 꿀풀과의 잎들깨, 천남성과의 토란, 아욱과의 아욱, 오크라, 수련과의 연, 마과의 마 등 다 양한 채소가 있다. 딸기는 매우 중요한 과채이다. 시금치는 상추 등과 함께 세계적으로 널 리 이용되는 잎채소이다. 잎들깨는 쌈채소의 수요가 증가하면서 재배면적이 꾸준히 늘어나 고 있다. 우리나라에서 토란, 마, 아욱, 오크라, 연 등이 차지하는 재배면적은 넓지 않지만 주요한 채소들이다.

—— 딸기 ——

재배　호냉성 월동채소이며 내서성이 약해 25℃ 이상에서는 생육이 억제되고, 30℃ 이상에서는 생장이 정지된다. 일장은 온도와 상호작용하면서 휴면과 화아분화에 영향을 미친다. 화아분화는 전년도 가을에 저온과 단일 조건에서 이루어진다. 화아분화에 적당한 저온 범위는 5~10℃이며 일장은 12시간 이하이다. 사철딸기는 고온과 장일 조건에서도 화아분화가 일어난다.

딸기는 보통 9월경 정식하게 되며, 시설에서 재배할 경우 12월부터 수확이 가능하다. 노지에서 재배할 경우 이듬해 5월경에 수확이 가능하다. 재배 이랑은 두둑 너비 120㎝, 두둑 높이 20~30㎝로 높게 설치한다. 본잎이 6~7장으로 자란 딸기 모종을 10월 중순 ~하순에 포기 간격 25~30㎝로 옮겨 심는다. 딸기 모종은 뿌리가 많고 관부(크라운)가 굵은 묘를 정식묘로 사용하는 것이 중요하다. 심는 깊이는 관부의 중간 정도가 흙에 접촉하도록 심는다. 정식 방향은 일반적으로 어미포기 방향의 반대쪽에서 꽃대가 나오므로 화방 출현 방향이 두둑의 바깥으로 향하도록 심는다. 겨울철 동해 및 건조 피해를 받지 않도록 볏짚으로 피복한다. 지나친 건조 또는 과습하지 않도록 관리한다. 재배 중에는 수시로 기부의 노엽을 제거하여 생육과 액아의 발달을 돕고 채광과 통풍을 도와준다.

수확　딸기는 착색이 약 80% 진행되었을 때 수확한다. 개화 후 30~40일이 경과하면 열매가 익는다. 맑은 날 아침에 전체적으로 붉은색을 띠는 것을 수확한다.

당근

재배 당근은 직파재배를 한다. 당근 종자는 발아율이 낮으므로 파종량을 많이 책정하고, 호광성 종자이므로 복토를 얇게 한다. 고온기에는 발아율이 떨어지고 저온기에는 발아 소요일수가 길어진다. 당근을 재배하는 두둑의 넓이는 60㎝에 줄 간격 20㎝, 포기 간격 8~10㎝로 하여 3열로 3~4립씩 파종한다. 파종 후 흙을 덮고 물을 충분히 주고, 짚 등으로 표면을 덮어서 수분의 증발을 막아 주면 발아를 도울 수 있다. 여름재배는 고온기로 발아가 빠르므로 짚 등 덮개 속에서 도장하지 않게 세심하게 관찰하여 싹이 올라오면 바로 짚을 벗겨준다.

파종하고 약 한 달이 지나면 발아한 당근의 잎이 3~4매가 된다. 이때 1~2회 솎아 주면서 최종 주간 간격을 10~15㎝로 만들어 준다. 가장 튼튼한 것을 남기도록 하고, 옆의 것이 흔들리지 않게 뽑아낸다. 토양수분은 당근의 무게와 모양에 크게 영향을 미친다. 표면이 충분히 젖을 정도로 물을 주는데 너무 많이 주면 뿌리의 호흡이 곤란하여 뿌리 표면이 거칠어지고, 잔뿌리의 발생이 많아진다. 수분이 너무 부족하면 생육이 더디고 피목(겉눈)이 많이 생겨 거칠어지고 뿌리가 갈라지기 쉽고 단단해지며, 착색이 나빠진다.

웃거름은 생육을 보아 가면서 적당량 나누어 주는 것이 좋다. 첫 번째 웃거름은 솎음작업을 끝내고 바로 주는 것이 좋고, 이후 15~20일 간격으로 웃거름을 준다. 수확하기 1개월 전에 배토를 하여 근수부(根首部)의 녹화를 방지해 준다. 수확이 늦어지면 열근이 되거나 표면이 거칠어져 외관이 불량해진다.

수확 당근은 파종한 날로부터 대략 90~120일 이후에 수확이 가능하다. 미니당근은 70일 경에는 수확할 수 있다. 당근이 심어진 땅을 조금 파고 뿌리의 굵기를 확인하고 수확 시기를 결정한다. 잎줄기의 아랫부분을 잡고서 힘껏 당겨 올리면 뽑힌다. 당근을 뽑은 후 햇빛에 오랜 시간 두면 색이 변하거나 마르게 되므로 그늘로 옮긴다.

시금치

재배　시금치는 서늘한 기후를 선호하는 작물로 우리나라에서는 봄뿌림과 가을뿌림이 기본 작형이다. 여름에는 고온과 장일로 추대하기 쉽고 품질도 떨어져 재배가 어렵다. 발아와 생육에 적당한 온도는 15~20℃이다. 봄 파종은 3~4월, 여름 파종은 7~8월, 가을 파종은 9~10월이다. 시금치는 재배기간이 짧으므로 밑거름에 중점을 두고 시비를 하되, 웃거름도 발아 후 10일 간격으로 주도록 한다. 특히 중성과 알칼리성 토양에서 생육이 잘되며, 토양산도 pH 6.0 이하에서는 경제적인 재배가 곤란할 정도로 산성에 약하다. 이랑은 재배하기 편리한 대로 넓이를 정하고, 시금치 종자를 10㎝ 간격으로 줄뿌림한다. 가볍게 복토하고 물을 충분히 준 후 발아할 때까지 건조하지 않도록 관리한다. 발아 후에는 2~3회 솎아 가면서 포기 간격을 10㎝로 만든다.

수확　봄뿌림은 파종 후 30일(고온기)에서 60일(저온기) 정도 지나면 수확이 가능하다. 초장이 25㎝ 정도 되면 수확한다.

생강

재배 생강은 5월 상순에 재식하여 10월에 수확한다. 파종에 사용하는 종강은 외관이 싱싱하고 터짐이 없으며 건전한 것을 선택한다. 종강의 경우 소생강은 40~50g, 중생강은 80~100g 정도의 크기로 눈을 2~3개 붙여 자르고 소독한다. 절단면이 습한 상태로 심으면 부패할 수 있으므로 1~2일간 그늘에 말린다. 씨생강은 발아온도가 높으므로 육묘상자에 넣고 3~5㎝로 복토한다. 따뜻한 곳에 두고 1개월 정도 발아되기를 기다린다. 씨생강에 싹이 5~6개 나오면 포기 사이 25~30㎝ 간격으로 생강눈이 위로 향하도록 놓고 흙으로 얕게 덮어준다. 생강이 땅 위로 노출되지 않도록 하며, 또한 너무 깊이 심지 않도록 한다. 생강은 생육기간이 200일 정도로 길고 뿌리의 특징 때문에 흡비력이 약하므로 웃거름 위주의 시비를 한다. 첫 웃거름은 본줄기에 5~6개의 잎이 났을 때 주며, 이후 2주 간격으로 준다. 뿌리가 매우 얕게 뻗는 천근성으로 건조에 약하므로 볏짚 등으로 피복하여 건조를 방지하고, 건조할 때는 물을 준다.

수확 여름에 뿌리의 밑둥이 붉어지면 잎생강으로 수확할 수 있다. 그대로 잎이 누렇게 될 때까지 뿌리를 키우면 햇생강을 수확할 수 있다. 종강용 생강은 서리가 내리기 전에 괴경을 수확한다. 수확은 토양이 심하게 굳어지지 않았으면 포기째 뽑아 줄기를 자르기 전 생강에 붙어 있는 흙을 털어내고 줄기와 잎을 제거한다.

잎들깨

재배 들깨는 직파재배와 이식재배가 있다. 파종기는 5월 상순부터 6월 하순까지이다. 들깨는 단일식물이기 때문에 일장이 14시간 이상 유지되면 영양생장을 계속하고, 전조처리를 하면 연중 생산이 가능하다. 잎들깨는 잎을 이용하는 것이기 때문에 화아분화를 억제해 주어야 한다. 16시간의 일장조건에서는 온도에 관계없이 개화하지 않는다. 파종은 땅 온도가 20℃ 이상 되어야 발아가 잘 된다. 들깨는 경실종자로 휴면하기 때문에 저온처리하여 파종한다. 들깨 종자를 파종 전에 3~4시간 정도 물에 담가 놓아 바닥에 가라앉은 씨앗을 골라 파종한다. 들깨잎을 수확하려고 할 때는 포기 간 거리를 10㎝로 줄뿌림한다. 들깨잎과 종실을 같이 수확하려면 이랑 너비 60㎝에 포기 사이 25㎝로 포기뿌림을 한다. 들깨잎을 수확하고자 할 때는 본잎이 3~4매 내외일 때 솎아 식물체 간 거리를 20×10㎝로 유지한다. 들깨의 생육에 적당한 온도는 20℃ 전후로 서늘한 기후를 좋아한다. 비료를 흡수하는 힘이 강하고 비료의 다소에 둔감한 작물이다. 척박한 토양에서도 잘 자란다. 그러나 건조에 약하므로 항상 충분하게 관수를 해준다.

수확 들깨잎은 파종 후 30~40일이 지나면 수확할 수 있다. 잎들깨는 잎이 완전히 전개되어 겉잎색이 선녹색, 엽맥이 자색을 띨 때 수확하거나 잎의 크기가 7~10㎝ 정도 되었을 때가 수확적기이다. 잎들깨는 마디마다 양쪽에 2장의 잎이 나오는데, 한꺼번에 전부 수확하면 점차 나무가 연약하게 되어 병에 걸리기 쉽기 때문에 덜 펴진 상위 2~4엽은 언제나 남겨 두고 그 아래의 잎을 수확한다. 식재간격이 넓을 경우에는 곁가지가 많이 발생할 수 있으며, 가지에서도 잎을 수확할 수 있다. 종실은 종자가 땅에 떨어지기 쉬우므로 흐린 날 아침이나 저녁에 수확한다. 낫으로 베어 지름 30㎝ 가량의 다발로 묶어서 통풍이 잘 되는 곳에 기대어 세워 말린 다음 충분히 건조가 되면 들깨 다발을 막대기로 털어서 수확한다.

8) 식량작물 채소

가지과의 감자, 메꽃과의 고구마, 볏과의 옥수수는 식량작물이면서 채소용으로도 인기가 있다.

감자

재배 씨감자를 심은 후 감자를 수확하기까지는 90~150일이 소요된다. 감자는 재배기간이 짧기 때문에 밑거름만 주고 웃거름은 주지 않는다. 감자를 심을 때는 두둑을 너비 70~80㎝로 만들고, 포기 간격을 20~25㎝로 심는다. 가장 많이 이용되는 씨감자는 절편감자이다. 감자를 심을 때에는 이랑 위에서 모종삽을 이용하여 구멍을 내고 자른 씨감자를 한쪽씩 넣어 주되 5㎝ 정도로 깊게 심어준다. 심는 요령은 씨감자의 절단면이 아래쪽을 향하도록 하고 잘 누른 후 복토한다. 이른 봄에 감자를 파종 후 멀칭하여 관리하면 지온이 상승하여 감자의 싹이 트는 시기를 앞당기고, 생육을 촉진하여 재배기간이 연장되어 수확 시 감자의 수량이 증가한다.

감자를 심고 20~30일 지나면 싹이 나오기 시작한다. 멀칭하지 않은 경우 싹이 10㎝ 정도 자랐을 때 1차 북주기를 하고, 10~15일쯤 지나 한 번 더 북을 준다. 북을 통해 잡초를 제거하고 감자가 잘 자라게 한다. 멀칭을 한 경우에는 멀칭 안에 흙을 충분히 넣어 잡초가 자라지 못하게 하고 감자가 잘 자라게 한다. 싹이 5㎝ 이상 자라면 한두 개만 남기고 나머지는 정리해야 덩이줄기가 커지게 된다. 싹이 올라올 때와 꽃이 피면서 감자가 굵어질 때는 수분을 많이 필요로 한다. 이때는 물을 충분히 준다. 보통 모래땅에서는 3~4일에 한 번, 참흙이나 진참흙에서는 일주일에 한 번 정도 정기적으로 흠뻑 물을 준다.

수확 수확에 적합한 시기는 감자잎이 누렇게 마르는 황엽기에서 말라죽은 고엽기 사이이다.

보통 6월 하순~7월 상순에 감자를 수확하게 되는데, 장마철과 겹치므로 조금 일찍 캐거나 비가 오지 않을 때를 이용하여 수확한다. 감자를 캐기 10~15일 전부터는 영양성분이 축적되고 표면이 굳도록 물을 끊어 수확하기 편하게 한다. 그리고 품질이 우수한 감자를 얻기 위해서는 본격적인 고온기에 접어들기 전 수확한다.

수확한 감자는 그늘에서 말리면서 썩거나 병든 감자를 골라낸 후 저장한다. 일주일 정도 바람이 잘 통하고 어두운 곳에서 잘 말린 감자는 빛이 들지 않고 서늘한 밀폐되지 않은 곳에 두고 저장한다. 갑자기 빛을 많이 쏘여 초록색으로 변한 것은 글리코알칼로이드라는 유독성분이 있으므로 먹거나 가축사료로 사용하면 안된다.

수확할 때 난 상처는 온도 15℃, 습도 100% 조건에서 2~3주간 저장하면서 큐어링(curing)을 해주면 수베린(suberin)이라는 물질이 나와 상처조직이 잘 아물어 저장력을 높일 수 있다. 저장에 적당한 온도는 0~10℃인데 저온에서는 전분이 당으로, 고온에서는 당이 전분으로 전환되기 때문에 식용은 3~5℃, 가공용은 10℃에서 저장한다.

── 고구마 ──

재배 고구마는 20~35℃의 햇빛이 잘 드는 곳에서 자란다. 고구마 싹을 심는 시기는 중부지방에서는 5월 중순이고, 남부지방에서는 5월 상순으로 지온이 15℃ 이상 되어야 한다. 온도가 높으면 발근 수가 많고 뿌리내리는 데 걸리는 기간도 짧아진다. 고구마를 심을 밭이랑의 높이는 평균 30㎝, 이랑 너비 60㎝로 한다. 비옥한 밭이나 점질 토양의 배수가 나쁜 곳에서는 이랑을 높게 만들고, 건조하거나 모래가 많은 곳에서는 이랑을 다소 낮게 만든다.

고구마 모종은 잎이 5~6장 달리고 줄기가 굵고 충실한 것을 골라 아주심기 전날부터 하룻밤 물에 담가 둔다. 약간 높이 쌓은 두둑에 포기 사이 30~35㎝로 흙과 평행이 되도록 심는다. 고구마 싹의 선단에서 4~6마디부터 괴근이 될 뿌리가 잘 형성되기 때문에 고구마 싹을 3~4㎝의 길이로 수평으로 심되, 생장점이 흙 속에 묻히지 않도록 하며, 싹의 밑부분을 깊게 눌러서 심는 것이 활착이 좋다.

생육초기에는 잡초발생을 억제하고 삽식 후 90일경까지는 덩굴생육이 왕성하도록 토양수분을 관리한다. 덩굴은 기온이 올라갈수록 왕성하게 뻗어나가는데 지나치게 무성해지면 호흡량이 증가하여 고구마의 비대에 좋지 않다. 무성한 덩굴을 들어 올려 뿌리를 뜯어준다. 덩굴이 아닌 모종에서 나온 뿌리에 양분을 집중시켜야 고구마의 질이 좋아진다.

수확 고구마는 9월 하순이면 수량이 거의 결정되므로 일반적으로는 10~11월에 서리가 내리기 전에 수확한다. 손으로 만져 굵기를 확인하여 시기를 가늠한다. 먼저 지상의 덩굴을 제거하고 덩굴을 잡아당기며 고구마를 수확한다. 고구마를 캘 때는 고구마 껍질에 상처가 나지 않도록 세심한 주의를 한다. 수확 시 저온에 의해 냉해를 받지 않도록 주의한다. 비가 온 후나 토양이 습할 때는 고구마의 수분함량이 높아 저장 중에 썩기 쉽기 때문에 맑은 날이 계속될 때 수확하는 것이 좋다. 고구마는 수확 직후에 호흡이 왕성해져서 바로 쌓아 두면 부패하고, 싹이 나기 쉬우므로 직사광선이 들지 않고 통기가 잘 되는 곳에 10~15일간 예비저장을 하여 방열시킨다. 고구마의 저장에 알맞은 온도는 12~15℃이고, 습도는 85~90%이다.

옥수수

재배 옥수수는 종자의 파종에서 수확까지 약 3개월로 재배기간이 짧은 편이다. 옥수수는 다른 채소보다 물빠짐이 좋고 유기질이 풍부한 토양에서 약간 건조하게 키워야 잘 자란

다. 옥수수 종자는 저온에 약하므로 늦서리가 내릴 염려가 없는 4월 하순에 파종하고 7월 말부터 수확한다. 늦여름까지 옥수수를 계속 먹으려면 열흘이나 보름 간격으로 심으면 된다. 종자를 밭에 파종하면 새에 의한 피해가 심하므로, 파종 후 발아할 때까지 4~5일간 한랭사 등으로 망을 씌워서 보호해 주어야 한다. 요즘에는 모종으로 키운 뒤에 밭으로 옮겨 심는 경우가 늘고 있다. 옥수수는 조간 거리 50㎝, 주간거리 30㎝로 2~3립 파종하여 키가 15㎝ 정도 되면 한 그루만 남기고 솎아 준다. 옥수수는 암꽃과 수꽃이 한 나무에 달리는데, 가지 끝에 수꽃이 달리고 옥수수수염이 암술머리에 해당한다. 옥수수는 한 그루에 암술이 2~3개 달리는데, 맨 위의 것이 가장 커진다. 아래쪽의 작은 암술은 수염이 나올 무렵에 제거한다. 줄기 끝에 달린 수술에서 꽃가루가 떨어져 수분이 되면 수염이 갈색으로 변한다. 꽃가루가 잘 붙어서 결실이 좋게 하기 위해서는 1줄로 길게 심는 것보다 2줄 이상 여러 줄로 심는 것이 좋다. 키가 70㎝ 정도 자라면 김매기와 북주기를 해준다. 웃거름은 심고 나서 20~25일 간격으로 포기 사이에 준다. 개화기 전후에 토양수분을 가장 많이 필요로 한다. 이 시기에 수분이 부족하면 옥수수의 수정, 등숙 등에 나쁜 영향을 끼쳐 전체적으로 옥수수 수량이 감소한다.

수확 옥수수알의 수분함량이 30% 이하가 되면 수확을 하기에 알맞은 시기이다. 이때가 되면 수염이 마른다. 품종과 재배환경에 따라 다르지만 보통 수정 후 45~60일 정도이다. 옥수수 껍질을 까서 손톱으로 누르면 흰 점액이 터져 흐른다. 옥수수는 수확 후 당분이 호흡으로 소모되고, 5시간 정도 후부터 당분이 감소하며, 상온에서 33시간이 경과하면 전분으로 전환되므로 수확 당일에 쪄 먹는 것이 가장 맛이 좋다.

화훼 및
허브식물 재배기술

김완순

화훼작물은 꽃과 잎 등 주요 관상 부위가 다양하고 또한 특이한 것이 높은 가치를 인정받는데, 이러한 특성을 살려 오랫동안 육종 개발되어 온 관계로 매우 다양하게 분화되어 있다. 화훼작물은 크게 생육습성과 생육기간 등의 특성으로 뚜렷이 분류될 수 있으나, 여기에서는 원예적으로나 실용적, 생태적 분류로 세분하지 않고 도시농업 현장에서 쉽게 이용하도록 작물을 구분하였다. 특히 가정이나 실내외 도시농업에서 허브도 많이 활용되고 있어 이를 함께 다루었다.

1 주요 분류

1) 일이년 초화류

한두해살이꽃으로 백일홍, 맨드라미, 매리골드, 샐비어 등 봄에 파종해서 주로 늦은 봄부터 가을까지 개화하는 춘파일년초, 팬지, 페튜니아, 금어초, 프리뮬러 등 가을에 파종해서 봄 화단을 장식하는 추파일년초, 그리고 석죽, 접시꽃, 디기탈리스 등 파종 후 개화까지 일 년 이상이 걸리는 두해살이꽃 이년초가 있다.

백일홍　　　　　　　　프리뮬러　　　　　　　　접시꽃

그림 Ⅱ-3-1. 일이년 초화류

2) 숙근 초화류

여러해살이꽃으로 종자를 뿌려 개화하지만 뿌리가 죽지 않고 여러 해 동안 살 수 있으며, 삽목이나 포기나누기로 번식이 가능하다. 겨울에 얼지 않고 월동이 가능한 옥잠화, 노루오줌, 국화와 같은 노지숙근초, 제라늄과 거베라처럼 노지에서 월동이 되지 않지만 보온이나 가온 조건에서는 여러 해 동안 생존이 가능한 온실숙근초가 있다.

옥잠화　　　　　　　　제라늄　　　　　　　　거베라

그림 Ⅱ-3-1. 숙근 초화류

3) 구근 초화류

알뿌리초화로 구근초로 불린다. 여러 형태의 다양한 알뿌리에 양분을 저장하고 휴면했다가 일정 기간이나 적당한 온도조건에서 다시 활력을 되찾아 개화하는 종류로 춘식구근과 추식구근이 있다.

춘식구근은 글라디올러스, 달리아, 칸나 등 노지 월동이 불가능하여 봄에 심어서 여름부터 가을 관상 후 겨울 전에 구근을 캐서 10~15℃ 되는 곳에 저장한다. 추식구근은 나리, 튤립, 수선화, 프리지어 등 보통 9~10월 사이에 심는 구근류로 겨울 동안 저온 처리를 받은 후에 휴면이 타파되어 꽃을 피우기 때문에 반드시 가을에 식재한다. 한편, 일정한 휴면 없이 개화하지만 내한성이 약하므로 온실에서 겨울을 나야 하는 히아신스, 시클라멘 등의 온실구근도 있다. 구근 초화류는 구근 기관에 따라 인경, 구경, 괴경, 괴근, 근경 등으로도 분류한다.

달리아   수선화   프리지어

그림 II-3-3. 숙근 초화류

4) 난과식물

가장 다양한 식물군을 포함하고 있으며 생리·생태적으로 숙근초에 속하지만 독특한 꽃의 모양과 특성으로 난과식물로 따로 분류하고 있다. 꽃잎은 3개이며 위로 솟은 2개의 꽃잎과 가운데 밑으로 처진 설판[lip]은 꽃잎이 변형된 것이고, 나머지 바깥쪽 3개의 꽃잎은 꽃받침이 변형된 것이다. 일반적으로 심비디움, 덴파레, 팔레놉시스 등 학명을 기준으로 분류하는 경우가 많다. 심비디움은 향기가 좋고 잎과 꽃이 작은 동양란, 향기는 거의 없지만 잎과 꽃이 커서 볼륨감이 있는 서양란으로 구분하기만 최근에는 중간 형태의 심비디움도 많이 개발되고 있는 추세이다.

| 심비디움 | 덴파레 | 팔레놉시스 |

그림 Ⅱ-3-4. 난과식물

5) 관엽식물

주로 열대나 아열대 원산으로 내한성이 약하여 온실이나 실내에서 재배 관리되며, 음지나 반음지 조건에서 잘 자라기 때문에 실내 정원에 많이 이용되고 있다. 꽃이 피는 종류도 있으나 대부분의 기간을 잎을 감상하는 종류로 고무나무, 베고니아, 칼라디움, 드라세나, 디펜바키아, 크로톤, 야자류 등 다양한 형태의 잎을 갖고 있거나 잎에 다양한 무늬가 있는 종류가 많다.

| 고무나무 | 칼라디움 | 크로톤 |

그림 Ⅱ-3-5. 관엽식물

6) 선인장과 다육식물

줄기나 잎에 수분을 많이 함유할 수 있는 저수조직이 발달하여 건조에 매우 강한 식물로 사막성 기후에 적응한 두터운 잎과 가시가 특징이고, 대부분 건조하고 강한 햇빛을 좋아하는 특성이 있다. 특히 칼랑코에, 꽃기린, 돌나물류, 꿩의비름, 알로에, 바위솔 등 다육식물들은 비교적 관리가 용이하기 때문에 도시원예에서 많이 활용되고 있다.

계발선인장　　　　　　꽃기린　　　　　　알로에

그림 II-3-6. 선인장과 다육식물

7) 화목류

목본성 식물 중에서 꽃이 관상의 대상이 되는 식물을 말한다. 무궁화, 개나리, 진달래, 장미, 박태기나무처럼 겨울에 월동이 가능한 노지화목류와 부겐빌레아, 하와이무궁화, 포인세티아처럼 영하의 온도에서 얼어죽는 온실화목류로 분류한다.

진달래　　　　　　부겐빌레아　　　　　　하와이무궁화

그림 II-3-7. 화목류

8) 관상수

화목류를 제외하고 관상용으로 쓰이는 목본성 식물로 꽃은 거의 관상 대상이 되지 않고 나무의 수형이나 줄기, 가지, 잎 등이 주로 관상 대상이 되며 조경수로 불리기도 한다. 정원이나 가로변 녹지에 심겨서 조경적인 기능뿐만 아니라 공기 정화, 소음 감소, 차폐 등의 기능을 담당하기도 한다. 녹음용으로는 느티나무, 단풍나무, 은행나무, 향나무, 울타리용으로는 사철나무, 쥐똥나무, 회양목, 건물 벽면녹화용으로는 송악, 마삭줄, 등나무, 담쟁이 등 만경 성목이 대표적이다.

| 은행나무 | 사철나무 | 담쟁이 |

그림 Ⅱ-3-8. 화목류

9) 수생식물

수중에서 발아, 생육, 번식과 같은 수중 생활을 하는 식물들을 말하며, 호수 등의 물속, 물가 저지대에서부터 산과 들이 이어지는 고지대에 이르기까지 광범위하게 분포되어 있다. 연, 수련, 어리연꽃, 부레옥잠, 부들, 고랭이 등이 해당되며 늪 가까이 서식하는 습지형 식물까지 포함하는 경우가 많다.

| 연 | 수련 | 부레옥잠 |

그림 Ⅱ-3-9. 수생식물

2 주요 번식법

1) 종자번식

종자번식은 주로 일이년초와 숙근초화의 번식에 사용되며, 구근초화나 화목류 등의 품종개량, 과수의 접목 시 대목 양성 등의 경우에도 이용된다. 종자번식의 장점은 가장 간편하게 일시적으로 많은 식물체를 만들어 낼 수 있고, 대개는 종자번식하면 활력이 강하고 생육도 빠르며, 병충해와 불량환경을 잘 견디고, 종자이기 때문에 영양체에 비해 저장 및 수송이 안전하고 쉽다. 비용 면에서도 영양번식에 비해 유리하다.

종자번식의 단점으로는 원래 채종한 식물체와 전혀 다른 식물체가 나올 가능성이 높고, 상업적으로 판매하는 하이브리드 개체(잡종강세 현상을 이용, 최대로 활력을 강하게 만든 품종)들은 채종할수록 활력이 떨어지는 경우가 많으며, 변이가 일어나므로 동일한 특성을 가진 대량의 식물체를 재배하기 곤란하고, 종자이기 때문에 영양체에 비해 꽃 피는 소요기간이 너무 길 수도 있다. 튤립, 수선화의 경우 최소 5년이 소요되는 등 꽃이 피고 열매가 맺는데 장기간이 소요되는 구근류나 목본식물이 많다.

① 종자의 수명

종자 번식하는 식물들은 종자의 수명에 따라, 종자의 크기에 따라 분류하며 그 분류에 따라 관리 방법이 달라진다. 종자 발아 수명에 따라 단명종자(종자 채취 후 수일 내지 수주일이 지나면 발아력 잃음), 장명종자(수년이 지나도 발아력을 상실하지 않음), 보통종자로 구분하며, 단명종자는 채종 즉시 파종하거나 완전 진공 밀봉하여 저온 보관하여야 발아력을 보존할 수 있다. 종자 크기에 따라서는 대립종자, 소립종자, 미립종자로 나뉘는데 대립종자는 콩처럼 큰 종자로 점파하고 휴면성이 있는 경우가 많으며, 미립종자는 베고니아나 꽃도라지처럼 코팅하여 펠릿 형태로 파종하거나 고운 모래와 섞어서 흩어뿌림을 한다.

② 종자의 휴면

화훼류의 종자는 발육에 적당한 환경을 부여하더라도 발아하여 생육하지 않을 때가 있다. 이것은 종자가 발아력이 없거나 휴면^{dormancy}하고 있기 때문이다. 휴면의 원인과 타파법은 각 식물마다 다르므로 미리 휴면성과 타파 방법에 대해 알아봐야 한다.

종피에 물이 잘 침투하지 못할 경우 아세톤 등으로 겉껍질을 녹여준다. 증기가 종피 속으로 들어가지 못할 경우 껍질에 상처를 입힌다. 종자가 미숙한 경우 높은 온도에 저장하거나 설탕물에 침지하면 효과가 있다. 생리적으로 배가 휴면하고 있을 경우(장미과, 백합과, 소나무과, 붓꽃과식물 등 대부분의 화목 종자) 5℃ 내외의 저온에서 습한 조건으로 20~50일간 저온처리를 해 주면 휴면에서 깨어난다.

③ 종자의 수명과 저장성

휴면을 끝낸 종자는 발아에 알맞은 환경조건이 주어지지 않는 한 일정기간의 수명을 유지하다가 결국에는 생명력을 상실하게 되는데, 종자의 수명은 식물의 종류는 물론 저장 중의 환경조건에 따라서 많은 차이가 있다. 대개의 경우 화훼류 종자의 수명은 1~5년으로서 평균 2년이면 발아력이 많이 줄어들며, 긴 것은 6~7년이나 되는 것도 있다. 수명을 되도록 길게 유지하려면 습도 50%, 온도 5~10℃로 저장하는 것이 이상적이다. 아마릴리스, 나리 등 수선과, 백합과, 국화과 종자는 채종 즉시 파종하는 것이 안전하다.

2) 영양번식

영양번식$^{vegetative\ propagation}$ 또는 무성번식$^{asexual\ propagation}$이란 식물의 영양기관인 잎, 줄기, 뿌리의 일부를 분리하여 새로운 하나 또는 여러 개의 독립개체로 증식시켜 나가는 방법이다.

영양번식의 장점은 쉽게 우수한 영양계통을 보존할 수 있고, 모체와 동일한 개체를 대량으로 증식할 수 있으며, 모체의 특성과 똑같은 유전형질을 후대 개체가 가질 수 있고, 개화·결실이 어려운 자가·타가불화합성 식물을 번식하는 방법으로 이용이 가능하다. 당연히 종자를 파종한 식물체보다 초기생장이 빠르고 꽃피고 열매 맺는 기간이 단축된다. 영양번식의 단점은 바이러스에 쉽게 감염되고 급속도로 병이 확산될 우려가 있으며, 번식수단인 영양체의 저장이나 운반이 어려우며, 종자번식에 비해 증식률이 낮으면서도, 번식에 숙련된 고도의 기술이 필요하다.

① 삽목(꺾꽂이)

가지, 잎, 뿌리 등 식물체 일부를 모주에서 잘라내어 삽상에 꽂아 발근시켜 번식하는 방법이다. 줄기꽂이(경삽), 잎꽂이(엽삽), 뿌리꽂이(근삽)으로 구분된다. 경삽은 5~6월경 새순이 굳기 이전에 잎을 부착시킨 가지를 삽목하는 녹지삽, 7~8월경 새순이 반 정도 굳어진 상태에서 삽목하는 반숙지삽, 3~4월경 봄에 나온 새순이 완전히 굳어져서 목질화된 가지를 삽목하는 숙지삽으로 구분된다.

엽삽은 줄기나 줄기에 달려 있는 눈은 전혀 붙이지 않고 잎자루나 잎 자체만을 용토에 꽂아 삽목하는 방법으로 실내식물인 베고니아, 아프리칸 바이올렛, 글록시니아 등에서 주로 이용한다. 근삽은 굵은 뿌리를 5~10㎝의 길이로 잘라 묻어두고 새싹과 뿌리를 발생시켜 하나의 독립된 개체로 번식하는 방법으로 뿌리에서 부정아가 잘 나오는 무궁화, 개나리, 등나무 등에서 활용하고 있다. 삽수의 길이는 목본류 10~15㎝, 초본류 10㎝ 내외 또는 2~3마디로 하며, 마디 바로 아래쪽을 예리한 칼로 10~15° 정도의 경사가 되도록 비스듬히 자른다. 엽삽의 경우 엽맥을 중심으로 잎 절편을 잘라낸다. 특히 삽수 채취는 식물체의 아래쪽보다는 위쪽, 내부보다는 외부, 꽃눈이 부착되지 않거나 부착된 경우 제거하고 사용하며 잎에 무늬가 없는 것을 대상으로 한다.

| 줄기꽂이(경삽) | 잎꽂이(엽삽) | 뿌리꽂이(근삽) |

그림 II-3-10. 삽목

② 접목

식물의 재생력을 이용하여 번식시키는 방법으로 주로 화목류에 이용된다. 뿌리가 있는 아래쪽의 대목^{stock}과 목적으로 하는 위쪽에 붙일 접수^{scion}와의 친화성이 있어야 한다. 접목의 장점으로는 대목의 강한 성질 때문에 개화·결실이 좋아지고, 뿌리의 활력이 약한 품종도 품종의 특성을 잘 유지할 수 있으며, 필요에 따라 왜화시키는 것도 가능하다. 접목의 단점으로는 특정 품종 간에는 활착이 어려울 수 있으며, 노력과 경비가 많이 소요되고, 인건비 등 제반 여건 때문에 대량 생산이 어렵다.

접목에는 가지접(지접), 눈접(아접), 뿌리접(근접) 등이 있다. 가지접은 가장 보편적으로 이용되는 방법으로 뿌리가 있는 대목의 가지에 가지로 되어 있는 접수를 붙인다. 휴면기, 즉 발아하기 직전에 실시한다. 눈접은 절접의 큰 접수 대신 목질부와 형성층이 있는 눈을 도려내어 가지의 일부를 절개한 자리에 밀착되도록 집어넣고 접하는 것으로, 새로 자란 가지의 눈을 많이 이용하므로 햇순이 무르익을 때 실시한다. 뿌리접은 정상의 대목을 쉽게 얻을 수 없고 뿌리가 풍부한 경우에 뿌리를 잘라 그것을 대목으로 접하는 것으로 모란은 작약 뿌리에 접목한다.

③ 분주와 분구

숙근초나 화목류와 같이 뿌리 부근에서 여러 개의 분얼지가 자라거나 뿌리에 부정아가 생겨 총생하는 것을 나누어 증식하는 방법을 분주, 구근류와 같이 보통 줄기의 변형체인 인경, 구경, 괴경 등을 분리 번식하는 방법을 분구라 한다.

분주는 주로 작약, 숙근아이리스, 꽃창포, 거베라, 명자나무, 모란, 국화 등을 대상으로 한다. 분구에는 구근에서 자연적으로 분구하는 방법과 인공조작에 의해 자구를 착생시키는 방법이 있다. 자구증식은 인경이나 구경의 모주 주위에 생기는 자구를 분리 증식하는 방법으로 튤립, 히아신스, 아마릴리스, 백합, 구근아이리스, 크로커스, 수선화를 대상으로 한다. 인편번식은 인경의 인편을 떼어내어 삽목, 자구 발생을 유도하는 방법으로 주로 백합에서 활용한다. 주아번식은 줄기의 잎겨드랑이에 주아가 형성되면 분리 증식하는 방법이며, 쌍

인편법에는 히아신스, 나리, 아마릴리스가 있고, 크라운의 눈의 위치에 따라 세로로 분할, 분구하는 인공 분구 방법도 있다.

분주(틸란드시아)　　　　분구(백합)　　　　분구(글라디올러스)

그림 II-3-11. 분주와 분구

④ 구근 수확

추식구근류는 종류별로 고온에 견디는 정도가 다르다. 히아신스, 튤립은 매우 예민해서 대개 5월 중순부터 잎이 누렇게 되면서 휴면에 들어간다. 아이리스도 어느 정도 지나면 휴면하지만 수선, 무스카리는 장마철이 될 때까지도 녹색으로 견딘다. 나리는 고온에 가장 강하고 큰 문제 없이 견딘다. 갈무리하는 방법은 만일 화분에 심었을 때는 그대로 물을 주지 않고 말리다가 완전히 마르면 캐내어 분구된 구근을 다시 나누어 심고 그대로 두었다가 가을에 다시 물을 주면 된다. 노지에 심었을 때는 장마철에 침수되는 지역에서는 반드시 캐내어 다시 심어야 하고, 그렇지 않을 때는 장마철이 지나고 7~8월에 캐내어 분구하고 바로 다시 심어주는 것이 좋다. 수선과 무스카리는 매우 성질이 강해 굳이 매년 나누어 주지 않아도 되나 3년에 한 번은 나누어 주어야 꽃의 세력을 유지할 수 있다.

3 초화류 가꾸기

1) 주요 특징

초화류는 주로 화단을 꾸미는 데 사용되어 왔으나, 최근에는 공공 정원은 물론 아파트나 현대식 건물의 실내나 옥상 등에서 경관조성용으로 많이 이용되고 있다. 특히 도시농업의 확산과 각 지방자치단체별로 도시 가꾸기 운동이 한창이어서 봄부터 가을까지 도로변에 화단을 조성하고 있어 화단용 모종의 수요는 계속 증가하고 있는 추세이다.

화단용 모종의 생산은 다음과 같은 특성이 있다. 일대 잡종인 종자가 많으므로 좋은 종자를 잘 선택해야 한다. 주로 소비가 봄과 가을에 집중된다. 화단에 재배되는 꽃들은 대부분 광선을 좋아하기 때문에 햇빛을 잘 받는 곳에서 재배하여야 한다.

2) 화종 선택과 재배관리

초화류는 대부분 군식으로 심는데, 식물의 크기와 생장속도를 고려하여 적절한 간격으로 심는다. 개화 기간과 이용 기간을 고려하여 종류를 선정하면 미적인 효과를 줄 수 있고 관리도 편리하다. 약간 차광이 되는 곳에서 번식된 초화류를 구입하여 정원에 심게 되면 뜨거운 햇빛에 노출되면서 피해를 입게 되므로, 식재 초기에는 차양이나 그늘막이 필요한 경우도 있다.

초화류는 관수를 자주 해 주어야 하므로 토양 표면에서 2~5㎝ 정도가 건조하면 물을 준다. 식재 후 1개월 정도 지난 후 꽃이 피기 직전까지 필요하면 비료를 공급해 준다. 관목이나 키가 큰 초화류가 바람에 쓰러져 뿌리가 흔들리면 생육에 해를 끼치므로 지지대를 설치해 주고, 덩굴성 초화류는 유인을 위한 지지대를 설치해 준다.

① 팬지

팬지pansy(제비꽃과)는 이른 봄 화단을 장식하는 꽃으로 추파일년초이다. 꽃의 크기와 화색이 매우 다양하여 혼합하여 화단을 장식한다. 내한성이 강한 꽃으로 영하에서도 월동이 가능하다. 발아 및 생육 적온은 10~20℃이며 30℃ 이상에서는 웃자란다. 따라서 8월 말부터

1월 초까지 파종한 후 겨울동안 저온 처리를 받은 후 봄 화단에 나오게 된다. 본잎이 3~4매가 되면 9㎝ 포트에 가식하고 무가온 육묘로 온실에서 생육시킨 후, 꽃이 1~2개 피면 화단에 정식한다.

② 페튜니아

페튜니아^{petunia}(가지과)는 원래 다년생 식물이나 우리나라에서는 월동이 안 되어 춘파일년초로 취급한다. 팬지와 마찬가지로 꽃의 크기와 화색이 다양하여 화문, 화단 등에 많이 이용된다. 건조에는 비교적 강하나 여름철 장마에 약하여 정식 후에는 토양의 배수에 많은 신경을 써야 한다.

페튜니아 종자의 발아 적온은 20~25℃로서 7~10일이면 발아한다. 파종 시에는 미세종자이므로 저면관수를 해야 한다. 최근에는 플러그묘를 이용하여 육묘를 하는 경우가 많다. 본엽이 2~3매가 되면 9㎝ 포트에 가식하였다가 꽃이 1~2개 피면 화단에 정식한다.

③ 매리골드

매리골드^{marigold}(국화과)는 봄부터 가을까지 오랜 기간 화단을 장식하는 춘파일년초로서 꽃눈의 발달은 단일에서 촉진된다. 고온 건조에는 매우 강하나 여름 장마기 습해에는 약하다. 따라서 4~5월에 화단에 정식한 후 감상하다가 장마를 앞두고 지상부를 잘라 줌으로써 습해를 막으면 장마가 지나간 후 가을 서리 오기 전까지 다시 꽃을 감상할 수 있다. 꽃이 크고 강한 아프리칸 매리골드(만수국), 상대적으로 꽃이 작은 프렌치 매리골드(천수국, 공작초) 등으로 구분된다. 파종은 2~6월 사이에 정식 시기를 고려하여 실시하는데 종자의 발아 적온은 10~20℃이고 파종 후 4~6일이면 발아한다. 본엽이 2~3매 되면 9㎝ 포트에 가식하였다가 본엽이 6~7매 되면 화단에 정식한다.

팬지   페튜니아

아프리칸 매리골드   프렌치 매리골드

그림 II-3-12. 주요 초화류

4 실내 관엽식물 가꾸기

1) 주요 특징

실내에서 재배하며 즐길 수 있는 식물을 통틀어 실내식물^{indoor plants}이라고 하며, 일반적으로
열대, 아열대 지방이 원산지인 관엽식물을 많이 이용하고 있다. 관엽식물은 주로 잎을 관상
하며 실내 환경에 잘 적응하여 실내에 녹색환경을 제공하는 데 가장 많이 이용되는 식물이
다. 실내 환경조건을 1년 내내 따뜻하게 유지할 수 있는 경우에는 관엽식물 외에도 꽃이나
열매를 감상할 수 있는 다양한 식물을 재배하는 것이 가능하다.

2) 화종 선택과 재배관리

관엽식물을 재배할 때 가장 중요한 환경조건은 광, 습도, 온도 등으로 실내 환경과 비슷한
조건을 요구하는 식물을 선택하는 것이 안전하다. 낮은 광도에 잘 견디고 온도 변화에 둔

감하며, 내건성 및 내습성이 강하고 병해충 및 가스에 잘 견디는 것이 좋다. 또 가시나 독성이 없는 안전한 것으로서 실내 공간에 적당한 크기로 성장이 너무 빠르지 않은 것이 바람직하다.

관수의 횟수는 식물의 종류(잎의 두께, 뿌리의 굵기), 재배 장소(창가, 그늘), 토양(피트모스, 모래), 화분의 크기에 따라 다르다. 높은 광도와 온도, 낮은 습도에서는 잦은 관수가 요구된다. 수온은 20℃가 적당하며, 물 주는 요령은 시들기 직전에 겉흙이 마르면 준다. 과습하면 토양의 공기 함량이 낮아져 뿌리가 부패하게 된다.

대부분의 관엽식물은 원산지가 열대~아열대이므로 20~30℃가 적당하다. 고온성 식물의 경우에는 최저 한계 온도가 15℃, 저온성 식물은 5℃이므로 재배에 유의하여야 한다. 밤에 온도가 높아지면 호흡작용으로 영양분이 소모되므로 낮 온도보다 5~6℃ 낮게 한다. 대부분 70~80%의 공중습도를 요구하지만 실제 실내 습도는 평균적으로 30~40% 정도이므로 잎끝이 마르고 윤기가 없어지기 쉽다. 토양이 건조하고 공중습도가 높을 때 생육이 좋아지므로 습도를 높게 유지하는 것이 중요하다. 공기의 흐름이 원활하지 않으면 건조해지기 쉬워 깍지벌레, 응애 등의 벌레가 발생하게 된다. 창문이나 환풍기 등을 이용하여 환기한다.

1~2년에 한 번씩 분갈이를 한다. 썩은 뿌리는 자르고 엉켜 있는 뿌리는 1/3 정도 자른다. 뿌리를 많이 자른 것은 수분 증산과 균형을 유지하기 위하여 잎도 잘라 준다. 관엽식물은 잎을 관상하는 식물이므로 인산, 칼륨보다는 질소를 많이 필요로 한다. 그러나 잎에 무늬가 있는 종류는 질소 비료를 많이 주게 되면 생장은 왕성해지지만 잎에 엽록소가 많이 나타나 무늬가 뚜렷하게 나타나지 않게 되므로 주의해야 한다.

3) 재배용기 선택

실내 관엽식물에 대한 기호가 증가함에 따라 재배용기도 색깔·모양·디자인에 있어서 매우 다양하다. 분의 크기는 다양하지만 그 형태면에서 있어서는 표준분, 아잘레아분, 접시분으로 나눌 수 있다. 표준분은 분의 지름과 높이가 거의 같은 분으로 가장 많이 사용되는 분이다. 가장 깊기 때문에 물과 공기의 균형이 가장 적절하고, 또한 뿌리도 수직적으로 자란다. 아잘레아분은 분의 높이가 윗부분 지름의 3/4 정도가 된다. 높이가 낮고 바닥이 넓어서 아잘레아와 같이 뿌리가 짧고 지상부가 넓은 식물에 적당하다. 한편, 접시분은 높이가 윗부분 지름의 1/2 정도인 분으로, 주로 구근식물이나 분경용, 지피식물, 그리고 선인장 재배용기로 쓰며 관엽식물에는 부적합하다.

① 네프롤레피스(보스톤고사리)

네프롤레피스^{nephrolepis}(고사리과)는 양치식물 중 대표적인 식물로서 잎은 가늘고 길며 30~60㎝ 정도 자란다. 고온다습하면서도 통풍이 잘되는 조건에서 잘 자라므로 공중습도를 높게 유지하고 자주 잎에 물을 분무해 준다. 다른 고사리류보다는 건조나 강광에 강한 편이나, 한번 건조하면 잎이 말라 오그라들고 다시 회복되지 않으므로 습기가 충분하고 어느 정도 차광된 장소가 이상적이다. 적정 생육온도는 20℃ 내외이며, 겨울철에도 실내에서 가끔 잎에 분무해 주면 관상이 가능하다. 한편 시비 관리는 월 1회 정도로 원예용 복합비료를 시용하고, 분주로 번식한다.

② 디펜바키아

디펜바키아^{Dieffenbachia}(천남성과)는 중앙 및 남부 아메리카 원산인 다년생 초본으로 줄기는 2m 정도 자라고, 잎은 두꺼우며 무른 편이다. 잎의 앞면은 바탕이 진녹색이고, 잎의 뒷면은 연녹색이다. 주맥의 양쪽에는 V자형의 황백색 줄무늬가 불규칙하게 주맥을 따라 같은 간격으로 가늘게 있다. 꽃은 천남성과 특유의 육수화서이나 관상 가치는 없다. 줄기를 잘라서 나오는 수액은 유독성분을 함유하고 있어 피부에 묻으면 발진을 일으키며, 잎으로 먹으면 부어오르고 심한 통증을 일으키기 때문에 조심해야 한다. 직사광선은 피하고 반그늘에서 재배하는 것이 좋은데, 내한성이 약하며 15℃ 이상에서 활동하고 24~27℃에서 잘 생육한다. 여름철 실내에서 냉기를 받으면 식물이 상하므로 주의해야 한다. 가능하면 미지근한 물로 관수하고 다습한 환경을 만들어 준다. 시비 관리는 생육기간 동안 3개월에 2회 정도 주면 된다.

③ 몬스테라

몬스테라^{Monstera}(천남성과)는 멕시코 및 중앙아메리카 원산인 상록 다년생 반덩굴성 식물로 줄기에서 공기뿌리가 생겨 다른 물체에 부착하여 생육하고, 엽맥 사이에 구멍이 뚫려 특유의 형태를 띤다. 내음성과 내한성 모두 강하여 실내에서 장기간 관상이 가능하다. 생육 적온은 20~25℃ 정도이며 겨울철에도 관상하려면 12℃ 이상은 유지시켜야 한다. 생육기간 동안에는 자주 관수하고, 건조하지 않도록 분 주위에 물을 자주 뿌려준다. 수태에 심을 경우 과습에 의한 뿌리썩음에 주의해야 한다. 꺾꽂이로 번식시킨다.

④ 소철

소철^{Cycas}(소철과)은 잣송이와 비슷하게 보이는 원주상의 형태로 3m 정도 자란다. 자웅이주이며, 잎은 우상복엽으로 줄기 위에 나오는 잎줄기의 양쪽에서 호생하며, 진녹색이고 광택이 난다. 잎의 길이는 50~200㎝이다. 암수 꽃은 모두 정상의 중앙 부분에서 개화되며, 수꽃은 잣송이와 비슷하게 50~70㎝의 길이로 올라오고 지름 10~15㎝ 정도의 크기로 핀다. 암꽃은 반원형으로 크게 방사형을 그리며 연갈색의 털이 나면서 그 안에서 은색의 열매가 맺힌다. 소철의 잎은 1년에 한 번씩 새로 자라나기 때문에 환경관리에 신경을 써야 한다. 강광 하에서도 잘 생육한다.

⑤ 포인세티아

크리스마스의 상징인 포인세티아^{poinsettia}(대극과)는 크리스마스 시즌을 중심으로 수요가 매우 높은 식물로 단일 조건이 되면 생장점 잎이 착색되어 적색, 분홍색, 유백색 등의 포엽이 되어 다음해 5월까지 계속 관상할 수 있다. 한계 일장은 12시간 15분으로서 우리나라에서는 10월 상순부터 3월 상순 사이이다. 생육 적온은 20~30℃이고, 12℃ 이하나 35℃ 이상이면 생육이 억제된다. 번식은 삽수를 이용하는데, 삽수를 절단할 때 나오는 백색의 유액을 완전히 물로 씻어 낸 후 사용해야 한다. 삽수의 크기는 5~6㎝로서 본엽이 약 3~4매 달려 있는 상태이다. 자연 상태에서 5~6월에 삽목하면 12월에 개화한다. 화분에 심을 때는 화분당 3개체씩 심고 적심을 하여 5~6개의 가지를 만든다.

⑥ 칼랑코에

칼랑코에^{kalanchoe}(꿩의비름과)는 진녹색의 잎과 화려한 화색의 조화도 아름답지만 다육식물로서 물을 자주 안 주어도 되기 때문에 이용이 늘고 있다. 자연 일장에서는 2~3월에 개화하는 전형적인 단일성 식물이다. 대개 5~6장의 잎 수가 확보되면 적심을 한 후 바로 9~10시간의 일장으로 단일 처리를 3~4주 정도 하면 8~9주 후부터 개화가 시작된다. 묘는 잎이 4개 정도 붙은 삽수를 화분에 직삽하여 재배하는 것이 일반적이며, 생육 적온은 주간 22℃, 야간 16℃이다.

<table>
<tr><td>보스톤고사리</td><td>디펜바키아</td><td>몬스테라</td></tr>
<tr><td>소철</td><td>포인세티아</td><td>칼랑코에</td></tr>
</table>

그림 II-3-13. 주요 관엽식물

5 허브 가꾸기

1) 주요 특징

정원, 옥상, 텃밭, 아파트의 베란다 등에서 다양한 모양과 색, 질감과 독특한 향기를 발산하는 허브들이 어우러져 자라는 모습을 보고 수확하는 것은 많은 즐거움을 준다. 허브는 원예적인 측면에서 맛과 향을 내지만 샐러드의 주재료 또는 부재료로서 신선한 상태로 많이 이용되어 향신채(香辛菜)라고 볼 수 있다.

2) 허브의 분류

허브는 크게 식물학적 또는 실용적으로 분류할 수 있는데, 생육 습성에 따라 1년생, 2년생 및 영년생 허브로 나눌 수 있다. 1년생에는 고수^{coriander}, 바질^{basil}, 캐모마일^{camomile}, 딜^{dill}, 2년생에는 파슬리^{parsley}, 영년생에는 백리향^{thyme}, 박하^{mint}, 오레가노^{oregano} 등이 있다. 한편, 맛과 향을 구성하는 성분에 따라 5개 그룹으로 구분된다.

① cineole : 월계수, 로즈매리, 스페인세이지

② thymol, carvacol : 백리향, 오레가노, 마죠람, 사보리, 멕시코세이지

③ sweet alcohol : 바질, 마죠람, 타라곤

④ thujone : 달마티안세이지, 그리스세이지, 영국세이지

⑤ menthol : 박하, 스피어민트, 가든민트, 콘민트

이용목적에 따라 실용적으로 다음과 같이 12가지로 나누기도 한다.

① 신경안정 : 박하^{mint}, 카밀레^{camomile}, 라벤더^{lavender}

② 불면치료 : 서양야생박하, 마죠람^{marjoram}, 호프^{hop}, 아니스^{anise}

③ 긴장완화 : 박하, 베르가모트^{bergamot}

④ 진정작용 : 바질^{basil}, 베르가모트, 카밀레, 백리향^{thyme}, 아니스^{anise}

⑤ 차음용 : 카밀레, 레몬밤$^{lemon\ balm}$, 세이지^{sage}, 라벤더, 박하류, 백리향·로즈매리^{rosemary}, 페널^{fennel}

⑥ 목욕용 : 카밀레, 세이지, 장미, 박하, 로즈매리, 오레가노꽃, 레몬밤, 마죠람, 백리향, 컴프리^{comfrey}(잎과 뿌리 이용)

⑦ 향신용 : 러비지^{levage}, 고수^{coriander}, 처빌^{chervil}, 세이지, 히솝^{hyssop}, 백리향, 타라곤^{tarragon}, 레몬그래스^{lemongrass}

⑧ 커리용 : 카라웨이^{caraway}, 고수

⑨ 피자용 : 마죠람

⑩ 콩요리용 : 사보리^{savory}

⑪ 정유성분 : 바질유, 페널유, 박하유

⑫ 샐러드용 : 안젤리카^{angelica}, 고수, 딜^{dill}, 러비지, 바질, 히솝, 마죠람, 로즈매리, 세이지, 사보리, 백리향, 처빌, 워터크레스^{watercress}, 크레스^{cress}, 파슬리^{parsley}, 박하, 타라곤^{tarragon}, 수영^{sorrel}

3) 번식

허브를 구입할 때는 재배하는 지역을 반드시 고려해야 한다. 남부지방에서는 허브류의 내한성이 크게 문제 되지 않으나 중부에서는 내한성이 강한 종류나 품종을 선택하는 것이 좋다. 파슬리는 대체로 4월 초순에 뿌려도 되며, 4월 중 · 하순에는 마죠람, 사보리 같은 것을 뿌려도 된다. 그러나 바질은 5월 초순이 지난 후 노지에 뿌린다.

영양번식법으로는 주로 삽목과 분주를 사용한다. 백리향이나 박하는 녹지삽을 할 때 발근이 잘되고, 세이지나 로즈매리는 반숙지삽을 할 때 발근이 잘된다. 삽수 길이는 녹지삽의 경우 5~10㎝, 반숙지삽의 경우 15~30㎝, 숙지삽의 경우에는 15~30㎝로 한다. 꺾꽂이할 때는 수일간 그늘을 만들고 이후에는 반그늘을 유지한다. 분주는 늦가을이나 이른 봄에 적당한 크기로 나누어 심는다.

4) 재배관리

허브는 여름이 건조하고 겨울이 따뜻한 지중해가 원산지인 식물이 많기 때문에 대체로 햇빛이 충분하게 드는 장소를 선택해야 한다. 용기 재배나 실내 재배의 경우에도 반드시 햇빛이 충분히 드는 곳이 필요하다. 토양조건은 물빠짐이 좋고, 양분의 보유력이 높으며, 토양의 통기성이 좋을 뿐만 아니라, 석회질이 많아야 한다. 점토질 토양에는 모래 등을 섞어서 토양을 개량해야 하고, 모래땅에서 유기질의 함량이 낮아 양분 · 수분의 용탈이 많으면 퇴비를 충분히 준다. 겨울철 중부지방에서는 허브의 종류에 따라 월동이 어려운 경우가 많다. 그래서 가을에 식물체 전체를 흑색 비닐이나 볏짚 등으로 멀칭해 주어야 한다. 식물체 아랫부분이라도 얼지 않게 흙으로 20~30㎝ 정도 덮어두었다가 봄에 일찍 해동이 되면 흙을 걷어내야 한다. 그 밖에 겨울에 실내에서 즐기고 싶은 식물이나 내한성이 약한 식물은 캐서 화분에 옮겨 창가에 둔다.

일반적으로 허브식물은 정원 형태로 모아 심고 가꾸는 것이 용이하다. 가정용 소형 허브정 원에서는 바질, 차이브, 파슬리, 로즈매리, 백리향, 박하 등 6가지 식물을 기본으로 한다. 필요한 허브를 향기 나는 특성이나 꽃의 색깔 등을 고려해서 설계 후 재식한다.

표 II-3-11. 허브가든 설계 시 참고해야 할 특성별 허브 분류

특성	허브 종류
레몬 향기 나는 식물	레몬밤, 레몬백리향, 레몬박하, 레몬그래스
회색 잎 식물	캐트닙, 라벤더류, 세이지
황금빛 잎 식물	애플민트, 골든마죠람, 세이지(황금색 종), 황금반엽백리향
자주색 잎 식물	바질, 페널, 세이지
백색 꽃 식물	바질, 카라웨이, 카모밀, 처빌
자주색 꽃 식물	차이브, 히솝
청색 꽃 식물	브레이지, 치커리, 히솝, 로즈매리

① 차이브

차이브chive는 유럽·아시아·북아메리카 등지에 널리 자생하는 야생부추의 일종으로 유럽 에서는 기원전 2,000년부터 가꾸어져 왔다. 백합과의 다년생 식물로서 종자번식을 한다. 잎은 둥글고, 꽃은 5월에 피는데 색깔이 홍자색이다. 작은 플라스틱 포트나 화분에 종자를 2월에 뿌려서 육묘한 후에 4월 말 밭에 정식하거나 용기에 심으며, 심는 거리는 25cm×25 cm 정도로 한다. 첫해에는 어리므로 늦여름에 1회 잎을 자르고, 월동 후 다음 해에는 봄부 터 싹이 나면 부추처럼 수 회에 걸쳐 수확하여 잘게 잘라서 샐러드에 넣어 먹으며, 그 밖에 푸딩·파이 등에 넣어 먹기도 한다. 차이브는 부추보다 연하지만 독특한 맛이 있으며, 철분 과 비타민C가 많이 함유되어 있다.

② 보리지

보리지^{borage}는 지중해 원산의 식물로서 잎의 모양이 컴프리와 비슷한 지치과 1년생 식물로 봄에 일찍 씨를 뿌리면 6~7월경에 보라색의 예쁜 꽃이 핀다. 더위에 약해서 고온다습한 장마철이 오면 죽게 된다. 그러므로 봄에 파종한 후 잎이 7~8매 나왔을 때, 즉 잎이 연할 때 따서 샐러드로 이용하거나 개화 시기에 꽃을 따서 샐러드 위에 흩어뿌리면 아름답다. 오이 샐러드, 상추 샐러드, 달걀 요리, 그리고 소스에 넣어서 사용하면 좋다. 민간요법으로는 심장을 강하게 하고 류마티즘에 효과가 있다고 한다.

③ 서양고추냉이

서양고추냉이^{horseradish}는 원산지가 지중해 및 서아시아로 추정되나 현재는 유럽 전역에 야생화되어 있다. 배추과에 속하며, 우리가 먹는 고추냉이(와사비)에 대비해서 서양고추냉이라고 부른다. 동양고추냉이가 얼지 않는 산골짜기 물에서 자라는 데 비하여 서양고추냉이는 밭에서 가꿀 수 있어 밭와사비라고도 부른다.

서양고추냉이는 내한성이 강한 다년생 식물로서, 지름 1㎝, 길이 20㎝ 정도 되는 뿌리로 번식하는 대표적인 영양번식 식물이다. 땅속에서 월동한 식물은 봄이 되면 잎과 줄기가 자라 5월에 백색 꽃이 피는데 꽃잎이 4개이다. 미성숙 종자를 만들지만 진정종자가 생기지 않아 종자번식이 어려우나 미성숙 종자를 조직배양하면 종자번식도 가능한 식물이다. 어린 뿌리를 봄에 심었다가 가을에 굵어지면 캐서 이용하고 다 자란 뿌리 끝에 달린 어린 뿌리를 모래나 땅속에 저장하였다가 해동 직후인 3~4월에 정식한다. 가정에서는 밭에서 뽑지 않고 심어주었다가 필요할 때마다 캐서 이용한다.

서양고추냉이는 와사비처럼 독특한 매운맛을 내는데 잘게 채를 썰어서 고기와 같이 먹거나 즙을 만들어 샐러드에 첨가한다. 즙액이나 채는 연어요리와 가장 잘 어울려 서양 연어요리에서는 필수적인 조미료로 쓰인다. 국내 일식집의 와사비는 건조한 서양고추냉이의 분말과 겨자를 섞은 후 이에 녹색 착색제를 가미시켜 만든 것으로, 주로 생선요리에 많이 이용되고 있다.

④ 레몬밤

레몬밤lemon balm은 원산지가 근동지역으로, 고대 로마시대부터 향신료로 인정을 받고 성서에도 언급된 허브이다. 잎이 박하와 비슷하게 생겼으나, 잎끝의 유선(油腺)에서 레몬향을 분비하는 영년생 초본류이다. 종자 또는 포기나누기로 번식이 가능하고 줄기로 삽목번식을 하기도 한다. 특별한 품종은 없고 지역종이 있다. 레몬밤은 비옥하고 남향인 곳에서 잘 자라는데, 4~5월 포트나 노지에 종자를 뿌리면 늦여름부터 잘 자라며, 늦가을이 되면 지상부는 죽고 월동 후 싹이 난다. 어린잎을 따서 이용하는데 독특한 레몬 향은 토마토나 상추의 샐러드에도 잘 어울린다.

레몬밤은 끓는 요리에 이용하면 향기를 잃게 되므로 주의한다. 그래서 차로 이용할 때에는 끓는 물을 식힌 후에 잎을 넣고 3~4분 정도 지난 다음에 꺼낸다. 잎을 건조해서 향낭으로 이용하기도 한다. 가정의학적으로는 발한, 두통, 치통 등에 효과가 있다.

⑤ 바질

바질basil은 스위트바질sweet basil이라고도 불리며, 원산지가 열대 인도지방이다. 꿀풀과에 속하고, 대엽종, 소엽종, 오글거리는 품종 및 자색종의 크게 4가지로 분류된다. 우리가 보통 기르는 대엽종은 잎이 방아잎과 비슷하나 다소 번들거린다. 3~4월에 온상이나 파종상에 뿌렸다가 서리의 위험이 없으면 정식한다. 들깨 자라듯이 크며, 키는 50~60㎝ 정도 자란다. 정식 후 6주 지난 뒤에 수시로 잎을 따서 이용하고, 꽃은 음식접시의 장식용으로 이용하면 향기가 우수해서 좋다. 딴 잎은 43℃ 이하의 온도에 건조하여 분쇄한 후 건조 바질로서 이용된다.

차이브	보리지	서양고추냉이
레몬밤	바질	

그림 Ⅱ-3-14. 주요 허브

정원수 및
유실수 재배기술

권영휴

정원수란 정원에 이용되는 교목, 관목, 덩굴류를 말하고, 유실수란 유용한 열매가 열리는 나무를 말한다. 이 장에서는 정원에 이용되는 정원수 및 유실수 수종들을 제시하고, 일반적으로 이용되는 정원수 번식과 식재방법에 대해 소개한 후 각각의 수목에 대해 생태적 특성과 재배기술 등을 설명하였다.

1 정원수의 선택

정원수 재배를 시작할 때 제일 먼저 어떤 수종을 심을 것인지를 결정해야 한다. 정원수 재배 시 수종선택에 있어서 몇 가지 고려사항은 다음과 같다.

1) 대중성이 있는 수종

정원수 재배를 위해 수종을 선택할 때 가장 실패할 확률을 줄일 수 있는 것은 우리 주위에서 가장 흔히 볼 수 있는 대중성이 있는 수종을 선택하는 것이다. 새로운 수종이 개발되어 여러 단계를 거쳐 인정을 받고 대량으로 식재되기 위해서는 오랜 시간이 걸리기 때문이다. 대중성이 있는 수종으로는 느티나무, 왕벚나무, 이팝나무 등을 들 수 있다.

느티나무 왕벚나무 이팝나무

그림 II-3-15. 대중성 있는 수종

2) 자생 수종

자생 수종이란 우리나라 땅에서 오랫동안 살아왔던 수종들이므로 환경적응력이 높다. 관상
가치가 높은 외국수종을 도입하여 재배하는 경우 우리나라에서의 환경적응력이 약해 실패
하는 경우가 많다. 최근에는 각 지방자치단체별로 그 지방의 특색 있는 고유수종을 선택하
여 식재하는 경향이 늘어나고 있다.

3) 수목의 알맞은 용도

느티나무, 왕벚나무 등은 대중적이면서 가로수용으로도 수요가 많기 때문에 대량으로 생산
되고 있다. 또 철쭉류, 회양목 등의 관목류는 생울타리용이나 군식을 하기 때문에 많이 생
산된다. 이처럼 가로수나 생울타리 용도로 사용되는 수종은 독립수로 심는 수종보다 수요
가 많다.

4) 이식이 잘되는 수종

관상가치가 높은 좋은 수종을 선택하여 재배하였더라도 이식이 잘되지 않으면 하자가 많이
발생되기 때문에 시공자가 기피하는 경향이 있다.

5) 내병충해성이 강한 수종

정원수는 생명력을 가지고 있는 생물체이므로 끊임없이 생장을 한다. 생장을 함에 따라서

'조경관리'라는 측면이 요구되는데 병충해에 강한 수종이라면 조경관리비의 감소와 정원수 자체의 아름다움도 더하게 된다.

6) 내공해성이 강한 수종

도심지에 이용되는 정원수와 가로에 식재되는 가로수는 대기오염, 자동차 배기가스 등과 같은 공해물질에 강한 수종을 선택한다.

7) 조경 트렌드에 대한 경향 파악

정원공사 시 이상적인 경관을 구성하려면 대체적으로 상록수와 활엽수의 비율이 4:6 정도로 식재되어야 한다. 그러므로 상록수와 활엽수의 현재 재배동향을 조사하여 알맞은 수종을 선택하여야 한다. 최근에는 생태공원 등 자연생태복원공사가 많이 이루어지고 있다. 예를 들어 정원수로 많이 사용하지 않았던 참나무류가 생태공원 등에 심겨지고 있다.

2 주요 정원수

우리나라의 공동주택과 공원 등에 가장 많이 이용되는 주요 정원수는 다음과 같다.

1) 상록교목

상록교목은 연중 푸른 잎을 유지하는 나무로, 줄기와 가지의 구별이 뚜렷하고 곧게 자라며 수고가 보통 4m 이상인 나무를 말한다. 주요 정원식물로 이용되는 상록교목에는 동백나무, 먼나무, 소나무, 주목, 태산목 등이 있다.

동백나무   먼나무   주목

그림Ⅱ-3-16. 상록교목

2) 낙엽교목

낙엽교목은 가을이 되면 낙엽이 지는 나무로, 줄기와 가지의 구별이 뚜렷하고 곧게 자라며 수고가 보통 4m 이상인 나무를 말한다. 주요 정원식물로 이용되는 낙엽교목에는 계수나무, 노각나무, 느티나무, 단풍나무, 마가목, 매실나무, 백목련, 산딸나무, 산사나무, 산수유나무, 살구나무, 상수리나무, 이팝나무, 자귀나무, 층층나무 등이 있다.

계수나무   백목련   산수유나무

그림Ⅱ-3-17. 상록교목

3) 상록관목

상록관목은 연중 푸른 잎을 유지하는 나무로, 교목보다 수고가 낮고 일반적으로 줄기는 뿌리 가까이에서 여러 개가 총생하는 특징이 있다. 주요 정원식물로 이용되는 상록관목에는 금목서, 꽝꽝나무, 남천, 눈주목, 다정큼나무, 돈나무, 목서, 사철나무, 영산홍, 피라칸다, 회양목 등이 있다.

| 금목서 | 꽝꽝나무 | 피라칸다 |

그림 II-3-18. 상록관목

4) 낙엽관목

낙엽관목은 가을이 되면 낙엽이 지는 나무로, 교목보다 수고가 낮고 일반적으로 줄기는 뿌리 가까이에서 여러 개가 총생하는 특징이 있다. 주요 정원식물로 이용되는 낙엽관목에는 개나리, 갯버들, 겹철쭉, 꽃댕강나무, 낙상홍, 덜꿩나무, 명자나무, 물싸리, 박태기나무, 병꽃나무, 보리수나무, 부용, 산수국, 산철쭉, 섬백리향, 수수꽃다리, 조팝나무, 좀작살나무, 쥐똥나무, 찔레나무, 키버들, 화살나무, 황매화, 흰말채나무 등이 있다.

| 꽃댕강나무 | 박태기나무 | 수수꽃다리 |

그림 II-3-19. 낙엽관목

3 정원수목의 번식

정원수목의 번식은 유성번식과 무성번식으로 구분한다. 유성번식은 종자로 번식하는 것을 말하고 무성번식은 식물체의 모주로부터 줄기나 잎의 일부를 잘라내어 새로운 개체로 증식시키는 방법이다. 무성번식의 방법에는 삽목, 접목, 취목, 분주 등이 있다.

1) 종자번식

① 파종량 산정

파종량은 수종에 따라 다르다. 종자 파종량은 시험기관 등에서 발표한 기준량을 참고하고 문헌에 발표되지 않은 수종을 파종할 때는 다음 공식에 따라 산출한다.

표II-3-12. 파종량 산정공식

$$W(g \text{ 또는 } L) = \frac{S}{N \times U \times P}$$

W : ㎡당 파종량(g 또는 L)
S : 가을에 1㎡에 남길 묘목의 수
N : 1g당 종자의 알 수 또는 1L당 종자의 알 수
U : 종자의 효율
P : 득묘율(득묘율의 범위는 0.3~0.50이다)

② 파종시기

대부분의 종자는 해동 후 봄에 즉시 파종하며, 파종시기가 늦으면 가뭄 등으로 피해를 받을 위험성이 커진다. 산벚나무, 칠엽수, 이팝나무, 호두나무 등은 늦가을에 파종한다. 이렇게 하면 가을에 뿌리를 내린 후 다음해 봄에 새싹이 지상 위로 나오게 된다.

③ 파종상 선정과 준비

㉮ 파종지는 배수가 잘되고 서북쪽이 막힌 남향으로 양토가 좋다.

㉯ 유묘 시 입고병이 발생하지 않는 느티나무, 벚나무, 회화나무 등은 파종 전에 기비로 유기질 비료를 넣고 경운한 후 파종한다.

㉰ 흙 입자가 매우 고와야 종자의 발아가 좋아지므로 로타리 작업을 2회 정도 실시한다.

㉱ 파종상의 넓이는 제초작업이 용이하도록 1m로 하며, 이랑의 넓이와 깊이를 각각 50㎝, 15~20㎝로 한다.

④ **종자 파종**

㉮ 대립종자는 점뿌림, 중간 크기의 종자는 줄뿌림, 세립종자는 흩어뿌림 한다.

㉯ 종자를 뿌린 다음 30~40kg의 가벼운 롤러로 종자 위를 굴리어 종자가 상면에 박히도록 한다.

㉰ 흙을 1cm의 체로 쳐서 덮는다. 종자를 덮는 흙의 두께는 종자 직경의 2~3배로 한다.

㉱ 롤러로 복토한 상면을 진압하고 다시 왕모래를 2mm 정도 덮어 수분증발을 방지한다.

㉲ 파종 초기에는 수분과 일정 온도 유지를 위해 짚을 덮어 주고 비닐터널을 설치한다.

㉳ 파종 후 종자가 2/3 정도 발아되면 비닐터널을 철거하고 짚을 걷어 준다.

㉴ 종자가 발아되면 살균제를 살포하여 병해를 예방한다.

㉵ 발아 후 1개월 후 1차 시비를 하고, 7월 이전에 2차 시비를 완료한다.

㉶ 제초는 2~3주에 1회 정도, 연 8회 정도 한다.

2) 삽목번식

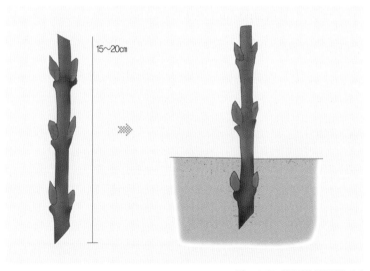

15~20cm

그림 II-3-20. 일반적인 삽목번식 사례

① 삽목의 뜻

삽목은 모수 영양체의 일부분인 가지 또는 뿌리, 잎 등을 끊어서 완전한 한 개체의 식물로 재생시키는 번식방법으로 종자나 접목 등으로 번식이 곤란한 경우 대체 번식 수단으로 사용된다.

② 삽목의 특성

모본과 같은 유전적 성질을 가지는 새로운 개체가 생기며, 한 번에 많은 개체를 증식시킬 수 있다. 종자로 번식하는 것보다 생육, 개화, 결실이 빠르나 보통 뿌리가 얕게 뻗으며 수명이 짧다.

③ 가장 많이 이용하는 삽목방법

㉮ 녹지삽 Greenwood cutting

봄부터 자란 신초가 경화되기 전까지의 가지를 이용하는 삽목으로 여러 종류의 상록수와 낙엽수에 이용된다. 일반적으로 삽목 시기는 6~7월경이 된다. 삽수를 조제 후 곧바로 꽂지 않는 경우에는 몇 시간 물에 담근 후 꽂는다.

㉯ 숙지삽 또는 경지삽 Hard wood cutting

완전히 성숙 경화한 가지를 이용하며 삽수가 휴면상태이므로 휴면지삽이라고도 한다. 보통 삽목시기는 3~4월이다. 명자나무, 배롱나무, 메타세쿼이아 등 많은 낙엽수종에 활용된다. 삽수는 조제 후 수 시간 동안 물에 담근 후 꽂는다. 꽂는 깊이는 삽수 크기의 1/2~1/3 정도로 한다. 삽수는 건강한 나무에서 햇빛을 충분히 받아 충실한 것을 택하고 지나치게 마디가 긴 도장지나 수관의 안쪽에 있는 약한 가지는 쓰지 않도록 한다. 삽수의 길이는 수종에 따라 다르지만 10~15㎝가 보통이고, 적어도 두 개의 눈이 붙어 있어야 한다.

④ 삽목 후의 관리

삽수의 위조방지를 위해 관수와 차광, 멀칭 등을 한다. 신초가 튼튼하게 신장하고 엽색이

짙어지면 발근했다고 본다. 발근 후 질소 위주의 액비 또는 유기질 액비를 시용한다. 발근 후 이식은 한여름이나 겨울은 피한다.

3) 접목번식

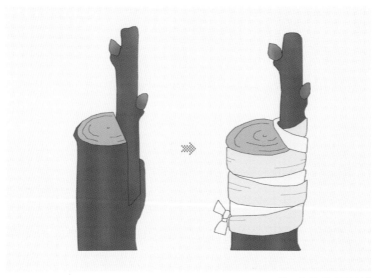

그림 II-3-21. 깎기접목 사례

① 접목의 뜻

접목이란 두 개의 각각 다른 식물체의 가지, 눈, 뿌리 등 조직을 서로 유착시켜 생리적으로 공동체가 되게 하는 방법이다. 이때 접착부의 윗부분을 접수^{scion}라 하고, 아랫부분을 대목^{stock}이라 한다. 접목의 성공비결은 대목과 접수의 형성층을 서로 맞닿게 하여 두 조직이 연결되도록 하는 것이다. 형성층이 맞으면 접수와 대목의 접착면에 캘러스조직이 형성되어 융합하게 된다. 대목과 접수가 잘 접합해서 생리작용의 교류가 원만하게 이루어지는 것을 활착이라 하고, 활착한 후에 정상적으로 생장과 발육이 이루어지는 것을 접목친화라 한다. 유전적 소질이 가까운 것일수록 접목친화력이 크다.

② 접목의 특성

접목을 하면 식물 품종의 특성을 그대로 유지할 수 있고 다른 방법으로 번식할 수 없는 식물의 증식이 가능하다. 접목번식은 종자번식이나 삽목묘에 비해 개화결실이 **빠르다**. 또한 한꺼번에 많은 양을 번식시킬 수 있으며 병충해 등에 저항성이 강한 대목을 사용해서 재배를 용이하게 할 수 있다.

③ 접수의 채취와 저장

접수와 대목의 조건은, 접수는 휴면 상태이고 대목은 뿌리가 활동을 시작한 상태가 좋다. 접수는 일반적으로 나무가 생장을 시작하기 2~4주 전에 미리 채취하여 톱밥이나 이끼, 모래와 함께 상자에 넣어 5℃ 정도로 저장해 두었다가 접목한다. 봄에 접목을 하는 경우 채취시기는 접수가 물이 오르기 전인 2월 중순부터 3월 초가 적당하다. 접수는 충실하게 자란 나무 중에서 나무의 마디 사이가 고르고 접목하기에 알맞은 모수에서 채취한다.

④ 가장 많이 이용하는 접목방법

㉮ 깎기접(절접)

대목의 지상부를 깎아 자른 후 접목하는 방법으로 가장 많이 이용한다. 접수는 0.5㎝ 굵기의 충실한 가지로 눈을 1~3개 붙여 5~10㎝ 크기로 자르고, 제일 위의 눈과 같은 방향의 밑면을 2~3㎝ 길이로 목질부가 약간 붙도록 하여 수직으로 자른다. 자른 반대쪽은 45°로 자른다. 대목은 종자로 번식한 1~3년생으로 굵기가 1㎝ 정도인 것을 지표면 위 6~10㎝인 곳을 수평으로 자른 후, 접붙일 면을 2.5㎝ 정도 수직으로 목질부가 약간 포함되도록 깎아내린다. 다음으로 대목과 접수의 깎은 면의 형성층을 잘 맞추고 접목용 테이프로 묶어준다.

㉯ 눈접(아접)

접수 대신 접눈(接芽)을 대목의 껍질 사이에 넣어 접을 붙이는 방법이다. 접눈의 채취는 접눈 위쪽 1.0㎝를 칼로 자르고, 접눈 아래쪽 1.5㎝ 되는 곳에서 목질부가 약간 붙을 정도로 갈을 이용히어 접눈을 떼어낸다. 대목은 지상 5~10㎝ 정도 되는 곳에 길이 2.5㎝의 T자형이 되게 칼로 자르고 껍질을 벌려 접눈을 넣은 후 접목용 테이프로 감는다. 눈접 방법에는 여러 가지가 있으나 T자형 눈접과 깎기 눈접이 가장 많이 이용된다.

⑤ **접목 후의 관리**

접목을 하고 나면 대목에서 많은 맹아가 발생한다. 접수에서 나오는 눈만을 남기고 대목에서 발생되는 맹아는 모두 따준다. 접목 후 2개월 정도 경과한 후에는 접목부에 감아 놓았던 접목테이프를 제거한다. 접목 부위는 매우 연약하므로 접목된 곳이 부러지지 않도록 주의한다.

▊4 정원수 식재기술

표II-3-13. 식재작업 흐름도

식재란 나무를 심는 것을 말하며 굴취, 운반, 수목앉히기, 흙채우기, 관수, 지주목 세우기 등 수목의 활착 및 생육에 필요한 모든 작업을 포함한다. 식재는 살아 있는 수목을 대상으로 하는 작업으로 수목의 생태적 조건, 즉 온도, 광선, 수분 요건 등을 충족시켜 주어야 한다. 식재작업의 순서는 다음과 같다.

1) 수목의 식재시기

수목의 식재 시기는 지역과 수종에 따라 약간의 차이가 있으나 새잎이 나기 전 이른 봄이나 생장이 정지된 가을이 가장 좋다. 봄에 식재를 하면 식재 후 발아와 발육이 빠르므로 곧 생장을 하는 장점이 있으나, 식재 시기가 늦어지면 나무가 이미 생장을 시작해 고사하기 쉽다. 가을에 식재하면 수분 스트레스를 적게 받고, 주위의 흙과 뿌리가 완전히 결합하여 이듬해 수목이 빨리 생장할 수 있으나, 내한성이 약한 나무는 동해를 입기 쉽다. 뿌리돌림을 미리 해 둔 나무나 컨테이너 재배를 한 나무는 연중 식재가 가능하다.

표Ⅱ-3-14. 지역별 식재적기

구분	지역	식재적기
중북부 지역	경기 북부, 강원	3월 20일 ~ 5월 25일 9월 25일 ~ 11월 20일
중부 지역	경기 남부, 서울, 인천, 충북, 충남 북부, 경북 북부	3월 10일 ~ 5월 20일 10월 1일 ~ 11월 30일
남부지역	동해안, 충남 남부, 대전, 전북, 전남, 광주, 경북 남부, 대구, 경남, 울산	3월 1일 ~ 5월 15일 10월 5일 ~ 12월 10일
남해안 지역	전남 및 경남의 해안, 부산 및 도서지구	2월 20일 ~ 5월 10일 10월 10일 ~ 12월 20일
제주 지역	제주	2월 10일 ~ 5월 5일 10월 20일 ~ 1월 10일

자료 : 조경공사표준시방서(2008), p109.

5 주요 정원수 재배기술

1) 소나무

- 학명 : *Pinus densiflora*
- 원산지 : 한국, 일본, 중국
- 분포 : 전국 각처에서 자람

① 생태적 특성　상록침엽교목으로 수형은 원뿔형이며, 수고 35m, 직경 1.8m까지 자란다. 줄기는 직간으로 가지는 퍼지고, 수피의 윗부분은 적갈색이며 밑부분은 흑갈색이다. 잎은 나선형으로 어긋나고 침엽은 2개씩 속생하며, 길이 8~9cm, 너비 1.5mm이다. 꽃은 자웅동주 단성화이며, 4~5월에 암꽃은 새 가지 끝에서 난형으로 달리고 길이가 1cm이다. 수꽃은 다른 새 가지의 밑부분에 1개씩 착생한다. 열매는 구과로 난형이며, 길이 4.5cm, 너비 3cm에 황갈색이고, 실편은 70~100개이다. 종자는 타원형으로 길이 5~6mm, 너비 3mm이다.

② 종자
- 종자채종 : 9월 중순 이후
- 종자저장 : 저온창고 2℃ 보관, 종자 소독약 혼합 보관
- 발아처리 : 파종 1일 전 다찌가렌약과 혼합하여 물에 침수

③ 파종
- 파종일자 : 3월 중순경
- 파종방법: 흩어뿌림
- 온도, 습도 : 25℃, 90%
- 시비 : NK비료, 규산질, 유황, 아미노산 함량이 많은 비료
- 발아소요기간 : 25일
- 발아율 : 85%

④ 접목
- 접목일자 : 3월 하순경
- 접목방법 : 대목은 곰솔 2년생 묘목이 좋으며, 접수는 대목보다 가는 신초부의 줄기를 잘라 할접

⑤ 정식
- 제초 : 상시 제초
- 전정 : 도장지 제거
- 동계관리 : 월동에 강한 식물, -15℃까지

⑥ **병충해**   – 병충해 : 송충이, 솔잎흑파리, 소나무재선충

– 방제법 : 마라치온유제, BHC분재, 스미치온 살포

⑦ **유통**   – 출하규격 : 실생 1년, 실생 2년

– 포장방식 : 1단 20주

– 유통경로 : 도 · 소매업, 정원수 재배 실소유자

– 유통단가 : 실생 1년 @200, 실생 2년 @600

소나무 수형

소나무 이용사례

그림Ⅱ-3-22. 소나무

2) 산딸나무

- 학명 : *Cornus kousa*
- 원산지 : 한국, 중국, 일본
- 분포 : 전국 각처에서 자람

① **생태적 특성**　낙엽활엽교목으로 평정형이며, 수고 10~15m, 직경 50cm까지 자란다. 줄기는 직립하고 수피는 인평상으로 껍질이 벗겨져 평활하고 자갈색이다. 잎은 대생하며, 난상 타원형 또는 난형, 원형이고 점첨두 예저로 길이 5~12cm, 폭 3.5~7cm이다. 잎의 표면은 녹색으로 잔 복모가 있고 뒷면은 회녹색의 복모가 밀생한다. 꽃은 자웅동주로 양성화이며 6~7월에 피고, 화서는 소지 끝에 20~30개가 두상으로 달린다. 열매는 취과로 둥글고 지름 1.5~2.5cm이며, 종자는 타원형으로 길이 4~6mm이다.

② **생육상토**　고온 건조한 토양은 부적합하며, 토심이 깊고 적습하고 비옥한 토양에서 생육이 좋다.

③ **종자**
　- 종자채종 : 9월 말~10월
　- 종자저장 : 노천매장(2년 발아)
　- 발아처리: 원칙은 2년 발아이지만 종자를 채취하여 과육을 제거 후 반그늘에 약 5일간 말린 다음 즉시 노천매장하여 파종하면 1년 발아됨

④ **파종**
　- 종자채종 후 11월 또는 노천매장한 종자 3월 중순경
　- 파종방법 : 1.2m 두둑지어 흩어뿌림
　- 온도, 습도 : 25℃, 90%
　- 시비 : 복합비료 = 21-17-17, 7월 초 NK비료
　- 발아소요기간 : 30~40일
　- 발아율 : 95%, 6월 초순

⑤ **정식**
　- 제초 : 수시
　- 전정 : 도장지 제거

⑥ **병충해**   – 병충해 : 모잘록병

– 방제법 : 다찌가렌, 푸리엠 살포, 살충제 및 다이센엠 45 살균제 혼용 살포

⑦ **유통**   – 출하규격 : 실생 1년 H0.5, 실생 2년 H1.0

– 포장방식 : 1단 20주

– 유통경로 : 조경업자 및 도소매업자, 정원수 실재배농가

– 유통단가 : 실생 1년 @400, 실생 2년 @800～1000

산딸나무 꽃

산딸나무 열매

그림Ⅱ-3-23. 산딸나무

3) 단풍나무

- 학명 : *Acer palmatum*

- 원산지 : 동아시아, 북아메리카, 유럽

- 분포 : 전국 각처에서 자람

| ① 생태적 특성 | 낙엽활엽교목으로 평원형이며, 수고 15m, 직경 80~100㎝까지 자란다. 줄기는 직립하며, 밑에서 갈라진 줄기가 있을 수 있다. 수피는 회갈색으로 평활하며, 소지는 대생이며 털이 없고 적갈색이다. 잎은 손바닥 모양으로 5~7개로 깊게 갈라진다. 꽃은 자웅동주 양성화 또는 잡성화로 4~5월에 홍색꽃이 핀다. 열매는 사과로 길이 2~2.5㎝ 정도로 털이 없으며, 9~10월에 자홍색에서 황색으로 익고 날개는 1㎝ 내외이다. |

| ② 생육상토 | 건조하고 척박한 토양은 적합하지 않으며, 적습하고 비옥한 토양에서 생육이 좋다. |

| ③ 종자 | – 종자채종 : 10월
– 종자저장 : 노천매장
– 발아처리 : 종자의 날개를 제거하여 1일간 물에 침수 후 노천매장 |

| ④ 파종 | – 파종일자 : 가을파종 11월 / 봄파종 3월 중순
– 파종방법 : 1.2m 두둑지어 흩어뿌림
– 온도, 습도 : 25℃, 90%
– 시비 : 복합비료 = 21–17–17, NK비료
– 발아소요기간 : 30~40일
– 발아율 : 70% |

| ⑤ 정식 | – 제초 : 수시
– 전정 : 도장지 제거 |

| ⑥ 병충해 | – 병충해 : 흰가루병, 갈색점무늬병
– 방제법 : 다이센 또는 4–4식 보르도액을 살포 |

⑦ **유통**
- 출하규격 : 실생 1년 H0.5상~0.8, 실생 2년 H0.8~1.3
- 포장방식 : 1단 20주
- 유통경로 : 도소매업자, 조경수 생산 실소유자
- 유통단가 : 실생 1년 @500, 실생 2년 @1000~1500

단풍나무 이용사례

단풍나무 수형

단풍나무 낙엽

그림Ⅱ-3-24. 단풍나무

4) 살구나무

• 학명 : *Prunus armeniaca*

• 원산지 : 한국

• 분포 : 전국 각처에서 자람

① 생태적 특성

낙엽활엽교목으로 원정형이며, 수고 5~10m, 직경 20~50cm까지 자란다. 줄기는 직립하고 산형이며, 가지가 발달하고 수피는 자갈색이다. 잎은 호생하고 난형 또는 광타원형으로 길이 5~9cm, 폭 4~8cm이다. 잎은 점첨두이고 설저 또는 원저이며, 잎의 양면에는 털이 없고 단거치가 있다. 꽃은 양성화이며 연분홍색 또는 백색의 꽃이 4월에 잎보다 먼저 핀다. 꽃의 지름은 2.5~3.5cm이고 거의 대가 없다. 열매는 황색 또는 황백색으로 단모가 있거나 없다.

② 종자

– 종자채종 : 6월 말~7월
– 종자저장 : 노천매장
– 발아처리 : 과육을 제거한 후 직파 또는 노천매장

③ 파종

– 가을파종은 7월 노천매장하였다가 10~11월 파종
– 봄파종은 3월 파종 후 볏짚 또는 차광망 설치
– 파종방법 : 점파
– 온도, 습도 : 25℃, 90%
– 시비 : 복합비료 = 21-17-17, NK비료
– 발아소요기간 : 25~30일
– 발아율 : 80%

④ 정식

– 제초 : 수시
– 전정 : 도장지 제거

⑤ 병충해

– 병충해 : 검은별무늬병
– 방제법 : 석회유황합제를 살포

⑥ **유통**   – 출하규격 : 실생 1년 H1.0, 접목 1년 H1.2상
         – 유통경로 : 도소매업자, 정원수 생산 실소유자
         – 유통단가 : 실생 1년 @1,000, 접목 1년 @3,000

살구나무 수형

살구나무 꽃   살구나무 열매

그림Ⅱ-3-25. 살구나무

5) 매실나무

- 학명 : *Prunus mume*
- 원산지 : 중국
- 분포 : 남쪽지방에서 흔히 식재함

① 생태적 특성	낙엽활엽교목으로 원정형이며, 수고 10m, 직경 20~50cm까지 자란다. 잎은 호생하고 난형 또는 광타원형으로 길이 4~10cm, 폭 2~5cm로 원저이고 장첨두이다. 잎의 양면에는 잔털이 있거나 가장자리에 잔거치가 있다. 꽃은 자웅동주로 양성화이며, 2~3월에 지름 2~2.5cm의 백색 또는 분홍색의 꽃이 핀다. 열매는 핵과로 둥글며 지름 2~3cm이고 짧은 유모가 있으며, 6~7월에 황색으로 익는다. 종자는 난원형이며 지름 2cm 정도이다.
② 생육상토	내염성 및 내한성이 약하며, 양지바르고 토심이 깊은 사질양토에서 생육이 좋다.
③ 종자	– 종자채종 : 6월 – 종자저장 : 노천매장 – 발아처리 : 과육을 제거한 후 점파 또는 노천매장
④ 파종	– 파종일자 : 7월 직파 – 가을파종은 10월~11월 노천매장하였다가 파종 – 봄파종은 3월 파종 후 볏짚 멀칭 또는 차광망 설치 – 파종방법 : 점파 – 온도, 습도 : 25℃, 90% – 시비 : 복합비료 = 21-17-17 – 발아소요기간 : 봄파종 기준 – 25~30일, 가을파종 – 이듬해 3월 싹이 틈 – 발아율 : 80%
⑤ 정식	– 제초 : 수시 – 전정 : 도장지 제거

⑥ **병충해**   – 병충해 : 발아 시 약간의 모잘록병, 진딧물 발생

– 방제법 : 푸리엠 살포, 살충제 1~2회 살포

⑦ **유통**   – 출하규격 : 실생 1년 또는 접목 1년

– 포장방식 : 1단 10주

– 유통경로 : 도소매업자 및 실재배농가

– 유통단가 : 실생 1년 @1,500, 접목 1년 @4,000

매실나무 수형

매실나무 꽃

매실나무 열매

그림Ⅱ-3-26. 매실나무

6) 마가목

- 학명 : *Sorbus commixta*
- 원산지 : 한국, 일본
- 분포 : 전라남도, 제주도 및 강원

① **생태적 특성**	낙엽활엽교목으로 원정형이며, 수고 7~10m, 직경 30㎝까지 자란다. 줄기는 직립하고 수피는 황갈색이며, 동아에는 털이 없고 점성이 있다. 잎은 호생하고 기수우상복엽이다. 소엽은 9~13개로 장타원형이고 예첨두이며 기부는 예저 또는 둔저이다. 표면은 녹색이고 윤채가 없고 뒷면은 연녹색이며 가장자리에 뾰족한 복거치 또는 단거치가 있다. 꽃은 자웅동주로 양성화이며 5~6월에 지름 8~12㎝의 백색 꽃이 핀다. 열매는 이과로 구형이며 지름 5~8mm로 9~10월에 홍색으로 익는다.
② **생육상토**	배수가 잘되며 보수력이 있는 사질양토 또는 비옥한 토양에서 생육이 좋다.
③ **종자**	– 종자채종 : 9월 말~10월 중순 – 종자저장 : 노천매장(종자를 채종하여 과육을 제거하고 반드시 그늘에서 약 7일 정도 말린 후 저장) – 곰팡이병으로 종자가 썩을 수 있으니 반드시 곰팡이 예방약(스미렉스)을 혼합하여 매장하여야 함 – 발아 억제 및 곰팡이균을 억제시키기 위해 재를 이용하는 것이 좋으며 10L 기준으로 재를 약 1L~1.5L 정도 혼합하는 것이 좋음. 원칙은 2년 발아이지만 종자를 채취하여 과육을 제거 후 노천매장하면 당년 발아함
④ **파종**	– 파종일자 : 노천매장 전 가을파종 또는 노천 매장 후 봄파종으로 분류할 수 있음 – 봄파종 : 6월 이전 파종 시 볏짚 멀칭 또는 차광망을 설치함 – 가을 노천매장 전에 파종하면 종자가 부패하는 것을 미연에 방지할 수 있음. 소립종자라 부패 우려가 크므로 관리가 매우 중요함 – 파종방법 : 흩어뿌림 – 온도, 습도 : 25℃, 90%

　　　　　　　　　　－ 시비 : 복합비료 = 21-17-17, 6월 말까지 살포.
　　　　　　　　　　　　7월 말에 마지막으로 살포시 인산, 칼륨 성분 함량이 많은 것. NK비료를
　　　　　　　　　　　　살포하는 것이 좋음
　　　　　　　　　　－ 발아소요기간 : 25〜30일
　　　　　　　　　　－ 발아율 : 70%

⑤ **정식**　　　　　－ 제초 : 수시
　　　　　　　　　　－ 전정 : 도장지 제거

⑥ **병충해**　　　　－ 병충해 : 모잘록병, 새순에 진딧물 발생
　　　　　　　　　　－ 방제법 : 프리엠, 다찌가렌 등 살충제 1〜2회 살포

⑦ **유통**　　　　　－ 출하규격 : 실생 1년 30〜50㎝, 실생 2년 80〜120㎝
　　　　　　　　　　－ 포장방식 : 1단 20주
　　　　　　　　　　－ 유통경로 : 도 · 소매업, 정원수 재배 실소유자
　　　　　　　　　　－ 유통단가 : 실생 1년 @700, 실생 2년 @1,500

마가목 수형　　　　　　　　　　　　마가목 열매

그림Ⅱ-3-27. 마가목

7) 산사나무

- 학명 : *Crataegus pinnatifida*
- 원산지 : 한국, 중국(만주, 화북), 일본
- 분포 : 전국 각처에서 자람

① **생태적 특성** 낙엽활엽교목으로 원정형이며, 수고 6m, 직경 10㎝까지 자란다. 줄기는 직립하고 큰 가지가 발달하며, 수피는 회색이며, 예리한 가시가 있거나 없다. 잎은 호생하며 광난형 또는 능상 난형이며, 길이 5~10㎝, 폭 4~7.5㎝로 밑 부분의 열편은 중륵까지 갈라지며, 표면은 짙은 녹색으로 빛이 나고, 가장자리에 뾰족한 거치가 있다. 꽃은 양성화이며 산방화서가 지름 5~8㎝로 달리며 5월에 백색으로 핀다. 열매는 이과로 둥글며 지름 1~1.5㎝로 짙은 홍색으로 익는다.

② **생육상토** 비옥하고 토심이 깊은 토양에서 생육이 좋다.

③ **종자**
- 종자채종 : 10월
- 종자저장 : 노천매장
- 발아처리 : 과육 제거하여 약 4~5일 그늘에 말린 후 노천매장

④ **파종**
- 파종일자 : 10월 말~11월 초, 3월 중순
- 파종방법 : 1.2m 두둑지어 흩어뿌림
- 온도, 습도 : 23~26℃, 70%
- 관수 : 분사호스 및 스프링클러
- 시비 : 5월 초, 중순─ 복합비료 21-17-17, 6월─ NK비료
- 발아소요기간 : 약 40일
- 발아율 : 약 70%

⑤ **정식**
- 제초 : 수시
- 전정 : 도장지 제거

⑥ **병충해**
- 병충해 : 새순 진딧물 발생, 6월 말경 탄저병 발생
- 방제법 : 충사리, 다이센엠 45

⑦ **유통**
- 출하규격 : 실생 1년, 실생 2년
- 포장방식 : 1단 20주
- 유통경로 : 도·소매업, 정원수 재배 실소유자
- 유통단가 : 실생 1년 @500, 실생 2년 @1,000

산사나무 수형

산사나무 꽃

산사나무 열매

그림II-3-28. 산사나무

8) 영산홍

• 학명 : *Rhododendron indicum* SWEET.

• 원산지 : 일본

• 분포 : 남부지방

① **생태적 특성**　반상록관목으로 수형은 평원형이며, 수고 2~3m, 직경 5~10cm까지 자란다. 줄기는 직립하고 밑에서 줄기가 나오며 수피는 회갈색이고 소지는 연한 갈색으로 털이 있다. 잎은 호생 또는 대생하고 길이 5~8cm, 폭 3~3.5cm로 모양은 장타원형 또는 광상 도피침형이며, 표면에 털이 있고 뒷면에는 갈색털이 밀생한다. 꽃은 자웅동주 양성화이며, 3~4월에 지름 6~7cm의 홍자색 꽃이 핀다. 열매는 삭과로 난형이며 길이 8~10mm, 폭 5~6mm 정도이며 털이 있고 9월에 익는다.

② **생육상토**　배수가 잘되는 산성토양과 적윤한 토양에서 생육이 좋다.

③ **종자**　－ 종자채종 : 9월 중순~10월 초순
　　　　　－ 종자저장 : 저온창고 2℃에 보관
　　　　　－ 발아처리 : 파종 하루 전 물에 침수

④ **파종**　－ 파종일자 : 3월 중순
　　　　　－ 파종방법 : 1.2m 두둑에 마사토 또는 피트모스를 깔고 무균토에 흩어뿌림, 미세종자라 병해충 발생 심함, 습도 유지를 위해 소형 비닐터널과 차광망을 설치
　　　　　－ 온도, 습도 : 25℃, 90%
　　　　　－ 시비 : 2~3회 다이센엠 45 살균제와 나르겐 영양제 혼용
　　　　　－ 발아소요기간 : 30일, 발아 시 습도가 항상 유지되어야 함
　　　　　－ 발아율 : 60%

⑤ **정식**　－ 제초 : 수시
　　　　　－ 전정 : 도장지 제거

⑥ **병충해**　　　－ 병충해 : 모잘록병 발생

　　　　　　　　－ 방제법 : 5월 중순 다찌가렌, 다이센엠 45 살포, 7월 초~중순 석회보르
　　　　　　　　　도액 살포

⑦ **유통**　　　　－ 출하규격 : 실생 1년

　　　　　　　　－ 포장방식 : 1단 100주

　　　　　　　　－ 유통경로 : 도ㆍ소매업, 정원수 재배 실소유자

　　　　　　　　－ 유통단가 : 실생 1년 @100, 실생 2년 @200, H0.3×W0.3 @1,500

영산홍 꽃

영산홍 잎

그림Ⅱ-3-29. 영산홍

9) 낙상홍

- 학명 : *Ilex serrata*
- 원산지 : 일본
- 분포 : 전국 각처에서 자람

| ① 생태적 특성 | 낙엽활엽관목으로 수형은 원형이며, 수고 2~5m, 직경 5~10cm까지 자란다. 줄기는 가늘고 털이 있으며, 밑에서 많은 줄기가 올라와서 큰 포기를 이루고 수피는 회갈색이며 평활하다. 잎은 호생하고 길이 3~8cm, 폭 2~4cm이다. 잎의 모양은 장타원형 또는 난상 타원형이며 표면에 털이 다소 있고 뒷면에는 털이 많이 있다. 꽃은 자웅이주이며 5~6월에 액생(잎이 붙어 있는 자리에서 꽃이 피는 것)하고 지름 3~4mm의 담홍색 꽃이 핀다. 열매는 복핵과로 구형이며 적색으로 익는다. |

| ② 생육상토 | 적습하고 비옥한 토양에서 생육이 좋다. |

| ③ 종자 | – 종자채종 : 10월 말~11월
– 종자저장 : 노천매장
– 발아처리 : 과육을 제거하여 그늘에 약 4~5일 말린 다음 노천매장, 종자가 가늘기 때문에 모래 함량을 많이 하는 것이 유리 |

| ④ 파종 | – 파종일자 : 이듬해 가을파종 11월, 봄파종 3월 중순
– 파종방법 : 1.2m 두둑지어 흩어뿌림, 종자가 가늘기 때문에 매장하였던 모래와 함께 뿌림
– 온도, 습도 : 25℃, 80%
– 시비 : NK비료
– 발아소요기간 : 가을파종 시 약 20일, 봄파종 시 25일
– 발아율 : 약 70% |

| ⑤ 정식 | – 제초 : 수시
– 전정 : 도장지 제거 |

⑥ **병충해**　　　－ 병충해 : 발아 시 모잘록병, 새잎에 진딧물, 7월 흰불나방
　　　　　　　　　－ 방제법 : 살균제 살포

⑦ **유통**　　　　－ 출하규격 : 실생1년
　　　　　　　　　－ 포장방식 : 1단 50주
　　　　　　　　　－ 유통경로 : 도 · 소매업, 정원수 재배 실소유자
　　　　　　　　　－ 유통단가 : 실생 1년 @150, H1.0×분 @2,000, H1.2×분 @2,500

그림Ⅱ-3-30. 낙상홍

10) 남천

- 학명 : *Nandina domestica*
- 원산지 : 한국, 일본
- 분포 : 전남 및 경남 이남

① **생태적 특성**	상록활엽관목으로 수형은 총생 피복형이며, 수고 2~3m, 직경 2~3cm까지 자란다. 줄기는 직립하고 수피는 흙갈색으로 얕은 골이 있다. 잎은 호생하고 기수우상 복엽으로 길이 30~50cm이다. 소엽은 대생하고 타원상 피침형이며, 점첨두이고 길이 3~10cm로 엽면은 짙은 녹색으로 가을이 되면 빨갛게 변한다. 꽃은 자웅동주로 양성화이고 6~7월에 피며, 원추화서가 있고 정생하며 길이 20~35cm이다. 열매는 붉은색이며 장과로 지름 8~9mm이다.
② **생육상토**	산성토양을 피하고 부식질이 많은 사질양토에서 생육이 좋다.
③ **종자**	– 종자채종 : 10월 중순~11월 말 – 종자저장 : 노천매장 – 발아처리 : 과육을 제거한 후 노천매장
④ **파종**	– 파종일자 : 3월 중순 또는 8월 초순 – 파종방법 : 흩어뿌림 – 온도, 습도 : 25℃, 90% – 시비 : 부산물 퇴비, 화학비료 사용금지, 겨울철 동해 방지를 위함 – 발아소요기간 : 3월 파종 시 9월 발아, 8월 초 파종 시 9월 발아(약 40일) – 발아율 : 70%
⑤ **정식**	– 제초 : 수시 – 전정 : 도장지 제거
⑥ **병충해**	– 병충해 : 모잘록병 – 방제법 : 다찌가렌 살포
⑦ **유통**	– 출하규격 : 실생 1년, 실생 2년 – 포장방식 : 1단 50주

남천 열매

남천 이용사례

그림Ⅱ-3-31. 남천

도시농업 길라잡이

도시농업 현장활용

1. 도시농업 활동 및 프로그램
2. 도시농업 리더십

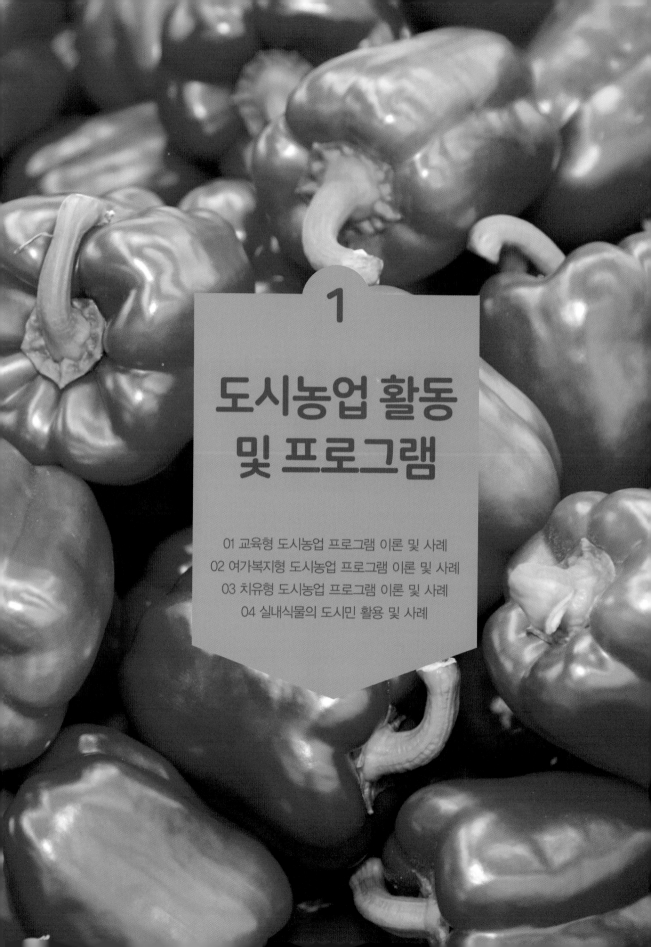

1

도시농업 활동
및 프로그램

01

교육형 도시농업
프로그램 이론 및 사례

정순진

1 학교 교육형 도시농업의 현황

1) 학교 교육형 도시농업의 개념

'학교 교육형 도시농업'은 「도시농업의 육성 및 지원에 관한 법률(제8조 제1항 제5호)」에서 학생들의 학습과 체험을 목적으로 학교의 토지나 건축물을 활용한 도시농업이라고 정의하고 있다.

'학교 텃밭정원'이란 학교 내 또는 학교 인근에 용기나 노지(땅)를 활용하여 정원을 만들고, 학생들이 직접 식물을 가꾸고 수확하는 과정을 통해 먹거리와 자연순환의 이해를 높이고 신체적, 정신적 건강과 함께 생명과 자연에 대한 감수성을 되살려 나갈 수 있도록 교육적 프로그램을 도입한 공간을 말한다. 최근 여가와 휴식, 쾌적한 환경을 조성하는 공간으로 도시의 녹색공간을 늘리려는 노력이 많다. 특히 학교부지를 활용한 체험학습용 텃밭교육을 통해 학생들의 정서를 함양하고 학습을 도울 수 있는 다양한 원예프로그램의 중요성도 이와 함께 증가하고 있다.

2) 학교 텃밭정원의 효과와 필요성

학교 텃밭정원은 어린이를 위한 여가공간이며, 자연학습장과 창조적 인성교육장 역할을 하는 학습공간이고, 공원녹지 역할을 하는 자연공간이다. 또한, 놀 곳이 부족한 도시 어린이에게 놀고, 일하며, 배우고, 생각하는 복합여가의 장소이다.

표 Ⅲ-1-1. 학교 텃밭정원의 목적에 따른 유형 구분

대유형	중유형	세부적인 효과
교육적 측면	인지적 효과	• 학업성취도 향상 • 건강과 영양 • 환경감수성 증가
	정서적 효과	• 자신감과 자긍심 • 정신적 건강 증진
	신체적 효과	• 건강증진 • 다이어트 효과 • 편식개선(채소) 효과 • 부모의 지식, 태도, 행동 변화 • 교사의 지식, 태도 변화
사회적 측면	사회적 효과	• 협동심 증가 • 커뮤니티 연계, 공동체의 회복 • 부모의 스쿨팜 참여 • 스쿨팜 커뮤니티 활성화(NGO)
환경적 측면	환경적 효과	• 자연환경 보존 • 학교 실내·외 공기정화 등 환경조절 효과 • 도시 열섬현상 완화 • 학교 경관 미화 • 생물종 다양성 회복
경제적 측면	경제적 효과	• 신규 일자리 창출 및 인재양성 • 도농교류를 통한 도시와 농촌의 균형적 발전

❖ 학생들에게 직접경험 환경 제공하기
❖ 정원 가꾸기 참여를 통한 교과과정의 질 향상하기
❖ 학생들이 신선한 채소를 기르고 먹을 기회 제공하기
❖ 아무것도 없던 곳에 학교 기반 생태계 조성하기
❖ 해를 거듭하며 자생할 수 있는 프로그램 개발하기
❖ 교정을 더욱 매력적이고 환영받는 곳으로 만들기
❖ 각 학교의 특별한 목적 정하기

출처 : 초등학교 내 체험학습용 학교정원 매뉴얼(서울특별시, 2013)

자연학습장으로서의 학교 텃밭정원은 교실에서 배우는 환경교육의 성과를 더욱 높이는 데 기여할 수 있고, 창조적 인성교육장으로서의 학교 텃밭정원에서 어린이들은 사람과 자연을 존중하고 배려하는 태도를 키울 수 있다. 미래는 과학기술분야 인재에게 지식뿐만 아니라 상상력, 인간의 감성까지 아우를 수 있는 균형 감각 등 혁신이 요구되는 시대이며, 이러한 소양을 길러 주기 위해 교육부는 현대사회에서 필요로 하는 인력양성의 목적을 실생활에서 문제를 발견하고 스스로 해결할 수 있는 융합인재교육STEAM의 인재를 양성하기 위해 노력한다.

학교 텃밭정원에서의 교육은 학문적 기술, 개인적 발달, 사회적 발달, 도덕 발달, 직업적 혹은 생존 기술, 삶의 기술들을 포함하는 기초 교육의 모든 측면과 연계할 수 있다.

학교 텃밭정원은 교육적 측면, 사회적 측면, 환경ㆍ생태적 측면, 경제적 측면 4가지 측면의 유형에 따라 효과를 나타낼 수 있다.

3) 학교 교육형(30㎡ 이상) 도시농업의 현황

농림축산식품부 도시농업 관련 현황조사(2018)에 의한 학교 교육형 현황 자료를 살펴보면, 다른 도시농업 유형에 비해 참여자 수의 비중이 가장 많은 것을 알 수 있다.

표 Ⅲ-1-2. 도시농업 관련 현황조사

구분	합계	주택 활용형	근린 생활권형	농장형, 공장형	도심형	기타	학교 교육형 (30㎡ 이상)
텃밭 수(개소)	99,808	69,926	3,584	417	1,319	20,049	4,513
(비율, %)	(100)	(70.0)	(3.6)	(0.4)	(1.3)	(20.0)	(4.5)
텃밭 면적(ha)	1,300	118	459	258	15	336	112
(비율, %)	(100)	(9.1)	(35.3)	(19.8)	(1.2)	(25.8)	(8.6)
참여자 수(천 명)	2,120	295	464	293	48	269	749
(비율, %)	(100)	(13.9)	(21.9)	(13.8)	(2.2)	(12.7)	(35.3)

지역별 분포를 보면 서울, 경기도, 광주광역시, 부산광역시 순으로 텃밭 수와 참여자 수가 많았다.

표 Ⅲ-1-3. 학교 텃밭정원의 지역별 분포

시·도	텃밭 수	텃밭면적(㎡)	참여자수
합계	4,428	1,128,908	737,128
서울	1,445	192,064	384,377
부산	243	47,672	35,209
대구	137	56,193	24,824
인천	123	4,780	12,106
광주	159	14,257	39,830
대전	131	26,690	23,801
울산	93	49,541	24,231
세종	37	6,940	6,500
경기	1,109	277,100	88,731
강원	199	104,198	11,028
충북	113	41,994	8,029
충남	164	38,176	16,860

전북	58	8,758	6,173
전남	81	13,453	6,297
경북	125	168,443	13,786
경남	185	68,675	30,224
제주	26	9,974	5,122

* 법 제8조제1항제5호 : 학생들의 학습과 체험을 목적으로 학교의 토지나 건축물을 활용한 도시농업

4) 학교 텃밭정원의 구성 요소

① 모임 및 교육 구역

교육적 목적을 가진 학교 텃밭정원은 한 학급 전체를 수용할 수 있을 만한 모임 구역이 필요하다. 집합 공간은 벤치, 데크, 맨땅에 돗자리 등 야외에서 학생들이 배회하지 않고 하나의 그룹으로 조직될 수 있는 곳이어야 한다.

② 텃밭정원 식물의 식재 구역

식물을 식재하는 구역의 너비는 120㎝를 넘지 않도록 하여 양쪽에서 작업할 수 있도록 한다. 폭이 120㎝를 넘는 경우, 화단의 중심을 밟는 경우가 생겨 화단의 흙이 눌릴 수 있으니 주의한다.

③ 통로 구역

식물의 식재구역 사이로 다닐 수 있는 통로가 있어야 한다. 한 학급의 학생들을 기준으로 힘들이지 않고 정원 공간을 돌아다닐 수 있고, 손수레 등을 옮길 수 있을 정도의 폭이 필요한데, 최소 80㎝ 이상의 간격을 확보하는 것이 좋다.

④ 퇴비시설

퇴비시설은 생태순환에 매우 바람직한 시설이다. 정원이나 텃논에서 나온 부산물 또는 음

식물 찌꺼기를 발효시켜 정원에 재사용함으로써 쓰레기로 버려지는 것을 최소화할 수 있기 때문이다.

⑤ 쓰레기 처리용 시설

학생들 스스로 본인의 쓰레기를 버릴 수 있도록, 학교 텃밭정원의 곳곳에 쓰레기통을 배치하는 것이 좋다.

⑥ 창고(도구 보관함, 저장용)

정원 활동을 하기 위해서는 다양한 크기의 장갑, 삽, 물뿌리개, 모종삽, 호미가 필요하며, 그 외에도 가는 톱, 전정용 톱, 전지가위, 관수용 릴 호스(정원의 어느 곳이나 쉽게 도달할 수 있는 호스), 쇠갈퀴 등이 있다. 도구의 개수는 한 학급의 학생들을 기준으로 함께 작업할 수 있을 만큼의 개수(그룹별 1개 정도)를 갖추면 좋고, 이러한 도구를 보관할 수 있는 창고는 필수적으로 있어야 한다. 또한, 이 창고의 위치는 이용자가 자주 이용 및 관리할 수 있도록 정원의 앞쪽에 있는 것이 좋다. 원예용 도구가 부적당하게 사용되지 않고 안전하게 사용될 수 있도록 교사는 창고에 잠금장치를 설치해야 한다.

⑦ 우수(빗물) 이용시설

빗물을 이용하는 시설을 갖추어 정원에 활용한다. 비교적 용량이 큰 일반 고무통을 준비하고 아래쪽에 수도꼭지를 달아 사용하거나 시중의 빗물 저장통을 설치한다.

⑧ 수도(관수)시설

텃밭정원에는 적절한 수도 호스나 옥외 수도꼭지가 있어야 한다. 호스를 먼 거리까지 끌고 다니는 것은 비효율적이므로 정원 주변의 여러 곳에 갖추는 것이 좋다. 학생들의 물주기 활동을 위해서는 한 개의 호스보다는 여러 개의 물뿌리개를 준비하는 것이 바람직하다. 정원의 규모에 따라, 인력이 적으면 효율적인 물 관리를 위해 수동 또는 자동 관수시설(점적관수 또는 스프링클러 등)을 이용하는 것도 고려해 볼 수 있다.

⑨ 울타리

텃밭정원의 둘레에는 울타리가 있어야 한다. 즉, 울타리는 학교 텃밭정원의 영역을 규정하고 안전하게 지켜준다. 울타리의 소재는 나무, 철망 등의 여러 가지가 있고, 소재가 노후화된다면, 유지보수가 필요하다. 학교 텃밭정원의 테두리 경계부분에 30㎝ 정도의 화단을 만든 후 울타리용 식물을 심을 수도 있다.

⑩ 정원 팻말, 안내판, 식물 이름표

정원의 팻말, 표지판은 공간구성, 식재식물에 대한 정보를 알려주는 안내판이 될 수 있다. 표지판은 간단하고, 명확한 문구와 이미지를 표시하고 학교나 정원을 대표할 수 있는 그림 또는 로고를 학생들이 직접 디자인해 볼 수 있다. 정원에 심기는 여러 가지 식물의 이름 또한 식물 이름표를 달아 표시할 수 있다.

⑪ 온실 또는 저온저장고

온실 또는 저온저장고는 모종의 환경을 제어하기도 하고, 모종을 보호할 수 있는 장소로 활용할 수 있다. 이러한 보조적인 시설은 식물의 자라는 시기를 확장하는 것을 도울 수 있다.

2 교육형 도시농업 프로그램을 운영을 위한 공간 조성 및 식재

1) 학교 텃밭정원의 구성요소별 배치 계획

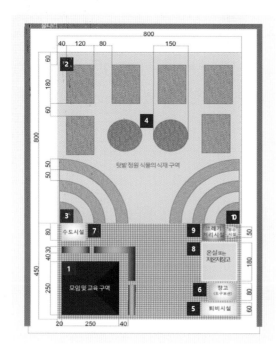

1. 모임 및 교육 구역
2. 교실 수업을 위한 베드 또는 식재 구역
3. 공동체 재배 구역
4. 특별한 프로젝트 수행 구역
5. 퇴비 시설
6. 창고(도구 보관함)
7. 싱크대(씻을 수 있는 공간)
8. 온실 또는 저온저장고
9. 쓰레기통
10. 우수시설

그림 III-1-1. 30평 규모 학교 텃밭정원의 배치도 예시

2) 학교텃밭 식재 구역 구획 나누기

정원을 일정하게 구획하기 위해서는 노끈과 같은 줄을 이용하면 편리하다. 줄을 정원 끝에서 끝까지 길게 띄우고 그 줄을 따라 흙을 옆으로 파내면 된다. 이때 식물을 심는 정원의 폭을 1m로 하는 것이 좋다. 그 이유는 정원 안으로 들어가지 않고 양쪽 통로에서 식물을 관리할 수 있기 때문이다. 반면에 정원의 길이는 통행에 불편하지 않은 범위나 운영의 취지에 맞게 결정하면 된다.

① **올림화단** ^{raised bed} **과 땅바닥** ^{in-ground} **화단의 비교**

㉮ 정원 틀 경계가 있는 올림화단

올림화단이란 식물을 심는 공간 주변에 목재나 벽돌과 같은 소재로 울타리를 만들고 새롭게 구매한 토양으로 그 공간을 채우는 정원을 말하며, 도시농업이 발달한 유럽에서 많이 사용되고 있다. 올림화단은 비나 바람으로 말미암은 양질의 흙이 소실되지 않게 하며, 식물을 관리하거나 미적인 측면에서도 일반적인 노지정원에 비해 여러 가지 장점이 있다.

그림 Ⅲ-1-2. 정원 틀 경계가 있는 올림화단

㉯ 정원 틀 경계가 없는 올림화단

정원 틀 경계가 없는 노지화단은 기존에 존재하는 토양에 일부분의 토양 개량 후 두둑과 고랑을 만들고, 원하는 정원 디자인에 맞추어 공간을 구획한다. 방사선형 구획과 직사각형 구획 등이 있다.

3) 팜투테이블 연계 가능한 작물 목록 선정 및 특성 파악

식물명	이미지	이용 부위 색깔	난이도	높이	너비	재식 간격	발아 일수	파종 수확	모종 수확	개화
잎들깨		Green	중	100	30	20×10	4~5일	〈봄〉 파종 4하~6하 수확 7상~9하	〈봄〉 모종 5상~7상 수확 6상~9하	9중~9하
수레 국화		꽃 (Blue Pink)	하	50	30	20×20	7~10일	파종 10상~10중 수확 5중~7중	모종 3하~4중 수확 5중~7중	5중~7중
금잔화		꽃 (Orange, Yellow)	중	30	30	20×20	7~10일	파종 10상~10중 수확 5중~7중	모종 3하~4중 수확 5중~7중	4중~6하
한련화		꽃 (Orange, Yellow)	하	30	50	20×20	7~10일	파종 3하~4중 수확 6중~9중	모종 4상~4하 수확 7중~9중 (꽃수확)	7상~9하
채심		꽃 (Yellow) 잎 (Green)	중	50	10	20×20	3~4일	〈봄·가을〉 파종 4중~9상 수확 5하~11중	모종 4중~9초 수확 5하~11중	5하~11중
애플 민트		잎 (Green)	하	30	30	30×20	5~7일	4중	모종 4상~4중 수확 5중~11중	6중~9하
스피아 민트		잎 (Green)	하	30	30	30×20	5~7일	4중~9초 5초~11중	모종 4상~4중 수확 5중~11중	6중~9하
라벤더		꽃(Pink) 잎 (Green)	중	40	30	20×20	5~7일	−	모종 4상~4중 수확 5중~11중	6중~9하
바질		꽃,잎 (Green, Purple)	중	30	30	20×20	7~10일	파종 3하~4중 수확 5중~11중	모종 4상~4중 수확 5중~11중	7중~9하
캐모 마일		꽃 (White, Yellow) 잎 (Green)	중	40	30	20×20	7~10일	파종 3하~4중 수확 5중~7상	모종 4상~4중 수확 5중~7상	5중~7상
적치마 상추 (잎상추)		Red	하	20	20	20×20	5~7일	〈봄〉 파종 4중~5중 수확 6중~7중 〈가을〉 파종 8하~9중 수확 9하~11중	〈봄〉 모종 4중~5중 수확 5하~7중 〈가을〉 모종 8하~9중 수확 9중~11중	7중

작물	사진	색	광	1	2	간격	발아	재배시기	파종/모종	비고
청치마 상추 (잎상추)		Green	하	20	20	20×20	5~7일	〈봄〉 파종 4중~5중 수확 6중~7중 〈가을〉 파종 8하~9중 수확 9하~11중	〈봄〉 모종 4중~5중 수확 5하~7중 〈가을〉 모종 8하~9중 수확 9하~11중	7중
적로메 인상추 (잎상추)		Red	하	25	20	20×20	5~7일	〈봄〉 파종 4중~5중 수확 6중~7중 〈가을〉 파종 8하~9중 수확 9하~11중	〈봄〉 모종 4중~5중 수확 5하~7중 〈가을〉 모종 8하~9중 수확 9중~11중	7중
적축면 상추 (잎상추)		Red	하	25	20	20×20	5~7일	〈봄〉 파종 4중~5중 수확 6중~7중 〈가을〉 파종 8하~9중 수확 9하~11중	〈봄〉 모종 4중~5중 수확 5하~7중 〈가을〉 모종 8하~9중 수확 9중~11중	7중
적오크 상추 (잎상추)		Red	하	30	20	20×20	5~7일	〈봄〉 파종 4중~5중 수확 6중~7중 〈가을〉 파종 8하~9중 수확 9하~11중	〈봄〉 모종 4중~5중 수확 5하~7중 〈가을〉 모종 8하~9중 수확 9중~11중	7중
미니컵 로메인 (결구 상추)		Green	하	20	20	20×20	5~7일	〈봄〉 파종 4중~5상 수확 6중~7상 〈가을〉 파종 8하~9중 수확 10중~11상	〈봄〉 모종 4중~5중 수확 6상~7상 〈가을〉 모종 8하~9중 수확 10상~10하	7상
엔다 이브		Light Green	하	15	20	20×10	5~7일	〈봄〉 파종 4하~7상 수확 6상~10중 〈가을〉 파종 8하~9중 수확 10상~11중	〈봄〉 모종 4중~5중 수확 5중~7중 〈가을〉 모종 8하~9중 수확 10상~10하	7중
쑥갓		Green	하	30	15	15×15	4~5일	〈봄·가을〉 파종 4하~9상 수확 5하~10하	〈봄〉 모종 4중~5중 수확 5중~6하	6하
근대		Green	하	30	20	15×20	5~7일	파종 4상~5하 수확 5하~7하	6초~8말 8중~11초	7중
시금치		Green	하	20	15	15×15	5~7일	〈봄〉 파종 4상~5하 수확 5하~7상 〈가을〉 파종 8하~9중 수확 10상~11상	6초~8말 8중~11초	7상

청경채		Green	중	20	15	15×15	3~4일	〈봄·가을〉 파종 4중~9상 수확 5하~11중	〈봄〉 모종 4중~5중 수확 5하~7중 〈가을〉 모종 8하~9중 수확 10상~11상	7상
다채		Green	중	20	15	15×15	3~4일	〈봄·가을〉 파종 4중~9상 수확 5하~11중	〈봄〉 모종 4중~5중 수확 5하~7중 〈가을〉 모종 8하~9중 수확 10상~11상	7상
적겨 자채		Purple	중	40	15	20×20	3~4일	〈봄〉 파종 4중~5하 수확 6상~7상 〈가을〉 파종 8하~9하 수확 10상~11상	4중~8말 6상~10말	7상
갓		Green	중	40	15	20×10	3~4일	〈봄〉 파종 4중 수확 6중 〈가을〉 파종 8하~9중 수확 10중~11상	–	–
당근		Orange	중	40	15	20×15	7~10일	〈봄〉 파종 4중 수확 7상 〈가을〉 파종 8상 수확 11상	–	–
고구마		Red	하	30	–	60×20	–	파종 (씨) 3상 (순) 4하~6상 수확 9중~10상	–	7중~10중
감자		White	하	50	–	60×20	–	〈봄〉 파종 4중 수확 6하~7중	–	6상
양파		White	하	50		25×25		파종 8중~9중 수확 5하~6하 (다음해)	–	6중
오이		Green	상	150 *지 주대	–	70×30	–	파종 3하~7상 수확 7상~9하	5초	5하
옥수수		Yellow	하	254	–	30×20	–	파종 4중~5하 수확 7상~8하	–	–

애호박	Yellow	중	60	–	60×40	7~10일	파종 4하~5하 수확 7상~10하	–	–
생강	White	하	60	–	60×30	–	파종 4중~5하 수확 10상~11중	–	–
완두콩	Green	중	80	–	75×20	10~18일	파종 3하~4하 수확 5하~6하	–	5상
강낭콩	Red	중	60	–	60×20	3~5일	파종 4중~5상 수확 6중~7중	–	5중
콩 (서리태)	Black	중	120	–	60×20	3~5일	파종 6초~ 중순 수확 9하~11중	–	–
콩 (메주콩)	Yellow	중	120	–	60×20	3~5일	파종 6초~ 중순 수확 9하~11중	–	–

4) 단위식재 구역별 연간 운영할 식물 식재 계획

식물을 선정한 후, 식재 디자인을 위해 다음의 기준을 고려한다.

① 텃밭정원 위치 및 방향을 파악

② 이용 부위별 채소를 구분

③ 수확시기를 기준으로 지속적 수확인지, 일시적 수확인지 구분

③ 식재시기를 고려하여 비슷한 시기의 식물끼리 모아 심어 공간 활용

④ 다 자랐을 때의 크기와 색깔을 고려하여 공간의 방위를 고려하여 배치

⑤ 병충해에 민감한 식물끼리 모아 심기(예 : 배추과)

⑥ 수확하고자 하는 수량을 정한 후 식물 종류별 공간 배치

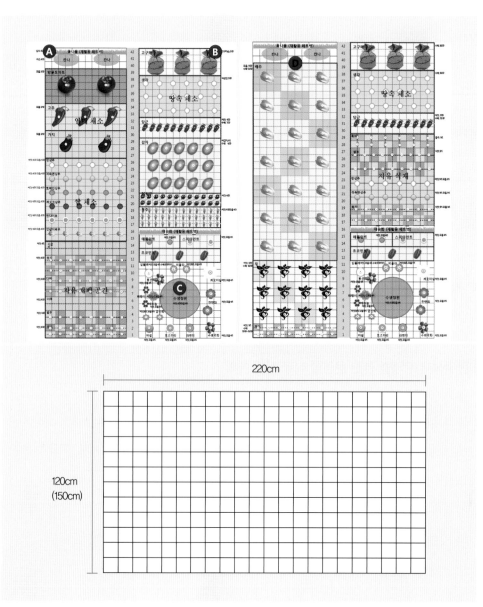

그림 Ⅲ-1-3. 식물 식재 계획

5) 학교 텃밭정원의 지속적인 운영과 관리

좀 더 멋진 학교 텃밭정원을 위해서는 정기적인 유지관리가 필수적으로 요구된다. 정원 가꾸기는 계절활동으로 식물이 성장하는 시기(봄부터 가을까지)에는 정원을 유지, 관리하고 관련된 정원활동 수업을 병행하기에 바쁜 시간이 될 수 있다. 겨울은 다가올 식물이 자라는 시기에 대한 계획을 하는 시간이다. 여름방학은 학교 텃밭정원 관리에 중요한 과제가 될 수 있다. 봄, 가을 학기에 맞춘 재배활동에 초점을 맞추는 방법이나 여름방학 동안 학교의 정원을 활용하고 관리할 수 있는 기관이나 지역과 연계한 확장도 좋은 제안이 될 수 있을 것이다.

표 III-1-4. 텃밭정원 활동 체크리스트

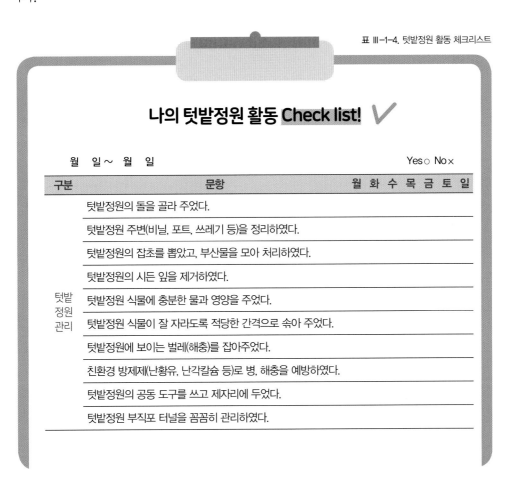

나의 텃밭정원 활동 Check list! ✓

월 일 ~ 월 일   Yes○ No×

구분	문항	월	화	수	목	금	토	일
텃밭정원관리	텃밭정원의 돌을 골라 주었다.							
	텃밭정원 주변(비닐, 포트, 쓰레기 등)을 정리하였다.							
	텃밭정원의 잡초를 뽑았고, 부산물을 모아 처리하였다.							
	텃밭정원의 시든 잎을 제거하였다.							
	텃밭정원 식물에 충분한 물과 영양을 주었다.							
	텃밭정원 식물이 잘 자라도록 적당한 간격으로 솎아 주었다.							
	텃밭정원에 보이는 벌레(해충)를 잡아주었다.							
	친환경 방제제(난황유, 난각칼슘 등)로 병, 해충을 예방하였다.							
	텃밭정원의 공동 도구를 쓰고 제자리에 두었다.							
	텃밭정원 부직포 터널을 꼼꼼히 관리하였다.							

텃밭정원교감		나는 텃밭정원에 들어서며 밝은 목소리로 식물들에 인사하였다.
		나의 텃밭정원 식물들에 "잘 자라주어 고맙다"라고 인사했다.
		나의 텃밭정원 식물이 자라는 과정을 오감으로 관찰하였다. (시각, 미각, 후각, 촉각, 청각)
		나는 '나의 텃밭 일기'를 작성하였다.
		나의 텃밭정원 주변 식물과 곤충에 관심을 두었다.
		이웃은 어떻게 텃밭정원을 가꾸고 있는지 관심을 두었다.
생활습관		평상시 집에서도 신바람 체조 박수를 연습한다.
		1일 3식 신선한 채소 위주의 식사를 많이 먹는다.
		기능성 먹을거리에 대한 관심이 많아졌다.
		칼라가 있는 곡식, 과일, 채소를 고루 섭취하려 노력한다.
텃밭정원활용	① 텃밭정원	가족, 친구를 초대하였다.
		예술(문학, 창작) 활동의 장소로 활용하였다.
	② 수확물	가족, 친구에게 나눠주었다.
		요리로 활용하였다.
	③ 활동	배운 활동을 가족, 친구에게 가르쳐 주었다.
		가족들과 대화의 소재로 삼았다.

3 교육형 도시농업 프로그램의 실제

1) 교과연계 원예통합교육 프로그램

그림 III-1-4. 농사로 학교텃밭

2) 식생활교육 프로그램

패스트푸드에 길들여진 청소년들의 올바른 식습관 개선과 창의적 체험학습을 위해 학교 공간에 텃밭정원 정원을 조성하고자 하는 수요가 많아지고 있다. 특히, 학생들이 직접 기르고 수확한 제철 생산물을 활용해 요리를 만드는 팜투테이블 식생활교육 프로그램에 대한 관심이 높다.

① 팜투테이블 제철레시피 그린셰프

팜투테이블 제철 수확한 작물로 요리하는 「그린셰프 Ⅰ권(봄·여름), Ⅱ권(가을·겨울)」은 계절별 주요 수확물에 대한 요리법을 이야기와 과학적인 원리로 알 수 있도록 하였다.

표 Ⅲ-1-5. 팜투테이블 제철레시피 프로그램 활동 내용

월	제철 음식	제철 작물
1월	날떡국, 텃밭강정	벼, 땅콩, 들깨
2월	물금, 묵은 나물 덮밥	애호박, 고구마, 토란
3월	텃밭콩마요네즈, 새싹김밥, 새싹된장국	브로콜리, 알팔파, 무
4월	새순페스토와 샐러드, 콩탕스프	달래, 갯기름나물, 돌나물
5월	텃밭 쌈밥 쌈장 3종 세트	상추, 청경채, 쑥갓
6월	감자옹심이, 허브감자조림, 감자 샐러드 샌드위치	감자, 로즈마리, 타임
7월	토마토 밥, 가지까스와 가지페이스트	가지, 토마토
8월	오이냉국, 텃밭화채	오이, 수박
9월	삼색피클, 건나물	무, 당근, 셀러리
10월	검정콩조림, 우엉잡채	검정콩, 우엉
11월	김치, 텃밭 배추전	배추, 쪽파, 생강
12월	호박 콩포트, 텃밭 동지 팥죽	늙은호박, 단호박, 팥

그림 Ⅲ-1-5. 팜투테이블 제철레시피

② 팜투테이블 식생활교육 프로그램 그린푸드

팜투테이블 그린푸드^{Green Food} 녹색 식생활교육 프로그램은 학생들이 직접 텃밭정원에서 작물을 기르고 가꾸는 원예활동과 직접 수확한 농산물을 활용하여 요리활동으로 연계한 프로그램이다. 녹색 식생활교육과 음식문화라는 교육적 요소를 포함하여 다음과 같이 교수 활동계획안을 구성할 수 있다. 녹색 식생활교육 내용으로는 나의 식생활 점검, 시농제(기원, 나눔, 감사), 현미와 새싹채소의 영양(탄수화물, 비타민), 음식의 획득(조리, 섭취, 정리), 사람을 살리는 바른 먹거리, 본래의 미각을 찾아주는 음식, 식사습관, 채소의 본연의 맛, 친환경 먹거리, 식품위생과 검사, 저장음식과 발효, 음식, 토마토 관리방법, 삼투압 현상, 첨가조미료, 식품가공법, 식품의 저장법과 원리 등과 연계하여 구성할 수 있고, 음식 문화와 관련해서는 교과 학습내용의 식생활 풍습, 식사예절, 영양과 식이, 식품과 음료, 식단과 상차림, 음료기술, 식품공학과 연계하여 구성할 수 있다.

학교 텃밭정원에서 직접 기르고 수확한 제철 농산물을 활용해 식생활교육을 할 수 있는 '그린푸드 프로그램으로 식물 기르기, 요리, 식생활 교육활동에 융합인재교육^{STEAM; Science, Technology, Engineering, Art, Mathematics}과 연계한 프로그램이 학기별 9회기씩 총 18회기로 구성되어 있다.

* **1학기** – ① 오리엔테이션 ② 씨앗은 ○○입니다. ③ 새싹채소 먹고 으쌰! ④ 심기는 계속되어야한다. ⑤ 텃밭정원이 나에게로 와서 ⑥ 친환경이라 좋다! 만들기도 쉽다! ⑦ 도전! 김치 담그기 ⑧ 그때그때 달라요~ 김치 맛 ⑨ 너를 먹으면 다이어트가 된다!

* **2학기** – ⑩ 색으로 유혹하고 맛으로 승부한다. ⑪ 가을 텃밭정원 정리 및 준비하기 ⑫ 나만의 텃밭정원을 꿈꾸다. ⑬ 고구마가 맛있는 것은, 긴 여름을 품어냈기 때문입니다. ⑭ 우리에게는 Logo가 있다! ⑮ 생강은 향으로 기억된다. ⑯ 우리 텃밭음식 맛있게, 맛있게 ⑰ 우리는 축제에 간다! ⑱ 우리가 함께한 텃밭정원

그림 Ⅲ-1-6. 그린푸드 녹색 식생활 교육프로그램

표 III-1-6. 팜투테이블 녹색 식생활 교육프로그램의 전체 회기 구성

회기 (날짜)	활동명	원예활동	요리활동	녹색 식생활 /키워드	교과 연계 /음식문화
1회기 (4/1)	오리엔테이션	감자심기		• 나의 식생활 점검 • 활동지	• 식생활문제점 PPT
2회기 (4/8)	시농제	잎채소 모종 심기	호박범벅 만들기	• 시농제란? – 기원,나눔,감사	1. 식생활 풍습
3회기 (4/15)	새싹채소 먹고 으싸	• 새싹채소 키우기 • 허브와 식용꽃 심기	새싹채소 현미 김밥 만들기	• 현미와 새싹채소의 영양 – 탄수화물, 비타민 • 음식의 획득 –조리, 섭취, 정리	3. 영양과 식이 4. 식품과 음료 5. 식단과 상차림
4회기 (5/20)	심기는 계속되어야 한다.	• 자루텃밭 만들고 뿌리채소 심기 • 잎을 이용하는 채소 수확하기	통밀빵 & 백밀 빵 샌드위치	• 사람을 살리는 바른 먹거리 • 본래의 미각을 찾아 주는 음식 • 식사습관	3. 영양과 식이 – 생명을 살리는 미래영양학
5회기 (5/27)	음식이 나에게 로 와서	• 텃밭정원에서 자라고 있는 채소와 허브 식용꽃 수확하기 • 텃밭이름표 제작하기	텃밭정원 잎채소 샐러드	• 채소의 본연의 맛 – 활동지	4. 식품과 음료 – 식재료의 본연의 맛 알기
6회기 (6/3)	친환경이라서 좋다!	• 친환경 방제 및 비료주기 • 지지대 세우기		• 친환경 먹거리 • 식품위생과 검사	3. 영양과 식이 (식품검사)
7회기 (6/10)	도전! 열무김치 담그기	• 토마토 곁순따기 • 열무 수확하기	열무김치 담그기	• 저장음식과 발효 음식 • 토마토 관리방법 • 삼투압현상	4. 식품과 음료 (계절요리) 5. 식단과 상차림 7. 식품공학
8회기 (6/17)	그때그때 달라요 열무김치맛~	텃밭관리하기	열무김치 비빔국수 만들기	• 첨가조미료 • 발효 유산균	1. 식생활풍습 2. 식사예절 3. 영양과 식이 5. 식단과 상차림 7. 식품공학

9회기 (7/1)	너를 먹으면 다이어트가 된다~	감자수확하기	감자전 만들기	• 탄소라벨 • 푸드마일리지 • 식품안정성	4. 식품과 음료
10회기 (7/22)	색으로 유혹하고 맛으로 승부한다	토마토 수확하기	토마토주스와 샐러드 만들기	• 시판 토마토 주스, 우리텃밭 토마토 주스 블라인드 테스트 • 활동지, 눈가리개	6. 음료기술 7. 식품공학
11회기 (8/19)	가을 텃밭정원 정리 및 준비	텃밭정원 정리 및 비료주기		• 활동지	• 식생활문제점 PPT
12회기 (9/2)	나만의 텃밭 정원을 꿈꾸며	텃밭정원 디자인 및 가을작물 심기	가지튀김	• 가지의 영양성분 • 작물의 종류와 식재간격	1. 식생활 풍습
13회기 (9/23)	고구마가 맛있는 건, 긴 여름을 품어냈기 때문입니다	자루텃밭 고구마 수확	eco고구마 맛탕	• 제철음식 • 고구마 영양성분 • 축제준비 (물건 판매전략)	3. 영양과 식이 4. 식품과 음료 5. 식단과 상차림
14회기 (9/30)	우리에게는 Logo가 있다	축제용 텃밭상품 로고만들기 및 우엉수확하기	텃밭음료 모히또 만들기	• 축제준비 (상품로고 만들기) • 허브음료	4. 식품과 음료
15회기 (10/7)	생강은 향으로 기억된다	자루텃밭 생강 수확	생강차 만들기	• 식품가공법 • 당장법 • 삼투압 • 생강의 영양성분	4. 식품과 음료 7. 식품공학
16회기 (10/26)	축제 판매음식 준비	텃밭채소 수확	• 텃밭채소 모둠피클	• 식품의 저장방법과 원리	3. 영양과 식이 7. 식품공학
17회기 (10/28)	'축제' 직접 수확한 텃밭채소와 생강차, 고구마 맛탕, 텃밭샌드위치 판매				
18회기 (11/11)	텃밭정원에서의 활동 총정리 소감나누기 (마지막 수업)	텃밭채소 수확	• 텃밭정원 파티	• 컬러푸드교육	3. 영양과 식이 7. 식품공학

3) 진로체험 프로그램

중학생들의 농업 관련 직업에 대한 효율적 탐색을 위해 농업활동의 직접 체험과 직업 소개 동영상 교육을 활용한 간접 체험이 연계된 진로체험 프로그램과 교수활동계획안을 제공하고자 융합인재교육 연계형 농업진로체험 프로그램을 개발하였다.

교수활동계획안은 교사가 교수 학습을 이끌어 나갈 수 있도록 만들어 놓은 지침서로, 교사가 교수활동을 쉽게 이해하고 수업 전체의 흐름을 파악하기 용이하도록 제작한다. 교수활동계획안에서는 수업과 관련된 자료를 첨부하고, 수업 중간에 필요한 자료 및 유의사항을 교사가 구체적으로 이해하도록 한다. 학습목표는 주제에 따른 내용 목표와 과정 목표로 나눌 수 있다.

융합인재교육 구성 틀에 따른 상황 제시, 창의적 설계, 감성적 체험요소를 제시하였고, 2009개정 교육과정 분석을 통해 학년에 맞는 수업이 전개될 수 있도록 구성하였다. 직업을 가지기 위해 요구되는 지식, 지적능력, 인성영역 요소들과 STEAM 과목인 과학, 기술. 공학, 미술, 사회과목들과 관련된 요소들을 정리하였다.

표 Ⅲ-1-7. 직업을 가지기 위해 요구되는 요소(예시)

지식
- 플라워 카페의 개념 학습
- 가드너 직업에 대한 정보 습득

지적 능력
- 자신의 적성과 가드너의 특성을 비교하고 적합성 판단

인성 영역
- 가드너를 체험하면서 식물에 대한 관심과 친밀감을 높임

수업 전체를 포괄하는 상황을 알려주고, 제시된 문제와 학생 자신의 관련성을 높여 문제 해결 의지가 생기도록 한다.

① 지식 : 교과 지식, 개념, 이론, 원리 (수학, 물리, 화학 등)
② 지적능력 : 논리성, 호기심, 조직적 사고, 비판적 사고(정보를 분석하고 평가하는 정신적 과정), 확산적 사고(유연성, 융통성, 독창성) 등
③ 인성영역 : 정직성, 약속이행능력, 책임감, 용서, 배려심, 자존감, 도덕적 판단력, 도덕적 예민성, 개방성, 인류애, 자연애, 인간(존중, 공동체정신, 다양성에 대한 이해)

표 Ⅲ-1-8. STEAM+Society(예시)

Science	Technology	Engineering	Art	Mathematics	Society
재식 간격의 원리 이해	–	텃밭 디자인하기	팻말 꾸미기	–	팀워크를 통한 협동심과 배려심 함양

① 토마토 재배부터 판매까지 직·간접 12회기 체험 프로그램

토마토 기르기부터 가공품을 만들어 판매하기까지 모든 과정의 직접 체험, 동영상 교육을 통한 농업 관련 직업의 간접 체험과 직접 체험인 원예활동은 토마토 씨앗 심기부터 키우기, 비료주기, 방제하기, 수확한 토마토를 이용해 요리하고 소비자에게 판매하기까지의 과정을 12회기로 구성하였다.

* ① 내 이름은 토마토 거꾸로 해도 토마토 ② 너랑 나랑 ③ 내 텃밭, 제일 잘 나가 ④ Gee Gee Gee Gee, 대 대 대 대 ⑤ 충(蟲) 맞은 것처럼 ⑥ 태양을 피하는 방법 ⑦ 소비자에게 가는 길 ⑧ 이 Logo가 나다 ⑨ Fantastic Cooking ⑩ 토마토 장터 ⑪ 장터 체험하기 ⑫ 텃밭 엔딩

표 Ⅲ-1-9. 토마토 재배부터 판매까지 직접. 간접체험의 직업 핵심능력 3가지

가드너	육묘재배자	농촌지도사	친환경농자재 개발자	식물의사	농업연구사	농산물도매 유통전문가
예술적 감각	접목 기술	공감 능력	탐구 능력	진단 능력	연구 주제 판단 능력	암기능력
식물 지식	식물 관리 능력	농업 기술력	연구 능력	처방 능력	가설검증 능력	순발력
가드닝 기술	환경 조성 능력	교육 능력	장비 운용 능력	전달 능력	발표 및 언어 능력	의사소통 능력

농촌진흥청 ⇒ 농사로(www.nongsaro.go.kr) 〉영농기술 〉농업기술 〉농업기술동영상 〉도시농업 〉학교교육형
http://www.nongsaro.go.kr/portal/ps/psb/psbo/farmngTchnlgyMvpList.ps?menuId=PS00069#1

교육부 ⇒ 커리어넷(http://www.career.go.kr) 〉진로동영상 〉직업정보 〉농림어업관련직
http://www.career.go.kr/cnet/front/web/movie/catMapp/catMappList.do

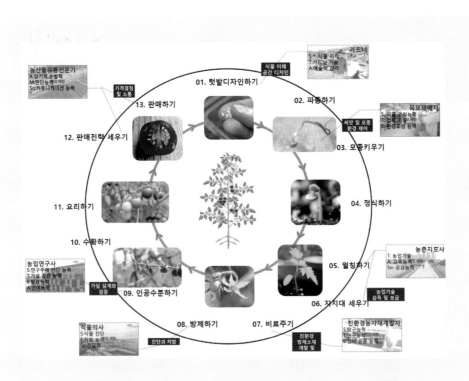

차시	활동명	직접체험 (토마토 기르기 농업활동)	간접 체험 (직업 동영상 시청)
1회기	내 이름은 토마토, 거꾸로해도 토마토	• 토마토 오감으로 느끼기	농업의 과거, 현재, 미래 동영상
2회기	너랑 나랑	• 텃밭 디자인하기 • 씨앗심기	① 가드너 (정원사)
3회기	내 텃밭, 제일 잘 나가	• 모종 기르기 • 텃밭 만들기	② 육묘 재배자
4회기	Gee Gee Gee Gee, 대 대 대 대	• 지지대 설계하고 만들기 • 지지대 만들기 • 멀칭소재 평가하기	③ 농촌지도사
5회기	충(蟲) 맞은 것처럼	• 친환경 방제제(난황유) 만들기	④ 식물의사
6회기	태양을 피하는 방법	• 멀칭소재 평가하기 (선택1) • 난각칼슘 만들기 (선택2)	⑤ 친환경농자재개발자

7회기	소비자에게 가는 길	• 마케팅(swot분석, stp전략) • 인공 수분하기	⑥ 농업연구사
8회기	이 Logo가 나다	• 판매전략 세우기 • 로고 만들기	⑦ 농산물 도매 유통 전문가
9회기	Fantastic Cooking	• 대표 로고 선정하기 • 토마토 요리 실습 (예 : 토마토 스파게티, 카프레제)	
10회기	토마토 장터	• 역할 분담 (영업팀, 홍보팀, 제품개발팀) • 토마토 수확과 저장	
11회기	장터 체험하기		우리는 중딩 도시농부다!
12회기	텃밭 엔딩	• 수익금 활용방안 토의하기 • 수익금 정산하기	

그림 III-1-7. 토마토 재배부터 판매까지 직·간접 12회기 체험 프로그램

② 씨앗부터 플라워카페까지 직·간접 15회기 진로체험 프로그램

중학생 대상 융합인재교육^{STEAM}형 수업으로 연계할 수 있도록 씨앗의 탐색부터 화훼식물을 직접 기르고, 수확한 화훼식물의 가공품을 만들고, 소비자에게 판매하기까지의 과정으로 텃밭 디자인하기, 파종하기, 새싹 키우기, 정식하기, 음식(꽃카나페, 모히또, 카프레제, 꽃차)만들기, 플라워카페 운영 등의 텃밭정원 활동과 꽃다발 만들기, 압화 만들기, 석고방향제 만들기, 디자인 꽃병 만들기, 꽃다발 포장하기 등의 창작활동을 직업과 연계할 수 있도록 ① 가드너, ② 육묘재배자, ③ 화훼육종재배가, ④ 식용 꽃 재배요리사, ⑤ 플로리스트, ⑥ 플라워카페 운영자, ⑦ 종자품질 관리사, ⑧ 화훼가공 디자이너 8개의 직업체험 동영상과 연계할 수 있도록 수업 차시별 주요 체험 활동으로 구성(교수활동지도안, 활동지, ppt 등의 콘텐츠 제작)하였다.

표 III-1-10. 씨앗부터 플라워카페까지 직접. 간접체험의 직업 핵심능력 3가지

플로리스트	식용꽃 재배요리사	플라워카페 운영자	화훼 가공 기술자	화훼육종 재배가	종자품질 관리사
미술적 감각 (색감, 비율, 구조 등)	유기농 재배 능력	디자인 능력	가공 기술력	트렌드 분석	검사 능력
장식기술 (자르기, 묶기 등)	요리 실력	경영 능력	색채 감각	교배기술	선별 능력
기획 능력 (목적, 테마, 분위기)	식용 꽃 지식	서비스 정신	창의력	재배기술	저장과 포장 능력 (저장 등)

농촌진흥청 ⇒ 농사로(www.nongsaro.go.kr) 〉영농기술 〉농업기술 〉농업기술동영상 〉도시농업 〉학교교육형
http://www.nongsaro.go.kr/portal/ps/psb/psbo/farmngTchnlgyMvpLst.ps?menuId=PS00069#1

교육부 ⇒ 커리어넷(http://www.career.go.kr) 〉진로동영상 〉직업정보 〉농림어업관련직
http://www.career.go.kr/cnet/front/web/movie/catMapp/catMappList.do

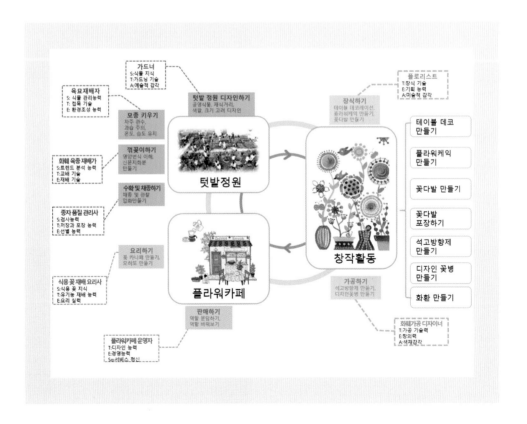

차시	활동명	직접 체험		간접 체험	
		원예활동	창작활동	직업소개 동영상	액티비티 동영상
1회기	내 텃밭정원, 제일 잘 나가	• 텃밭 디자인 • 파종하기 Ⅰ	• 나무팻말	① 가드너	
2회기	너랑 나랑	• 텃밭 디자인 수정 • 정식하기 • 파종하기 Ⅱ		② 육묘재배자	
3회기	내 안에 네가 너무도 많아	• 꺾꽂이하기	• 신문지 화분	③ 화훼육종 재배가	
4회기	Fantastic Cooking Ⅰ	• 텃밭관리 • 수확하기	• 꽃카나페 • 모히또	④ 식용꽃재배 요리사	
5회기	Fantastic Cooking Ⅱ	• 텃밭관리 • 수확하기	• 카프레제 • 꽃차		
6회기	취향저격! 테이블 데코		• 테이블 데코레이션	⑤ 플로리스트	테이블 데코 만들기
7회기	먹지마세요! 플라워케이크!	• 꺾꽂이 하기	• 플라워케이크		플라워케이크 만들기
8회기	너에게 꽃다발을		• 꽃다발		꽃다발 만들기
9회기	플라워 카페 운영하기 Ⅰ		• 카프레제 • 모히또 • 미니꽃다발 판매	⑥ 플라워 카페 운영자	
10회기	꽃다발도 포장을	• 잡초 뽑기 • 텃밭관리 • 수확하기	• 꽃다발 포장		꽃다발 포장하기
11회기	이 Logo가 나다	• 가을 정식하기 • 수확하기	• 로고 만들기		

12회기	다시 만날 준비	• 수확하기 • 채종하기 • 파종하기 (수레국화)	• 압화 만들기	⑦ 종자품질 관리사	
13회기	압화에서 향기가 나	• 텃밭관리 • 잡초 뽑기	• 석고방향제	⑧ 화훼가공 디자이너	석고방향제 만들기
14회기	소비자에게 가는 길		• 디자인 꽃병 (선택 ①) • 화환 만들기 (선택 ②)		디자인 꽃병 (선택 ①) 화환 만들기 (선택 ②)
15회기	플라워 카페 영하기 II		• 디자인꽃병 • Fresh 민트 다발 • 석고 방향제 판매		

그림 III-1-8. 씨앗부터 플라워카페까지 직·간접 15회기 진로체험 프로그램

1. 꽃다발 만들기
http://www.nongsaro.go.kr/
portal/ps/psb/psbo/vodPlay.
ps?mvpNo=1211

2. 꽃다발 포장하기
http://www.nongsaro.go.kr/
portal/ps/psb/psbo/vodPlay.
ps?mvpNo=1210

3. 디자인 꽃병 만들기
http://www.nongsaro.go.kr/
portal/ps/psb/psbo/vodPlay.
ps?mvpNo=1212

4. 석고방향제만들기
http://www.nongsaro.go.kr/
portal/ps/psb/psbo/vodPlay.
ps?mvpNo=1214

5. 테이블데코만들기
http://www.nongsaro.go.kr/
portal/ps/psb/psbo/vodPlay.
ps?mvpNo=1213

6. 플라워케이크만들기
http://www.nongsaro.go.kr/
portal/ps/psb/psbo/vodPlay.
ps?mvpNo=1215

7. 화환만들기
http://www.nongsaro.go.kr/
portal/ps/psb/psbo/vodPlay.
ps?mvpNo=1265

그림 III-1-9. 씨앗부터 플라워카페까지와 연계할 수 있는 화훼장식 액티비티 동영상(7편)

4) 꽃보기식물 특성표와 식물 이름표를 활용한 텃밭정원 활용법

학교 텃밭정원에 씨앗부터 가꿀 수 있는 꽃보기식물로 꽃화단을 조성하여 운영하고 있거나 계획 중인 지도자는 '꽃보기 텃밭정원 식물 특성표'를 활용하여 텃밭정원을 계획·운영한다. 심긴 식물에는 '꽃보기 텃밭정원 식물 이름표'를 출력하여 이름표를 달고, 교정 안에 심겨진 식물에 대한 학생, 교사, 지역 주민의 관심과 교육적 효과를 증대시킬 수 있다.

[웹페이지] 농촌진흥청 국립원예특작과학원(http://www.nihhs.go.kr/)～일반인을 위한 정보～일반자료실

① 씨앗부터 쉽게 가꿀 수 있는 꽃보기식물 선택

학교 텃밭정원에서 교사와 학생이 쉽게 가꿀 수 있는 꽃보기식물 특성표를 보고, 색깔, 크기, 개화 시기, 파종 시기, 난이도를 고려하여 식물을 선택한다.

품명	학명	이미지	구분	초장 (cm)	개화 (월)	파종 (월)	색상	난이도	채종 여부	전문가 추천	재식 간격 (cm)
서양 톱풀	Achillea millefolium		다년생	40~60	6~9	3~9	흰색 빨강 분홍	하	가능 (8~10)	○	25×25
배초향 (방아잎, 자이언트 히솝)	Agastache rugosa (Wrinkled giant Hyssop)		다년생	60~70	7~9	3~9	보라 흰색	하	가능 (9~10)	○	30×30
알케밀라 (레이디스 맨틀)	Alchemilla mollis (lady's mantle)		다년생	40~50	5~6	3~9	노랑 연두	중	가능 (6~7)	○	30×30
매발톱꽃 (아퀼레기아)	Aquilegia spp. (columbine)		다년생	30~60	5~6	3~9	흰색 보라 빨강 분홍	하	가능 (6~7)	○	25×25
아우브리에타	Aubrieta hybrida (rock cress)		다년생	15~25	4~6	3~9	빨강 분홍 흰색	상	가능 (6~7)		20×20
옥스아이 데이지	Chrysanthemum leuchanthemum (Ox-eyedaisy)		다년생	35~40	4~6	3~9	흰색	하	가능 (6~7)	○	25×25

델피니움	Delphinium spp. (Larkspur)		다년생	100~150	5~7	3~9	흰색 보라 분홍	중	가능 (8~9)		25×25
수염 패랭이꽃	Dianthus barbatus (sweet william)		다년생	30~50	6~7	3~9	흰색 빨강 분홍	하	가능 (7~8)	○	25×25
술패랭이	Dianthus superbus (fringed pink)		다년생	25~30	5~7	3~9	흰색 분홍	하	가능 (7~9)	○	25×25
디기 탈리스	Digitalis purpurea (Common foxglove)		다년생	70~100	5~7	3~9	흰색 분홍 보라	상	가능 (6~8)		30×30
에키 나세아	Echinacea purpurea (Purple coneflower)		다년생	50~80	6~8	3~9	분홍 흰색 보라	하	가능 (9~10)	○	30×30
에키놉스 절굿대속	Echinops spp. (Globe thistle)		다년생	80~100	7~9	3~9	보라 흰색	중	가능 (9~10)		30×30
가우라	Gaura lindheimeri (White gaura, Pink gaura)		다년생	50~120	6~10	3~9	분홍 흰색 빨강	하	가능 (7~10)	○	30×30
헬리 오트롭	Heliotropium arborescens (Common heliotrope)		다년생	30~40	6~9	1~2	보라 자주	상	가능 (8~9)		25×25
라벤더	Lavandula spp. (Lavender)		다년생	30~50	6~9	3~9	보라	중	가능 (7~9)		25×25
리아 트리스	Liatris spp. (Gay Feather)		다년생	60~70	6~8	3~9	보라 흰색	중	가능 (8~9)	○	25×25
루피너스	Lupinus spp. (Lupine)		다년생	70~90	5~7	8~9 모종 (3~5)	흰색 분홍 보라	하	가능 (6~7)		30×30
우단 동자꽃	Lychnis coronaria (Mullein pink)		다년생	40~50	5~7	3~9	진 분홍 흰색	중	가능 (7~8)	○	25×25
칼라민타 네페타	Calamintha nepeta (Calamint)		다년생	30~40	6~8	3~9	보라	중	가능 (7~9)		25×25
분홍 낮달맞이	Oenothera speciosa (Evening primrose)		다년생	30~40	6~8	3~9	분홍	중	가능 (7~8)		25×25
꽃범의 꼬리	Physostegia virginiana (Obedient plant)		다년생	60~70	6~8	3~9	분홍 흰색	중	가능 (8~9)	○	25×25

할미꽃	*Pulsatilla* spp. (Pasque flower)		다년생	25~30	4~5	6~8	보라 빨강 흰색	중	가능 (5~6)	○	25×25
타임	*Thymus* spp. (Thyme)		다년생	10~15	5~7	3~9	분홍	중	가능 (7~8)		20×20
퍼플 멀레인	*Verbascum phoeniceum* (Purple mullein)		다년생	60~70	5~7	3~9	노랑 흰색 분홍 빨강	중	가능 (7~8)		25×25
베로니카 (꼬리풀)	*Veronica* spp. (Speedwell)		다년생	20~70	6~8	3~9	보라	중	가능 (7~9)		25×25
팬지	*Viola hybrida* (Violet)		1~2 년생	10~15	4~6	9~10	노랑 분홍 보라 자주	중	가능 (4~6)		20×20
아게라텀	*Ageratum mexicanum* (Mexican ageratum)		1~2 년생	25~30	5~9	3~5 8~9	흰색 분홍 보라	하	가능 (6~8)		25×25
접시꽃	*Alcea rosea* (Hollyhock)		다년생	7~9	5~7	3~10	분홍 빨강 노랑 흰색	중	가능 (8~9)	○	30×30
금어초	*Antirrhinum majus* (Snapdragon)		1~2 년생	30~50	5~9	3~5 9~10	분홍 빨강 노랑 흰색	하	가능 (6~8)		25×25
금잔화	*Calendula officinalis* (Pot marigold)		일년생	30~40	5~9	3~5	노랑 주황	중	가능 (7~9)		25×25
과꽃	*Callistephus chinensis* (China aster)		일년생	60~70	6~10	3~5	흰색 빨강 분홍	하	가능 (9~10)	○	25×25
수레국화	*Centaurea cyanus* (Bachelor's buttons)		1~2 년생	50~70	5~10	3~4 9~10	분홍 파랑 보라 흰색	하	가능 (6~7)	○	25×25
미니 마가렛	*Chrysanthemum paludosum* (Creeping daisy)		1~2 년생	25~30	3~6	9~10	흰색	하	가능 (6~7)	○	20×20
백묘국	*Cineraria maritima* (Dusty miller)		일년생	20~40	잎 관상 4~10	1~3	잎을 관상	하	가능 (8~10)		25×25

클라키아	*Clarkia pulchella* (Pinkfairies)		일년생	30~40	6~9	3~5	흰색 분홍 빨강	중	가능 (6~7)		25×25
풍접초 클레오메	*Cleome spinosa* (Spider flower)		일년생	80~100	6~10	3~6	흰색 분홍 보라	하	가능 (7~10)	○	25×25
코스모스	*Cosmos bipinnatus* (Common cosmos)		일년생	70~100	5~10	3~7	흰색 분홍 빨강 자주	하	가능 (8~10)	○	25×25
노랑 코스모스	*Cosmos sulphureus* (Yellow cosmos)		일년생	70~100	5~10	3~7	노랑 주황	하	가능 (8~9)	○	25×25
다알리아	*Dahlia variabilis* (Dahlia)		일년생	30~50	6~10	3~5	혼합	하	가능 (8~10)	○	30×30
디모르 포세카	*Dimorphotheca sinuata* (Glandular Cape marigold)		일년생	25~30	5~9	1~3	흰색 분홍 자주 노랑 주황	중	가능 (6~7)	○	25×25
금영화 캘리포니아 포피	*Eschscholzia californica* (California Poppy)		1~2 년생	30~40	5~6	9~10	주황, 노랑 흰색	하	가능 (6~7)	○	20×20
설악초	*Euphorbia marginata* (Snow on the mountain)		일년생	60~70	6~10	3~6	흰색	하	가능 (8~10)	○	25×25
안개초	*Gypsophila pacifica* (Annual baby's-breath)		1~2 년생	40~50	5~6	9~10	흰색 분홍	하	가능 (7)	○	15×15
천일홍	*Gomphrena globosa* (Common globe-amaranth)		일년생	25~30	6~10	3~5	흰색 분홍 자주 빨강	하	가능 (9~10)	○	25×25
로단세 (종이꽃)	*Helipterum manglesii* (Paper daisy)		일년생	40~50	6~10	3~5	흰색 분홍 보라 노랑	중	가능 (9~10)		25×25
스위트로켓 (헤스페리스)	*Hesperis matronalis* (Sweet rocket)		다년생	70~80	5~7	3~10	흰색 분홍 보라 노랑	중	가능 (7~8)		25×25
이베리스 (향무)	*Iberis umbellata* (Garden candytuft)		1~2 년생	40~50	4~6	9~10	흰색 분홍 자주	중	가능 (6~7)		25×25

리나리아	*Linaria maroccana* (Garden candytuft)		일년생	25~30	5~9	3~5	빨강 분홍 노랑 흰색	하	가능 (9~10)	25×25
꽃아마	*Linum grandiflorum* (Flowering flax)		일년생	45~50	5~9	3~5	흰색 빨강	하	가능 (6~7)	25×25
로벨리아	*Lobelia pendula* (Lobelia)		1~2 년생	25~30	4~6	9~10	흰색 분홍 자주 보라	상	가능 (5~6)	20×20
말로우	*Malope trifida* (Mallow-wort)		일년생	80~90	6~10	3~5	흰색 빨강 분홍 자주	하	가능 (8~10)	25×25
스토크	*Matthiola incana* (Mallow-wort)		1~2 년생	30~40	4~6	(모종) 3~5 (파종) 9~10	흰색 빨강 분홍 보라	중	가능 (8~9) 추파, 온실	25×25
미모사 신경초	*Mimosa pudica* (Mimosa)		일년생	25~30	6~9	3~5	분홍	하	가능 (8~10)	○	25×25
물망초	*Myosotis alpestris* (Forget-me-not)		1~2 년생	25~30	5~7	3~4 9~10	흰색 분홍 파랑 보라	중	가능 (6~7)	15×15
꽃담배	*Nicotiana alata* (Jasmine tobacco)		일년생	30~50	6~10	3~5	흰색 빨강 분홍	하	가능 (8~10)	25×25
니겔라 (흑종초)	*Nigella damascena* (love-in-a-mist)		1~2 년생	30~40	5~7	3~4 9~10	흰색 파랑 보라	하	가능 (6~7)	○	20×20
오스테 오스펠멈 아프리칸 데이지	*Osteospermum* spp. (African daisy)		일년생	35~40	5~9	1~3	흰색 분홍 자주 노랑 주황	상	가능 (7~9)	25×25
아이슬란드 양귀비	*Papaver nudicaule* (Iceland poppy)		1~2 년생	30~40	5~6	9~10	흰색 빨강 주황 노랑	중	가능 (6~7)	○	20×20
개양귀비	Papaver rhoeas (Common poppy)		1~2 년생	40~60	5~6	9~10	빨강 흰색 분홍 보라	하	가능 (6~7)	25×25

제라늄	Pelargonium zonale (Horse-shoe pelargonium)		일년생	30~40	5~10	1~2	흰색 분홍 빨강 자주 연어색	하	가능 (7~10)		25×25
일년생 플록스	Phlox drummondii (Annual phlox)		일년생	40~50	6~10	3~6	흰색 자주 분홍	하	가능 (6~8)		20×20
프리뮬라 말라코이데스	Primula malacoides (Fairy primrose)		1~2 년생	20~30	5~7	6~8	흰색 자주 분홍	상	가능 (7~8)		20×20
루드베키아 (원추천인국)	Rudbeckia bicolor (Blackeyed Susan)		1~2 년생	50~60	7~9	9~10	노랑	중	가능 (8~10)	○	25×25
살비아 파리나세아 (블루세이지)	Salvia farinacea (Blue sage)		1~2 년생	30~50	6~10	1~3	보라	중	가능 (8~10)		25×25
스카비오사 (서양체꽃)	Scabiosa atropurpurea (Sweet scabious)		1~2 년생	40~60	6~10	3~9	보라 분홍 흰색	하	가능 (8~10)		25×25
끈끈이 대나물	Silene pendula (Catchfly)		1~2 년생	30~40	6~10	3~4 9~10	흰색 분홍	하	가능 (8~10)		15×15
한련화	Tropaeolum majus (Garden nasturtium)		일년생	30~40	6~10	3~5	노랑 주황 빨강	하	가능 (8~10)	○	25×25
버베나 보나리엔시스	Verbena bonariensis (Purpletop verbena)		1~2 년생	70~90	6~10	3~5	보라	중	가능 (8~10)		25×25
비스카리아	Viscaria oculata (Rose angel)		1~2 년생	40~50	5~9	3~5	보라 분홍 자주	하	가능 (8~9)		25×25
백일홍	Zinnia elegans (Common zinnia)		일년생	30~50	6~10	3~5	분홍 주황 노랑 흰색	하	가능 (8~10)	○	25×25
밀집꽃	Helichrysum bracteatum (Straw flower)		일년생	60~90	7~9	4~5	흰색 적황 빨강	상	가능 (8~9)		25×25
해바라기	Helianthus annuus (Sun flower)		일년생	70~120	7~9	4~6	노랑	하	가능 (8~9)	○	30×30
아프리칸 매리골드 (대륜형)	Tagetes erecta (African marigold)		일년생	30~50	6~11	3~5	노랑 주황	상	가능 (9~11)	○	25×25

프렌치 매리골드 (소륜형)	Tagetes patula (French marigold)		일년생	20~30	6~11	3~5	주황 노랑 다홍	하	가능 (9~11)	○	20×20
가자니아	Gazania spp. (Treasure flower)		일년생	20~30	5~9	1~3 9~10	주황 노랑 다홍 빨강 분홍	중	가능 (7~9)		20×20
리시안서스 (꽃도라지, 유스토마)	Eustoma grandiflorum (Lisianthus)		1~2 년생	30~50	6~9	1~2 9~10	흰색 분홍 보라	중	가능 (8~9)		20×20
맨드라미	Celosia cristata (Common cockscomb)		일년생	30~70	7~10	4~6	진분홍 다홍 노랑	하	가능	○	25×25
코베아스 칸덴스	Cobaea scandens (cup-and-saucer vine)		덩굴 일년생	150~200	6~10	3~5	크림 분홍 보라	중	가능 (8~10)		25×25
히야신스콩	Dolichos spp. (Hyacinth bean)		덩굴 일년생	200~300	7~10	3~5	자주 흰색	하	가능 (9~10)		30×30
나팔꽃	Ipomoea purpurea (Morning glory)		덩굴 일년생	250~300	7~10	3~5	보라 흰색 분홍	하	가능 (9~10)	○	30×30
일년생 스위트피	Lathyrus odoratus (Sweet pea)		덩굴 일년생	100~150	6~10	3~5	흰색 분홍 자주 빨강 보라	하	가능 (8~10)		25×25
블랙아이드수잔 (툰베르기아 알라타)	Thunbergia alata (Black-eyed Susan vine)		덩굴 일년생	170~200	6~10	3~5	흰색 노랑 주황 빨강 흰색 분홍	중	가능 (8~10)		30×30
캐모마일	Matricaria recutica (German Chamomile)		일년생	30~50	6~9	3~4	흰색	중	가능 (8~9)		25×25
클레마티스	Clematis patens (Clematis)		덩굴 다년생	200~400	6~8	3~5	흰색 분홍 보라	중	가능 (7~8)		25×25
채송화	Portulaca grandiflora (Moss rose)		일년생	10~15	7~8	4~5	흰색 분홍 빨강 노랑 자주	하	가능 (8~9)		15×15

② 주제별 정원을 위한 식물 특성표 작성

1단계 꽃보기식물 특성표를 보고, 콘셉에 맞는 식물 목록으로 특성표로 재편집한다.

[예시] 꽃이 분홍색이면서 기르기가 쉬운(난이도 하) 꽃 화단

품명	학명	이미지	구분	초장 (cm)	개화 (월)	파종 (월)	색상	난이도	채종 여부	전문가 추천	재식 간격 (cm)
서양 톱풀	*Achillea millefolium*		다년생	40~60	6~9	3~9	흰색 빨강 분홍	하	가능 (8~10)	○	25×25
매발톱꽃 (아퀼레기아)	*Aquilegia* spp. (columbine)		다년생	30~60	5~6	3~9	흰색 보라 빨강 분홍	하	가능 (6~7)	○	25×25
수염 패랭이꽃	*Dianthus barbatus* (sweet william)		다년생	30~50	6~7	3~9	흰색 빨강 분홍	하	가능 (7~8)	○	25×25
술패랭이	*Dianthus superbus* (fringed pink)		다년생	25~30	5~7	3~9	흰색 분홍	하	가능 (7~9)	○	25×25
에키 나세아	*Echinacea purpurea* (Purple coneflower)		다년생	50~80	6~8	3~9	분홍 흰색 보라	하	가능 (9~10)	○	30×30
가우라	*Gaura lindheimeri* (White gaura, Pink gaura)		다년생	50~120	6~10	3~9	분홍 흰색 빨강	하	가능 (7~10)	○	30×30
루피너스	*Lupinus* spp. (Lupine)		다년생	70~90	5~7	8~9 모종 (3~5)	흰색 분홍 보라	하	가능 (6~7)		30×30
아게라텀	*Ageratum mexicanum* (Mexican ageratum)		1~2 년생	25~30	5~9	3~5 8~9	흰색 분홍 보라	하	가능 (6~8)		25×25
금어초	*Antirrhinum majus* (Snapdragon)		1~2 년생	30~50	5~9	3~5 9~10	분홍 빨강 노랑 흰색	하	가능 (6~8)		25×25
과꽃	*Callistephus chinensis* (China aster)		일년생	60~70	6~10	3~5	흰색 빨강 분홍	하	가능 (9~10)	○	25×25
수레국화	*Centaurea cyanus* (Bachelor's buttons)		1~2 년생	50~70	5~10	3~4 9~10	분홍 파랑 보라 흰색	하	가능 (6~7)	○	25×25

풍접초 클레오메	*Cleome spinosa* (Spider flower)		일년생	80~100	6~10	3~6	흰색 분홍 보라	하	가능 (7~10)	○	25×25
코스모스	*Cosmos bipinnatus* (Common cosmos)		일년생	70~100	5~10	3~7	흰색 분홍 빨강 자주	하	가능 (8~10)	○	25×25
안개초	*Gypsophila pacifica* (Annual baby's-breath)		1~2 년생	40~50	5~6	9~10	흰색 분홍	하	가능 (7)	○	15×15
천일홍	*Gomphrena globosa* (Common globe-amaranth)		일년생	25~30	6~10	3~5	흰색 분홍 자주 빨강	하	가능 (9~10)	○	25×25
리나리아	*Linaria maroccana* (Garden candytuft)		일년생	25~30	5~9	3~5	빨강 분홍 노랑 흰색	하	가능 (9~10)		25×25
말로우	*Malope trifida* (Mallow-wort)		일년생	80~90	6~10	3~5	흰색 빨강 분홍 자주	하	가능 (8~10)		25×25
미모사 신경초	*Mimosa pudica* (Mimosa)		일년생	25~30	6~9	3~5	분홍	하	가능 (8~10)	○	25×25
꽃담배	*Nicotiana alata* (Jasmine tobacco)		일년생	30~50	6~10	3~5	흰색 빨강 분홍	하	가능 (8~10)		25×25
개양귀비	*Papaver rhoeas* (Common poppy)		1~2 년생	40~60	5~6	9~10	빨강 흰색 분홍 보라	하	가능 (6~7)		25×25
제라늄	*Pelargonium zonale* (Horse-shoe pelargonium)		일년생	30~40	5~10	1~2	흰색 분홍 빨강 자주 연어색	하	가능 (7~10)		25×25
일년생 플록스	*Phlox drummondii* (Annual phlox)		일년생	40~50	6~10	3~6	흰색 자주 분홍	하	가능 (6~8)		20×20
스카비오사 (서양체꽃)	*Scabiosa atropurpurea* (Sweet scabious)		1~2 년생	40~60	6~10	3~9	보라 분홍 흰색	하	가능 (8~10)		25×25
끈끈이 대나물	*Silene pendula* (Catchfly)		1~2 년생	30~40	6~10	3~4 9~10	흰색 분홍	하	가능 (8~10)		15×15

비스카리아	*Viscaria oculata* (Rose angel)		1~2 년생	40~50	5~9	3~5	보라 분홍 자주	하	가능 (8~9)		25×25
백일홍	*Zinnia elegans* (Common zinnia)		일년생	30~50	6~10	3~5	분홍 주황 노랑 흰색	하	가능 (8~10)	○	25×25
맨드라미	*Celosia cristata* (Common cockscomb)		일년생	30~70	7~10	4~6	진분홍 다홍 노랑	하	가능	○	25×25
나팔꽃	*Ipomoea purpurea* (Morning glory)		덩굴 일년생	250~300	7~10	3~5	보라 흰색 분홍	하	가능 (9~10)	○	30× 30
일년생 스위트피	*Lathyrus odoratus* (Sweet pea)		덩굴 일년생	100~150	6~10	3~5	흰색 분홍 빨강 보라	하	가능 (8~10)		25×25
채송화	*Portulaca grandiflora* (Moss rose)		일년생	10~15	7~8	4~5	흰색 분홍 빨강 노랑	하	가능 (8~9)		15×15

편집한 식물 특성표의 색깔, 크기 등을 고려하여 식재할 공간 도면에 식재 디자인(식물 배치)한다.

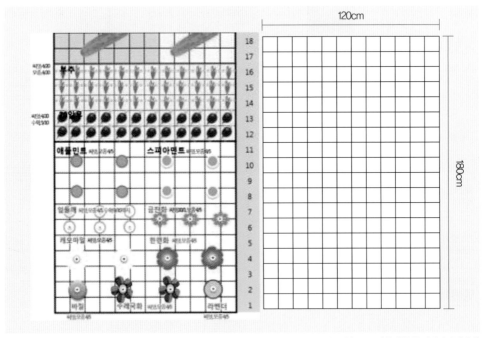

그림 Ⅲ-1-10. 식재도면 (120×180)을 활용한 식재디자인(예시)

③ 선택한 식물의 씨앗 준비

인터넷 또는 스마트폰으로 포털 사이트에 접속하여 검색창에'정원용 종자'로 검색한 후, 온
라인 쇼핑몰에서 선택한 식물명의 씨앗을 구매한다.

④ 식재 디자인에 맞추어 시기별 씨앗 파종과 화단 가꾸기

㉮ 식재 계획도에 따라 식물별 파종거리를 고려하여 파종한다.

㉯ 파종 후, 뿌리가 잘 정착하도록 물 관리에 신경 쓴다.

㉰ 화단의 식물이 잘 자라도록 관심을 가지고 돌본다.

그림 Ⅲ-1-11. 학교 텃밭정원용 꽃보기식물 이름표의 구성

⑤ 학교 텃밭정원에 조성된 식물에 이름표 달기

학교 텃밭정원에 심겨진 식물 목록별 자료를 선택하여 출력하고, 식물에 이름표를 붙인다.

⑥ 학교 텃밭정원에 심겨진 꽃보기식물의 활용

학생, 교사, 학부모 등 학교 텃밭정원을 이용하는 사람들에게 계절마다 변화하는 꽃보기식물의 이름표를 교육적인 효과를 높이는 데 활용한다.

5) 텃밭정원에 함께 심은 밭작물 수확물로 화환 만들기 활용법

① 화환(wreath, 리스)이 무엇인가요?

화환은 꽃과 나뭇잎, 과일, 잔가지 또는 여러 가지 재료가 모여서 하나의 반지처럼 원의 형태로 만드는 장식물이다. 영어권 국가에서는 크리스마스 때 가정용 장식품으로 만들어 사용한다. 또한, 세계적으로 많은 문화권에서 의식 행사에 사용하기도 한다.

② 가을철 어떤 식물을 화환 만들기에 활용할 수 있나요?

화환 만들기에 이용되는 식물은 겨울철 장식기간 동안 건조에 강해 화환장식의 모습이 오랫동안 유지될 수 있는 소재를 활용하는 것이 좋고, 밭작물로는 수확한 곡식의 열매를 활용할 수 있다. 유럽에서는 이러한 화환을 수확 화환Harvest wreath이라고도 부른다.

텃밭정원에 쉽게 가꾸어 활용할 수 있는 소재는 다음과 같다.
㉮ 꽃소재 : 맨드라미(촛불형), 천일홍, 로단세(종이꽃), 밀집꽃 등
㉯ 잎소재 : 로즈마리, 회양목 등
㉰ 열매소재 : 조, 수수, 귀리, 율무 등의 화본과 곡물을 활용할 수 있다.

특히, 농촌진흥청에서 개발한 조(경관1호, 경관2호, 단아메), 수수(소담찰, 동안메, 남풍찰)은 관상, 절화, 곡식 수확 후 식용이 가능한 품종으로 알려져 있다. 또한, 텃밭정원 주변에

있는 강아지풀, 수크령 등과 같은 소재와 검정색의 윤기가 흐르며 딱딱한 씨앗을 맺는 범부채 씨앗도 활용하면 좋다.

그림 III-1-12. 밭작물 수확물로 화환 만들기

③ 옷걸이를 활용한 화환 만들기 순서

㉮ 재활용 옷걸이를 바깥쪽으로 잡아당겨 원하는 형태(예 : 둥근 원)를 만든다.

㉯ 옷걸이의 손잡이 부분을 장식리본(라피아)으로 감는다.

㉰ 텃밭정원에서 수확한 곡식의 열매와 건조에 강한 꽃, 잎 소재를 손질하여 적당한 크기로 자른다.

㉱ 공예용 와이어를 활용하여 둥근 원을 따라 식물 소재를 감는다.

㉲ 라피아를 묶어 만든 리본을 원하는 곳에 고정하여 완성한다.

▶ 교사용 Tip!
· 동영상과 같은 소재 이외에 건조에 강한 다양한 소재를 생활 주변에서 발견해 보고, 이를 이용하여 화환을 만들도록 지도한다.

④ 화환 만들기 액티비티 동영상 시청하기

농촌진흥청 농업기술포털 농사로 〉 영농기술 〉 농업기술 〉 농업기술동영상에서 서비스 되고 있는 '화훼장식 액티비티 – 텃밭정원 식물을 활용한 화환 만들기'를 클릭하여 시청한다. 농업기술동영상을 내려 받아 사용할 수도 있다.

▶ http://www.nongsaro.go.kr/portal/ps/psb/psbo/vodPlay.ps?mvpNo=1265

그림 Ⅲ-1-13. 화훼장식 액티비티 – 텃밭정원 식물을 활용한 화환 만들기

여가복지형 도시농업
프로그램 이론 및 사례

윤숙영

웰니스Wellness는 건강이나 상쾌를 의미하는 영어 단어 'well'에서 나왔다. 질병이 없는 상태를 단순하게 '건강health'으로 표현한다면 건강을 기반으로 하면서 그 기반 위에 풍요로운 인생, 멋진 인생을 실현하는 것을 목표로 하는, 즉 무엇인가에 몰두하고 열중하면서 삶의 가치를 발견하는 등의 과정에서 활력이 넘치게 되면 웰니스라고 할 수 있다.

건강은 기반이고 웰니스는 삶의 방식이다. 앞으로 우리는 어떤 삶의 방식으로 살아가야 할지 고민하게 된다. 인간은 신체적 건강, 정신적 건강, 환경적 건강, 사회적 건강을 바탕으로 멋진 인생을 디자인하여 자기실현을 이루고자 하는 욕구를 가지고 있다.

Wellness = Health (건강) + Fresh (상쾌)

인류는 수렵과 채집에 의존한 원시생활을 하다가 씨를 뿌리기 시작하면서 정착 생활을 하게 되었다. 즉, 먹거리를 구하기 위해 이동 생활을 하다가 농사를 짓기 시작하면서 정착을 하게 되었고, 정착민들이 모여서 마을을 이루고 마을이 도시로 발전했다는 점에서 도시농업은 농업의 원초적 기원이라고 할 수 있다. 영어 단어 'Culture(문화, 경작)'의 의미에서도 알 수 있듯이 문화를 싹틔운 것은 토지에서 무언가를 경작하면서부터라는 것을 알 수 있다. 씨뿌리기, 즉 농업 활동을 통해 얻게 된 도시를 지켜내는 것 또한 농업 활동일 것이다. 그러나 급격한 산업화와 자연을 파괴하는 인간 중심적 개발은 도시를 삭막한 콘크리트 공간으로 만들었다. 이렇게 개발된 도시 문명은 편리할지는 몰라도 결국은 피곤한 공간이 되어버린다는 것을 우리는 공감하고 있다.

자연이 배제된 피곤한 공간에서 벗어나고 싶은 욕구와 자연으로 다시 돌아가고픈 귀소적 본능은 자연이 함께 살아 있는 도시를 만들고 싶은 마음으로 커지고 있다. 이것이 바로 도시농업의 실천이다.

도시농업의 실천 솜씨는 다양하다. 먼저 식물을 이용한 도시농업으로 베란다, 주거공간 등의 실내도시농업 실천과 텃밭, 옥상정원, 화단 등의 실외도시농업 실천이 있다. 식물 이외에도 동물, 곤충을 이용한 도시농업의 실천이 있을 수 있다.

도시의 다양한 공간과 토지를 활용하여 농작물을 재배하고 생산하는 농업 활동은 도시민에게 각종 여가생활과 체험활동을 제공한다. 이를 통해 쾌적한 도시 환경 조성은 물론 도시민은 신체적, 정신적 건강과 사회, 문화적 유익을 얻게 되어 전반적인 삶의 질을 높여 나갈 수 있다.

도시농업의 형태는 목적에 따라 생산형 농업, 여가 복지형 농업, 교육형 농업, 경관 농업으로 분류할 수 있다. 도시에서 취미와 여가활동으로 이루어지는 농업 활동은 콘크리트 건물 속에서 자연과 분리되어 살아가는 도시민에게 이웃, 세대, 가족과 소통하며 자연과 조화로운 삶을 추구하고, 도시의 음식물 쓰레기, 낙엽, 각종 유기물 등을 텃밭에서 활용하게 하여 자연의 순환적 삶의 가치를 실천하게 한다.

「도시농업의 육성 및 지원에 관한 법률」 제8조에서는 도시농업의 유형을 주택활용형, 근린생활권형, 도심형, 농장·공원형, 학교 교육형으로 분류하고 있다. 이 장에서는 일반 도시민들이 여가 복지형태로 행할 수 있는 도시농업의 이론과 사례를 주택활용형, 근린생활권형의 2가지 유형으로 분류하여 살펴보고자 한다.

1 주택활용형

주택활용형의 범위는 주택, 공동주택 등 건축물의 내·외부, 난간, 옥상 등을 활용하거나 건축물에 인접한 토지를 활용한 도시농업을 말한다. 세부로 주택·공동주택에서의 내부텃밭, 외부텃밭, 인접텃밭으로 분류된다.

1) 내부텃밭

① 실내정원

실내에서 정원 활동을 하는 주요 목적은 관상용과 식용으로 나누어 볼 수 있다. 먼저 관상용은 분식물을 이용하여 정원을 설치하고 유지, 관리하는 것으로 여러 가지 기능성과 장식적 역할을 한다. 실내정원은 실내의 공간을 아름답게 장식하는 장식적 기능 이외에도 심리치료적, 건축적, 환경적 기능 등이 있는데 최근에 와서 가장 큰 관심사는 실내식물의 공기정화 원리에 의한 쾌적한 환경 창조이다.

다양한 용기, 첨경물 등을 이용하여 플랜트의 크기와 형태, 선택되는 식물의 종류와 수량에 따라 다양한 규모의 실내정원을 연출할 수 있지만 보편적으로 많이 행해지는 실내정원 활동을 관상용과 식용으로 나누어 보았다.

관상용을 목적으로 하는 활동기법은 절화를 이용한 꽃장식과 실내식물을 이용한 실내원예기법을 들 수 있다. 실내원예기법은 식물체를 화분에 옮겨 심는 단순한 활동부터 테라리움, 샌드아트, 디시가든, 행잉바스켓, 토피어리, 수경재배 등 다양한 기법으로 활동이 이루어지고 있다.

최근 웰빙 트렌드와 함께 장식적 기능성은 다소 배제하더라도 건강한 먹거리를 얻기 위해 실내에서 다양한 용기를 이용하여 채소류를 기르는 활동도 많이 하고 있다. 식탁 위 작은 용기를 이용해서 새싹채소를 길러 먹는 것은 영양학적 가치가 뛰어난 새싹을 먹는 것이 주 목적이지만, 동시에 식탁 위를 푸르게 장식함으로써 식탁 분위기를 부드럽게 해 주는 역할도 하게 된다. 또한, 화분이나 재활 용기를 이용하여 각종 채소류, 특히 엽채류를 길러서 신선한 채소를 바로 이용하는 가정들도 늘어나고 있다.

| 꽃꽂이 | 식물체를 화분에 옮겨 심기 | 테라리움 | 샌드아트 |
| 디시가든 | 행잉바스켓 | 토피어리 | 수경재배 |

그림 Ⅲ-1-14. 관상을 목적으로 하는 실내정원 활동

| 새싹재배 | 엽채류 재배 |

그림 Ⅲ-1-15. 식용을 목적으로 하는 실내정원 활동

② 베란다 정원

발코니와 베란다는 옥외로 돌출되어 있는 경우 실외공간으로도 이용할 수 있지만 우리나라는 대부분 건물 내부에 있는 공간으로 다양한 용도의 건물 발코니와 베란다에 분식물을 배치하거나 플랜터에 소규모 정원을 조성할 수 있다.

대도시는 아파트에서 생활하는 사람이 더 많아지고 있다. 아파트에 살면서 식물을 키우고 싶을 때는 여러 종류의 용기를 이용하여 베란다에서 재배하는 경우가 손쉽다. 베란다 공간은 접근이 쉽고 부담 없이 식물을 키울 수 있는 최적지이다.

주로 관상용의 화초류를 심어 시각적인 즐거움을 누리는 경우가 대부분이지만 요즘은 건강한 먹거리에 관심을 가지면서 베란다에서 상자텃밭에 엽채류, 과채류 등을 재배하는 경우를 많이 볼 수 있다. 이러한 작물들을 수확하게 되면 영양학적 가치가 우수한 한 끼의 반찬으로 활용이 가능하다.

도시인들은 대부분 관상용, 식용을 목적으로 베란다에서 식물을 키우지만 어떤 목적으로 식물을 키우든지 간에 영양학적 가치가 뛰어난 건강한 먹거리, 쾌적한 환경 창조, 심리 치료적 기능 등 반려식물과 함께 하는 도시인들의 삶은 초록공간 속에서 더 풍요로워질 것이다.

살아가면서 누구에게나 위로가 필요한 순간이 찾아오는데 그때 초록빛의 싱그러운 식물과 활짝 핀 꽃 한 송이는 생각보다 큰 위안이 될 수 있다. 매일 식물에게 받은 따뜻한 위로와 나눔은 우리 삶 속에서 실천하게 할 것이며, 이는 올바른 가족 문화 조성에 이바지하고 나아가 건전한 사회 공동체 형성에도 도움을 줄 것이다.

베란다 꽃존 (Floral zone)　　　　우리 집 식탁을 책임지는 베란다 텃밭

그림 III-1-16. 베란다 정원(출처 : 늘 푸른 집, 반려식물과 살다)

2) 외부텃밭

① 옥상정원

현대인들은 인위적이고 경제적이며 효율적인 공간을 확보하기 위해 꽃과 나무를 가꿀 수 있는 자연적인 환경을 배제한 도시설계를 하고 있다. 이러한 현대화의 경향은 자연을 향유하면서 살아가고자 하는 인간 본래 삶의 욕구를 충족시켜 주지 못하고 있다.

그동안 비어 있는 공간, 쓸모없는 공간으로 방치되어 왔던 옥상을 활용하여 자연을 느끼고 도시 환경을 개선하고자 하는 붐이 일어나고 있다. 특히 대구 지상철 3호선 개통으로 옥상 환경이 문제 시 되었지만 대구광역시에서 주관한 '푸른 옥상 가꾸기 사업'과 '옥상정원 콘테스트'는 황폐화된 옥상을 정원으로 변화시키는 큰 계기가 되었다. 옥상정원을 가꾸는 사람들은 물론 지상철을 타고 다니는 사람들에게도 좋은 이미지를 줄 수 있게 되었고, 옥상정원을 지역 주민들에게 개방함으로써 힐링의 장소를 제공할 수 있었다.

오늘날 많은 사람들이 정원에 대한 높은 관심을 가지고 있다. 과거에는 관상 위주의 정원이 중심이었다면 지금은 치유와 소통의 공간으로 확대되어 가고 있으며, 옥상정원을 통해 거두어 들이는 채소는 건강한 식탁을 만들기도 한다. 이와 같은 배경 속에서 도시주택 혼합형 옥상정원은 노동을 통한 인간 삶의 질 향상과 힐링 공간의 확보에 도움이 될 수 있다.

옥상정원은 블록과 시멘트를 이용하여 텃밭 공간을 별도로 설치하는 경우도 있지만 비어 있는 옥상에 스티로폼, 항아리, 플라스틱 용기 등 다양한 용기에 흙을 채워 작물을 재배하는 수준에 이르기까지 매우 다양한 모습으로 실천되고 있다. 옥상정원은 건물의 하중과 방수 등 안전의 문제가 있으나 건물이 심하게 노후화되어 있지 않다면 옥상 면적의 30% 내외에서 적용하면 안전하다.

옥상정원은 냉난방용 에너지 비용의 절감 효과와 높은 임대료 등의 경제적 효과, 도시 주변의 혼란과 소음으로부터 피난처를 제공하여 도심 속 평화로운 섬open space으로 상담과 사교의 장이 될 수 있는 사회적 효과도 있다. 또한 미세먼지와 매연 등 공기가 오염되고 경관적으로 삭막해진 도시 공간에 맑은 공기를 제공하는 환경적 효과와 도시 자원의 재활용을 통한 에너지 순환, 에코시스템 구축 등으로 친환경적인 도시 생태계 조성에 도움이 된다.

그림 III-1-17. 주택활용형 옥상정원

② 마당정원

도시의 아파트 생활에서 벗어나 도시권 안에서 자연과 어우러질 수 있는 전원주택 삶을 원하는 도시민들이 늘어나고 있다. 마당이 있는 전원주택에는 초록의 잔디가 있는 마당만으로도 정원에서 얻는 즐거움을 충분히 즐길 수 있다.

그림 III-1-18. 마당 텃밭

사계절 내내 마당을 지키는 꽃나무로 마당 예쁜 집을 만들기 위해 주인은 쉬지 않고 노력한다. 또한 마당 일부에는 텃밭을 조성하거나 다양한 용기를 배치하여 채소류나 과수류를 재배함으로써 관상 이외에도 건강한 먹거리를 얻고자 노력한다.

3) 인접텃밭
① 골목정원

도심의 구석진 곳, 지저분한 곳, 사람의 손이 미처 미치지 못한 빈 땅을 관공서나 민간인 또는 시민단체가 환경을 개선하기 위해 정원을 조성하고 있다. 가장 낙후된 동네를 꽃길 동네, 골목정원으로 조성하여 식물의 다양한 치유적 효과뿐만 아니라 주민들의 화합과 소통이 이루어지는 장소로서 활용가치가 높아지고 있다. 꽃길로 조성된 동네는 그 지역의 관광지로서 인기를 얻게 되어 골목 투어로 다시 활기를 되찾는 사례들이 늘어나고 있다.

그림 Ⅲ-1-19. 골목정원

도시농업을 실천하기 위해서 주택의 내부와 외부 공간에서 다양한 시도가 이루어지고 있다. 특히 도시농업의 활성화를 위해 많이 보급되고 있는 상자텃밭은 도시농업을 처음 시작하는 사람에게 접근성을 높여주고 어느 곳에나 손쉽게 설치할 수 있다는 장점을 가지고 있으나 사용 후 용기의 처리 등 문제점이 발생되기도 한다.

2 근린생활권형

근린생활권형의 활용 범위는 주택·공동주택 주변의 근린생활권에 위치한 토지 등을 활용한 도시농업을 말한다. 세부로 농장형과 공공목적형으로 분류된다.

1) 농장형

농장형은 개인, 가족 등의 집단이 이용할 수 있게 만들어 놓은 활용 가능한 일정 구역의 토지로 개인 텃밭, 공동체 텃밭 등이 있다. 우리나라 도시민들은 거의 주말농장을 활용하여 공동체 텃밭 활동에 참여하고 있다. 주말농장은 일반적으로 자가소비를 위한 채소, 과일, 허브 경작에 중점을 두고 있지만 휴식과 여가를 위한 화초 기르기도 한다. 대부분의 텃밭이 개인의 욕구에 의해 시작되나 비영리단체, 공공기관 등에 의해 시작되는 경우도 많다. 일반적으로 참여는 자발적이지만 일정한 등록과 책임을 요구하기도 한다.

텃밭 활동은 개인과 가족이 일상적 요구를 충족시킴과 동시에 활력 있는 삶, 자존감, 소비절감을 촉진한다. 텃밭은 사람을 함께 모이게 하는 장소로서 사회적 네트워크와 지식과 기술을 나누고 이웃과 접촉을 활성화한다. 최근에는 주말농장과 함께 하는 도시민들이 얻어갈 수 있는 긍정적인 효과들이 알려지면서 인기가 치솟아 분양을 받지 못하고 발길을 돌리는 사람들이 많아지고 있다.

그림 III-1-20. 근린생활권 - 주말농장형

2) 공공목적형

원래 농사는 먹을거리 수확에만 욕심을 갖는 이기적인 동기가 강하다. 모든 일에는 이러한 동기가 필요하므로 나쁘다고는 말할 수 없지만 이기적인 동기가 너무 강하면 지속될 수 없다. 특히 도시농업은 먹을거리 수확, 생산에만 욕심을 가져서는 절대 안 된다.

공동체적인 동기가 있어야 도시농업의 공공성이 높아지고, 공공성이 있어야 사회적인 지지를 받을 수 있다. 그렇지만 공동체적인 것만 있으면 이 또한 지속가능하기 힘들다.

오늘날 공동체 텃밭은 열린 공간을 조성하기 위해 휴양, 사회운동, 이용자 참여, 지역 운동 등의 분야에서 그 역할과 의미를 확장해 왔다. 전통적인 공원이 지역사회와의 결합력이 떨어지는 현상에 기인한 것이기도 하다. 특히 인구 감소, 방치되는 부동산으로 특징지어지는 도시 근린 지역에서 주민들이 중심이 되어 적극적인 활동을 통해 빈터를 개간했으며, 이 과정에서 좀 더 의미 있는 사회적 기능을 촉진하는 기반이 형성되었다.

아무리 고밀도 개발이 되어 있는 도시라 하더라도 쓸모없는 자투리땅이 발생하기 마련이고, 또 도시가 부분적으로 재개발되거나 산자락에 위치한 곳에서는 반드시 텃밭을 발견할 수 있다.

그림 Ⅲ-1-21. 근린생활권 – 공공목적형

도심 한복판 자투리땅을 이용해서 작은 면적이지만 바쁜 도시민들이 함께 모여 적절한 역할 분담을 통해 건강한 먹거리를 위한 채소류, 아름다운 볼거리를 위한 화초류를 적절하게 조합하여 재배하면서 소통과 화합을 통해 정신적인 스트레스를 풀어가는 모습들, 쓰레기 더미로, 폐허로 지저분한 도로가였지만 게릴라 가드너들이 모여 그런 곳에 식물을 심어 도시 환경을 개선하고 있다. 이러한 도시농업의 실천은 거리청소나 지역경제 발전 노력을 주도하기도 한다.

우리나라는 그동안 기존 농업인의 반발을 우려하여 도시농업의 성격을 여가, 체험적 성격으로 제한하고 소극적으로 운영하였다. 농업인의 농산물을 사야 할 도시 사람이 자기 먹을 것을 자급하면 농산물 판매가 감소할 것이며, 이는 농가소득에 큰 영향을 줄 것이라고 우려한 것이다. 그러나 도시농업의 실천은 오히려 자급 생산의 경험을 통해 먹을거리에 대한 올바른 의식을 깨우치고 국내 농산물의 소중함을 알게 하여 국내산 농산물의 소비도 늘어나게 한다. 결국에는 식량자급률도 증가할 것이고 농업인의 소득도 높아질 것이라 기대할 수 있다.

지속가능한 생태 도시를 만들어 가기 위해서는 도시도 어느 정도 자급능력을 키워 가야 한다. 지금은 도시 사람의 식욕을 충족시키기 위해 많은 식량을 수입에 의존하고 있다. 미래에 지금의 도시를 유지하고 싶다면 도시도 에너지를 덜 소비하는 삶을 지향해야 하며, 이를 위한 방편으로 도시농업을 통해 자급적 대안을 준비해야 한다.

우주 영화 〈마션〉 중 주인공 식물학자 마크는 화성에서 감자를 재배하면서 다음과 같이 말한다. "어떤 곳에서 작물을 재배하기 시작하면 그곳을 정복했다고 할 수 있다. 그래서 나는 화성을 정복했다." 즉 감자를 재배한 것이 우주에서 생존의 가장 큰 역할을 한 것이라고 볼 수 있다.

지구온난화로 지구의 기후와 환경은 많이 바뀌어 갈 것인데, 미래의 지구를 살기 좋은 환경으로 만들 수 있는 것은 식물을 재배하는 것이다. 즉, 도시농업을 여가, 체험적 성격을 넘어 자급을 위한 활동으로 좀 더 적극적으로 실천해야 할 것이다. 도시도 이제 자연과 공생하는 유기체로 거듭날 필요가 있다.

03

치유형 도시농업
프로그램 이론 및 사례

이상미

도시민들은 도시농업을 통하여 생활권역에서 안전한 먹거리를 생산할 뿐만 아니라 건강을 증진시키고 정서를 순화하며 이웃 간에 소통하고 나아가 도시 생태환경을 보존할 수 있다. 또한 도시농업은 도시와 농촌의 교류를 촉진시켜 농업인과 도시민의 삶의 질을 동시에 향상시킬 수 있다. 이렇듯 도시농업의 목적은 생산 자체에 있는 것이 아니라 생산하는 과정과 생산물의 이용, 그리고 인간관계의 개선 등 교육, 복지, 치유 등에 초점을 맞추고 있다.

1 식물 및 원예활동의 치유적 특성

식물 환경이 치유에 활용될 수 있는 이유는 인간의 마음과 유전자에 자연에 대한 애착과 회귀 본능이 내재되어 있다는 바이오필리아Biophilia 학설과도 관련이 있다. 식물의 잎이 가진 녹색은 사람들이 생각하고 있는 낙원의 이미지와 가장 가까울 뿐만 아니라 심리적 안정과 유연성을 가져다준다. 특히 현대인들은 철근과 콘크리트로 둘러싸인 회색 환경 속에서 생활하는 경우가 대부분이므로 많은 사람들이 자연에 대한 본능적인 그리움을 가지고 있다. 도시농업은 녹색을 가까이에서 느끼고 소홀했던 자연과 접촉할 수 있는 효과적인 방법이라 할 수 있다.

치유의 도구로 활용되는 식물 및 원예활동의 또 다른 큰 특징은 살아있는 생명을 매개로 한다는 것이다. 식물을 중심으로 하는 농업활동을 통하여 대상자는 식물의 생장, 개화, 결실, 쇠퇴, 노약, 죽음 등의 생애 주기를 경험하게 되며, 이를 통하여 무생물과는 다른 교감을 가지게 되고 인간 삶의 주기를 간접 경험하는 기회를 얻을 수 있다. 이러한 인간 삶의 주기 경험은 심리적 또는 인지적 통찰을 유발할 수 있고 이는 관점의 전환, 내재화 등을 일으켜 심리적 치유에 이르게 할 수 있다. 또한 살아있는 생명체를 대하면서 생명의 소중함을 느끼고 시각, 청각, 촉각, 후각, 미각의 오감을 자극할 수 있으며, 시간과 장소를 인식하는 지남력의 향상에 관련하는 계절의 변화를 인식할 수 있다.

살아있는 생명체는 돌보는 대상에게 반응을 보이게 되는데 대상자가 어떻게 식물을 관리하는가에 따라 그 결과가 달라지는 것과 같이 식물과 대상 사이는 상호 역동성을 띠게 된다. 특히 돌봄의 결여, 자존감 저하와 같은 삶의 경험이 있는 대상자의 경우, 자신과 타인을 돌본다는 행위의 의미를 인식하게 되고, 책임감을 부여하며 그 돌봄을 통한 결과물로 인하여 자신이 유용한 존재임을 인식하게 됨으로써, 성취감과 자신감, 자존감의 회복 등을 기대할 수 있다. 뿐만 아니라 식물 돌봄의 과정에서 경험하는 실패의 경험을 통해 성공과 회복을 위한 방안을 모색하면서 좌절을 극복하는 방법을 습득하게 된다.

원예의 또 다른 치료적 양상은 창조적 파괴가 가능하다는 점이다. 원예는 자르고, 뽑고, 해체하고, 제거하고, 따는 등 파괴적 행위를 다소 수반한다. 그러나 이러한 파괴적 행위는 단순한 생명의 파괴에 머무르지 않고 삽목과 같은 개체의 증식, 맹아의 발생, 토양 내 산소 공급 및 공극 형성, 개체 비대, 수확, 다양한 창작품의 탄생 등과 같이 새로운 성장 및 예술로의 승화를 가능하게 한다. 이러한 파괴 및 승화의 특성은 인간이 가지는 공격성, 분노의 표출을 용이하게 하며, 불필요한 감정 및 사고의 제거, 감정 조절의 탄력성 향상에 기여할 수 있다.

2 식물 및 원예활동의 치유적 특성을 촉진하는 전문가

이외의 농업활동을 통한 치유가 가능하도록 하기 위해서는 단순히 식물과의 원예활동만이 아닌 식물과 대상자 사이를 촉진할 수 있는 전문가가 반드시 필요하다. 전문가의 중재 intervention이 없이 대상자에게 식물과 원예활동이 주어진다면 그것은 단지 즐거움이나 흥밋거리에 머물 가능성이 크다. 전문가가 대상자와 원예활동에 개입함으로써 의도된 치료 목적을 가진 치료와 치유가 이루어질 수 있다.

3 치유형 도시농업 프로그램의 절차

치유 및 치료를 위한 도시농업 프로그램을 진행하기 위해서는 대상자 및 자원을 파악하고, 구체적인 목적과 목표를 설정하여 체계적인 치료 프로그램을 계획하고 실행한 후 치료 효과에 대한 객관적인 평가, 치료 프로그램 운영 전반에 대한 평가가 이루어져야 한다. 이를 위한 프로그램 운영방법 및 절차를 원예치료에서 다루는 원예치료과정 4단계에 기반하여 살펴보고자 한다.

1) 준비단계

치유 및 치료를 위한 도시농업 프로그램의 첫 번째 단계는 대상자에 대한 정보 수집, 프로그램을 위한 자원 파악 및 확보 등을 포함하는 준비단계이다. 이 단계는 대상자의 과거 및 현재의 질병이나 문제를 파악하고 요구에 대한 판단을 내리기 위하여 프로그램 시작 전 대상자에 대한 자료를 수집하고 확인하며, 의사소통하는 과정이다.

① 자료 수집 내용

㉮ 일반적 특성

일반적 특성은 인구통계학적 특성이라고도 하며 성명, 성별, 연령, 생년월일, 주소, 연락처, 교육 정도, 직업, 고용 형태, 종교, 결혼 여부, 가족 사항, 경제상태, 주거 형태 등을 포함한다. 그러나 대상자와의 관계 형성이 이루어지지 않은 상태에서 교육 정도, 직업, 결혼 여부, 경제상태 등 민감한 내용을 질문함으로 인해 대상자가 거부감을 가질 수 있으니 대상자와의 라포^{rappot} 형성 정도에 따라 민감한 내용은 프로그램 수행 과정에서 순차적으로 자료를 수집할 수도 있다.

㉯ 건강상태 및 건강요구

치유형 도시농업 프로그램을 수행하기 위해서는 치유 또는 치료가 필요한 대상자의 신체적, 정신적 상태와 이와 관련한 대상자의 요구를 파악해야 한다. 이러한 내용은 현재 대상자가 속해 있거나 이용하는 기관(병원, 복지관, 학교 등)의 건강관리 전문가와의 협력을 통하여 자료를 수집할 수 있으며, 도시농업전문가는 다른 협력전문가로부터 수집하지 못하는 자료를 독자적으로 파악할 수 있다. 또한 대상자가 호소하고 있는 주요 증상, 의학적 진단명 등을 파악하고 그들이 도시농업이나 원예치료를 통하여 얻고자 하는 것, 즉 요구를 직접 파악할 수도 있다.

ⓐ 신체적 상태

대상자의 신체적 상태는 치료문제일 수도 있고, 대상자가 수행할 원예활동의 종류, 작업 내용 등을 결정하는 데 고려되어야 할 사항일 수도 있다. 특히 원예활동 수행에 영향을 미치는 대상자의 신체적 상태는 정상 보행 가능 여부, 지팡이 · 보행기 · 목발 · 휠체어 등 보조기구의 사용 여부, 앉고 서는 등의 체위 수행 가능 여부, 지배적으로 사용하는 신체 부분, 손이나 팔의 기능을 보조하는 도구 및 기구 사용 여부, 관절 가동 범위, 협응력, 지구력, 시각 · 청각 · 후각 등 감각 장애 정도 등이다.

ⓑ 인지적 상태

대상자의 인지적 상태는 치료적 문제인 동시에 대상자가 수행할 원예활동의 지적 난이도를 결정하기 위한 기초 자료가 된다. 집중력, 기억력, 문제해결 능력, 이해력, 주의 집중 정도, 판단력, 논리력, 지남력, 의사결정 능력, 지시수행 능력의 기능 등으로, 질환과 관련하여 나타나는 증상뿐만 아니라 연령과 관련하여 유아동(乳兒童), 노인 등에서 접근해야 할 내용도 포함하고 있다.

ⓒ 정서적 상태

대상자의 정서적 상태는 자아존중감, 자아정체감, 행복감, 생동감, 희망감, 불안, 우울, 분노, 고독, 두려움, 공격성, 실망감, 초조감, 무가치감, 실망감 등 매우 다양하다. 도시농업전문가는 대상자에 대한 초기 자료수집 시 대상자의 주 호소 증상이나 요구를 통하여 어떤 정서적 상태에 대한 심층적 자료수집이 필요한지 판단해야 한다. 그러기 위해서는 정성적, 정량적으로 증상을 파악할 수 있는데 정성적으로는 대상자에 의해 표현되거나, 그들이 스스로 자각하여 보고하는 정서 상태나 도시농업전문가의 관찰과 면담을 통해 파악할 수 있는 정서 반응과 행동 특성을, 정량적으로는 기존 심리학 분야에서 개발되어 사용되고 있는 척도나 설문지, 정서적 상태의 생리적 지표로서 혈압, 맥박, 근전도, 혈액, 뇌파 등을 측정할 수 있다. 혈압이나 맥박, 근전도 등은 스트레스를 나타내는 지표로 이용되며, 혈액검사로 파악할 수 있는 도파민, 세로토닌, 코티졸, 아드레날린, 아세틸콜린, 노르에피네프린 등은 망상, 우울감, 행복감, 흥분 등의 상태를 나타낸다. 치유형 도시농업 프로그램을 진행하고자 하는 도시농업전문가는 이러한 생리적 지표가 어떤 정서적 상태를 의미하는지와 관련한 질환에 대한 전문지식을 갖추어야 한다.

ⓓ 사회적 상태

대상자의 사회적 상태는 사회 작용에 관련되는 대인관계 능력, 의사소통 능력, 사회적응 능력, 자기 통제력, 협동력, 직업적 활용 능력, 여가 활용 기술, 인적 지지원과 사회경제적 지지원의 범위와 질 등이다.

ⓓ 원예지식 및 기술 정도, 흥미도

대상자의 치료문제와 관련하여 적절한 식물 및 원예활동을 선정하는 것도 매우 중요하나 원예 전반에 대한 대상자의 지식 정도와 경험, 원예기술, 원예활동 및 식물에 대한 선호, 흥미 정도를 파악하는 것은 대상자가 치유 및 치료적 도시농업 프로그램에 지속적이고 자발적으로 참여할 동기를 부여하는 중요한 요인이 된다.

ⓔ 자원의 확보 및 파악

프로그램을 위한 자원은 시설자원, 인적자원, 예산, 기타 자원 등으로 구분할 수 있다. 시설자원은 프로그램 수행에 적합한 실내외 장소, 사용 가능한 시간, 휴식공간, 재료보관 장소, 관수시설의 구비 등이 있으며 필요에 따라서는 휠체어 접근 가능성, 변형된 도구 등과 같은 신체장애를 가진 대상의 접근성이나 활동 가능성도 고려해야 한다. 인적자원은 프로그램을 도와줄 수 있는 도시농업전문가나 자원봉사자, 기관관계자이며, 이러한 인적자원을 파악하고 필요에 따라 확보하여야 한다. 또한 프로그램 운영에 지원되는 예산을 파악하여 프로그램을 효율적으로 운영해야 하며, 필요에 따라 예산 확보를 위한 노력을 기울여야 한다.

2) 계획단계

계획단계는 준비단계에서 파악한 대상자의 치료문제와 요구를 기반으로 프로그램 전 과정에 걸쳐 획득해야 하는 목적을 수립하고 이에 적합한 원예활동을 계획하는 단계이다. 원예활동은 치료의 목적이나 대상자의 문제 상황에 따라 단기형, 중장기형, 집중형, 분산형 등으로 나눌 수 있다. 그러나 도시농업은 식물을 돌보고 이들의 생장을 경험하는 과정을 포함하므로 일반적으로 중장기형으로 구성되며, 기존의 일반적인 사례에 따르면 단기에 연속적이고 집중적으로 진행되기보다 주1회 정도를 기준으로 한 개 작물의 생장 주기에 맞추어 적어도 2~3개월 이상 수행되는 것이 바람직하다고 판단된다.

치유형 도시농업 프로그램은 살아있는 식물을 돌보는 과정에 초점을 맞춘 시간중심형 활동에 계절, 수확의 시기 및 수확물의 종류에 따라 만들기, 요리하기 등의 활용 활동을 계획할 수 있다. 그러나 여기에서의 계획은 단순한 회기별 원예활동 계획만은 아니며 대상자의 치료적 문제를 해결하기 위한 치료적 중재와 개입의 내용도 매 회기별로 면밀하게 계획되어야 한다.

3) 실행단계

실행단계는 계획한 도시농업 활동을 수행하는 단계로 실제 수행 시에도 대상자의 문제를 지속적으로 확인하고 진행사항을 파악하여 점검하며, 만약 문제가 발생했을 시에는 대안을 마련해야 한다. 프로그램의 전 과정 중 도시농업전문가의 활동진행 능력 및 대인관계 능력이 가장 중요하게 부각되는 단계이다. 이 단계는 도시농업전문가의 순발력, 진행감각, 해박한 원예지식, 숙련된 원예기술, 대인관계 및 의사소통능력, 일관된 치료의도 실행 등과 같은 전문가적 역량이 가장 많이 요구되는 단계라 할 수 있다.

4) 평가단계

평가단계는 계획되어 수행한 활동들이 치료목적에 맞게 정확한 방향으로 진행되어 가고 있는지 매 단위활동마다 전체 프로그램 완료 후 확인하고 기록하는 단계이다. 프로그램에 참여한 대상자의 변화인 효과를 평가하거나 대상자의 수준이나 기능적인 상태에 활동이 적절한지, 식물, 치료환경 및 도구, 시설물의 준비는 적절하고 충분하였는지 등과 같은 과정 관련 평가와 도시농업전문가는 대상자의 치료적 문제를 해결하기 위하여 적절하게 중재하고 개입하였는지 등과 같은 전문가 평가가 이루어져야 한다. 이러한 평가는 준비단계에서 대상에 대한 자료를 수집하는 과정과 유사한데, 대상자의 상태와 변화를 관찰과 면담을 통하여 파악하고 서술하여 정리하는 정성적 평가와 척도, 설문지 등을 이용한 조사, 생리지표의 검사 등으로 이루어진 정량적 평가로 나눌 수 있다.

4 대상자별 치유형 도시농업 프로그램

여기에서는 아동과 청소년의 교육적 차원의 도시농업 프로그램과 삶의 질 향상, 여가선용, 일반인의 평생교육적 차원의 도시농업을 제외하고, 노인을 포함한 신체 · 인지 · 심리사회적 문제 개선을 위하여 이루어지는 프로그램을 제시하고자 한다.

1) 발달장애

발달장애란 선천적 또는 성장과정 중에 생긴 대뇌의 손상으로 지능 및 운동발달, 언어발달, 시각 · 청각 등의 특수감각 장애, 기타 학습장애 등이 발생한 상태를 말한다. 발달장애는 해당 나이에 이루어져야 할 발달이 성취되지 않은 상태로 발달선별 검사를 통해 정상 기대치보다 25%가 뒤쳐진 경우를 말한다.

전반적 발달지연은 대운동, 미세운동, 인지, 언어, 사회성과 일상생활 중 2가지 이상이 지연된 경우로 정의한다. 운동발달장애, 지적장애와 학습장애 등을 포함하는 인지기능 발달장애, 언어발달장애, 학습장애, 자폐, 주의력결핍과다행동장애[ADHD], 틱장애 등이 해당된다. 발달장애를 위한 도시농업 프로그램은 교육청 내 특수교육지원센터와 학교 내 특수학급 등을 통하여 이루어지고 있으며, 다양한 재활치료의 일환으로 실시될 수 있다. 이러한 대상을 위한 프로그램의 목적은 대 · 소근육의 발달 및 협응력 증진, 운동수행능력 향상, 오감자극을 통한 감각기능 자극, 자아존중감 향상, 사회성 발달, 또래관계 증진, 인지기능 자극을 통한 기억력과 주의집중력 향상 및 자립 · 자조기술의 향상 등을 위해 실행될 수 있다.

발달장애를 위한 프로그램 시에는 활동장소가 휠체어나 대상자들의 활동에 불편이 없도록 관수나 동선 등에 대해 점검해야 한다. 또한 활동의 결과보다는 과정에 초점을 두고 과정은 단순화, 세분화하여 성취감을 느낄 수 있도록 계획한다. 대상자의 특성을 미리 파악하고 보호자와의 면담을 통해 프로그램에 대한 이해를 증진시키고 활동 후 대상자의 반응에 대해 정보를 공유해야 한다. 특히 자폐성장애를 가진 대상자는 예측할 수 없는 돌발행동이나 특정 자극에 대한 과도한 반응을 보일 수 있으므로 대상자를 전담할 수 있는 보조진행자나 조력자를 배치하여 안전에 주의를 기울여야 한다. 또한 자해 등의 사고를 막기 위하여 소재 및 도구의 사용에 만전을 기한다.

그림 Ⅲ-1-22. 뇌성마비 개별활동   그림 Ⅲ-1-23. 지적장애 개별활동

2) 인지장애

인지장애는 기억력, 판단력, 언어능력, 시공간 파악능력 따위의 인지력에 결함이 있는 상태로 선천적, 후천적 이유로 발생할 수 있으며, 암 치료의 부작용, 영양실조, 중금속 오염, 자폐증, 신진대사 문제, 전신성 홍반성 루푸스, 뇌졸중, 치매, 섬망, 뇌종양, 만성적 알코올 의존 또는 중독, 약물 남용, 비타민 부족, 만성질환 등이 인지기능장애를 유발할 수 있다.

대표적인 인지장애 질환인 치매는 여러 가지 원인으로 인하여 뇌의 신경세포가 기능을 못하거나 변화를 일으켜 인격의 변화나 여러 가지 정신적인 증상 및 문제행동을 유발시킴으로써 일상생활을 유지하기 어려운 상태가 되는 증세를 말한다. 특히 기억을 비롯한 추상적인 사고와 판단 등과 같은 지적기능의 장애와 함께 정서 및 행동상의 장애가 나타나는 질병이다. 이처럼 치매의 원인은 다양하지만 크게 알츠하이머병에 의한 치매, 혈관성 치매, 기타 원인에 의한 치매로 나눌 수 있다.

치매 노인의 증세로는 여러 가지 유형이 있으며 문제행동을 나타내는 대표적인 행동장애로는 배회, 과식, 환각, 망상, 불결행위, 허구성의 이야기 만들기 등 다양하다.

인지장애를 위한 프로그램 시에는 인지력의 정도와 범위에 따라 활동소재, 방법, 시간 등을 달리 적용해야 하며, 특히 과정이 복잡하고 시간이 많이 걸리는 활동은 지양해야 한다. 주의집중력이 감소되어 있을 가능성이 높아 활동의 지적 난이도가 낮은 활동을 적용하는 것이 바람직하다. 엽채소 위주의 재배가 용이한 식물을 선택하거나 식재 후 유지·관리가 용이한 식물을 선택하고, 착각 등으로 인하여 흙, 식물 등을 섭취할 수도 있어 섭식에 대한 안전을 늘 확인해야 한다. 프로그램 전 과정에 걸쳐 회기별 활동 시간에 사용한 단어 및 유사한 활동을 반복적으로 사용하거나 수행하도록 유도하며, 사람, 시간, 장소에 해당하는 지남력을 자극할 수 있도록 환경을 구성하거나 질문을 하고, 기억력을 자극하고 회상을 유도할 수 있도록 중재한다. 이 과정에서 보호자나 인생에서 중요한 의미가 있는 사람을 참여시킴으로써 과거를 회상할 수 있는 기회를 제공할 수도 있다.

3) 운동장애

운동장애는 몸의 수의적(隨意的) 운동, 예를 들면 사지·몸통·목·얼굴·안면·혀 등을 움직이는 운동이 자의로 잘 안 되는 상태로 다양한 질병에서 그 증상이 나타난다. 대표적으로 뇌졸중, 뇌손상, 사고로 인한 신체적 장애, 지체장애 등이 있다.

뇌졸중은 뇌혈관장애로 두개강 내 뇌조직에 혈액을 공급하는 혈관이 파열되어 혈액이 뇌조직으로 새어 나가는 뇌출혈과 뇌의 혈관이 막히고 그 앞의 뇌조직이 괴사하게 되는 뇌경색을 말한다. 증상으로는 편마비가 주로 나타나며 기억력장애, 언어장애, 시각장애, 감각장애, 인지능력장애, 안면마비 등의 장애를 동반한다. 뇌졸중환자는 손상을 입은 뇌의 부위에 따라 증상이 매우 다양하게 나타나며, 잔존 기능과 치료를 통해 회복 가능한 정도도 매우 다를 수 있다.

외상성 뇌손상은 퇴행성이나 선천성이 아닌 외부의 물리적 힘에 의한 손상의 결과로서 신체, 인지, 사회, 심리 등의 다양한 기능에 장기적인 장애를 야기하는 뇌에 대한 후천적인 손상을 가진 것을 의미한다. 현대 사회로 발전하면서 교통사고, 산업재해, 스포츠 등 각종 사고로 인한 뇌손상이 증가하고 있다.

지체장애란 질병이나 외상 등으로 몸통과 사지의 영구적인 운동기능장애를 갖게 되는 것을 말한다. 지체장애의 특성으로는 운동기능장애에 문제를 보이는 사람이 가장 많다. 특히 후천적으로 지체장애를 가지게 되는 사람은 과거에 가졌던 신체능력과 생활방식에 대한 상실감이 크기 때문에 장애를 수용하고 극복하는 의지와 적응하는 기술이 요구된다. 지체장애인의 심리적 특성은 자신감을 상실하고, 내재되어 있는 분노감으로 인하여 우울증, 죄책감이 들어 자아존중감이 낮아진다. 또한 충격적인 장애를 입은 사람의 정서적 반응은 공포감과 절망을 느끼고, 여러 가지 장애 요인에 압도당하면서 가족에 대해 무력감과 죄의식을 느낀다.

이상과 같은 운동장애를 가진 대상에게 프로그램을 적용할 때에는 마비된 손과 신체를 사용할 수 있도록 독려하여 손실된 기능의 회복을 최대화하고, 남아있는 근력이나 섬세한 동작 등의 운동기능을 훈련하도록 계획한다. 신체장애를 고려하여 이동보조기구를 사용한 상태에서도 접근 및 재배가 가능한 공간과 시설 설계가 이루어져야 하며, 장애에 맞추어 변형된 재배도구$^{adapted\ tools}$를 사용하여 기능의 손상 및 소실이 있어도 재배활동이 가능한 방법을 고려해야 한다. 경직이나 마비가 있을 때에는 단순하고 반복적인 원예활동을 통하여 경직을 완화시킬 수 있도록 하고, 지남력이나 집중력, 문제해결능력, 위기인식 및 대처능력 등 인지능력 훈련도 중요하며, 인지기능의 수준에 따라 다양한 그룹 활동을 통해 의사소통 기술이나 정서적 이완, 사회적 참여를 향상시킬 수 있다.

4) 정신장애

정신장애는 생물학적, 심리적 병변으로 정신기능의 영역인 지능, 지각, 사고, 기억, 의식, 정동, 성격 등에서 병리학적 현상이 진행되는 것을 말한다. 정신장애는 정신분열병, 분열형 정동장애, 양극성 정동장애 및 반복성 우울장애, 우울증, 조증, 공황장애, 공포장애, 범불안장애, 외상 후 스트레스장애, 강박장애, 알코올중독 등이 있다.

정신장애인의 특징은 다른 사람들과 정서적 관계를 맺거나 의사소통을 하는 데 있어 자기 방어적이다. 이들은 의도적으로 자신의 감정을 숨기는 반면 자기 통제력을 상실하여 눈에 띄는 행동을 할 때도 있다. 정신장애인에게 나타나는 주요 증상은 상황에 적절하지 않은 말과 행동, 사회 문화적 배경에 비추어 볼 때 전혀 근거가 없는 엉뚱한 믿음을 굳게 갖게 하는 피해망상, 과대망상, 환청, 환각, 무감동, 무감각이나 무의욕 등이 있다. 이 밖에도 혼자만의 생각에 사로잡혀 있어 다른 사람의 말에 귀를 기울이지 못하는 현상, 상황에 맞지 않는 부적절한 감정표현, 자신이 경험한 세계가 병적이라는 사실을 받아들이지 못하는 현상과 나아가서는 사람다움을 잃어버리게 되는 인격변화를 나타내기도 한다.

이에 정신장애인을 대상으로 한 프로그램은 공격성, 불안 등의 감소를 통한 심리·정서적 순화, 감각자극을 통한 자각능력 향상, 신체적 움직임을 통한 활동량 증가, 회상작용을 통한 기억력장애 완화, 사회성 및 대인관계능력 향상, 활동 및 수행 결과물을 통한 자기표현력, 성취감 및 자존감 증가를 목적으로 할 수 있다.

프로그램 수행 시 주의사항은 다음과 같다.

대상자가 복용하는 약물은 신체적, 심리적으로 부작용을 일으킬 수 있는데 특히 꽃가루, 곰팡이, 곤충, 햇빛 등에 의해 알레르기 반응이 나타날 수 있으므로 이를 주의하고, 자외선 차단제를 사용하며 모자 또는 작업복을 착용하도록 한다. 생명력이 강하여 키우기 쉽고 친밀감 있는 식물, 생장속도가 빨라 그 변화를 쉽게 느낄 수 있는 식물을 선택하여 실패의 경험을 최소화한다. 생산물과 결과물을 주변 사람들과 나누는 기쁨을 가질 수 있도록 프로그램을 계획하며, 접촉 또는 흙에 대한 거부감이 있는 대상에게는 활동을 강요하지 않고 장갑을 사용하게 하거나 무균토양에는 병균, 벌레 등이 없음을 충분히 설명한다. 또한 기구나 도구를 사용할 때와 사용 후 숫자를 파악하여 도구를 사용한 상해, 자해, 자살의 위험을 방지해야 한다. 재배활동 장소 이외 피드백을 주고받는 활동 시에는 조용하고 아늑한 장소를 택하고, 앞문과 뒷문이 있어 위험한 상황 발생 시 도피가 용이하도록 해야 한다.

그림 III-1-24. 정신질환자 원예활동   그림 III-1-25. 정신과 병동 입원환자 대상 가든파티

5) 암환자

암은 국내 사망원인의 1위를 차지하고 있다. 암환자들은 진단 직후 그리고 치료 중, 그리고 치료 후에도 부작용으로 인한 불편감을 호소하며, 재발에 대한 불안을 오랜 기간 동안 겪게 된다. 특히 동반되는 우울감은 암환자의 예후와도 상관있음이 알려져 있다. 이에 암 생존자 (암 진단 후 모든 환자들 지칭)들을 적극적으로 지지하는 시스템의 구축 및 정착을 위해 국가 차원에서 지원할 필요성을 인정하고, 건강한 생활습관으로의 개선, 정서 · 사회적 요구도에 따른 맞춤형 지지, 부작용 문제의 해결 등의 지원 서비스를 제공하고 있다.

암환자를 위한 도시농업 프로그램은 암의 발병 및 자아상 손상과 관련한 우울감 · 절망감 감소 및 자아존중감 · 삶의 질 향상, 수술 · 재발 · 죽음의 직면 등과 관련한 불안감 · 공포감의 감소 등으로 프로그램의 목적을 설정할 수 있다.

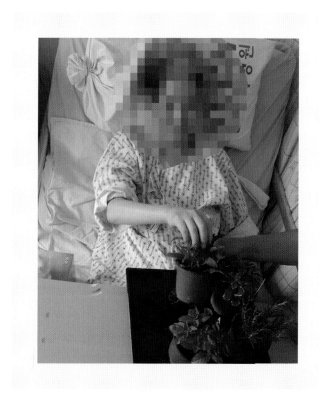

그림 Ⅲ-1-26. 말기 암환자의 원예활동

암환자들은 다육식물과 허브를 포함한 화훼식물을 선호하는 것으로 나타났다 이러한 식물을 재배함에 있어 암환자들의 체력적 소진 및 광예민성을 고려하여 실외 작업의 규모 및 시간을 조절해야 한다. 만약 실외에서 식물가꾸기 활동이 불가능할 시에는 잔디인형 만들기, 새싹채소 가꾸기 등과 같이 실내에서 수행할 수 있는 활동을 계획해야 한다.

암환자를 대상으로 한 도시농업 프로그램을 수행할 도시농업전문가는 암환자의 인구통계학적 특성 및 신체, 인지, 심리, 사회적 특성에 대한 이해가 기본적으로 필요하다. 또한 암환자를 위한 심리·사회적 중재인 인지행동전략, 스트레스 관리방법, 사회적 지지에 대한 이해를 바탕으로 불안감, 우울감, 스트레스 완화를 위하여 식물과 원예활동을 이용함에 있어 이론에 근거한 치료 및 접근 전략을 적용·수행할 수 있어야 한다.

6) 교정시설 수용자

교정시설에서의 원예치료는 재활과 치료, 예방적 차원에서 실시될 수 있다. 식물을 활용한 활동에 삶의 의미를 부여하고, 긍정적 가치를 인식하여 사회구성원으로서 다시 건강한 삶을 살 수 있도록 하는 데 목적이 있다. 미국에서는 50% 이상의 교도소에서 직업훈련 프로그램의 일환으로 원예활동을 실시하고 있다. 또한 교도소 내의 다양한 작업을 대체하는 활동으로도 활용하고 있다. 원예와 관련한 새로운 지식과 기술을 습득함으로써 출소 후 생활 안정을 통한 재범 방지에 기여할 수 있다.

수용자를 대상으로 한 프로그램에서는 대상자에 대한 특성, 정보 수집, 다양한 소재 및 도구의 반입을 위하여 교도관 등 교도소 관계자와의 긴밀한 협조가 필요하다. 수용자의 범죄 내용 등 개인정보는 반드시 보호되어야 하며, 수용자의 법률적 문제 개입 금지, 수용자의 요청에 의한 물품 전달 금지, 수용자와의 거래 금지, 허가받지 않은 물품의 반출과 반입 금지, 공평하고 일관된 행동, 정확한 시간 준수, 자유로운 이동의 제한 등 교도소 내 규칙을 위반하지 않는 범위에서 활동이 이루어져야 한다. 상해나 자살위험 등으로 인하여 칼, 가위, 실, 끈, 와이어 등 위험한 재료나 도구의 사용 시 각별한 주의가 요구된다. 또한 대상자의 재소 기간에 적절한 프로그램을 계획하는 것이 바람직하다.

전문가는 수용자의 인구통계학적 특성 및 수용자들의 신체, 인지, 심리, 사회적 특성에 대한 이해를 갖추어야 한다. 또한 교화 개선모형의 철학적 기초인 의료모형, 적응모형, 재통합모형과 주요 교정치료기법으로써의 정신역동적 접근법, 경험적이고 관계지향적 접근법, 인식적 · 행동적 성향의 행동상담에 대한 이해를 바탕으로 우울감, 불안감 등의 심리적 문제의 완화를 위하여 식물과 원예활동을 이용함에 있어 이론에 근거한 치료 및 접근 전략을 적용 · 수행할 수 있어야 하며, 집단 활동을 이끌고 촉진하는 자질을 갖추어야 한다.

그림 Ⅲ-1-27. 여성 수형자 원예활동   그림 Ⅲ-1-28. 청소년 수용자 원예활동

7) 노인

노인이란 '인간의 노령화 과정에서 나타나는 생리적, 심리적, 정서적, 환경 및 행동의 변화가 상호작용하는 복합형태의 과정에 있는 사람'으로 「노인복지법」에서는 65세 이상을 노인으로 정의한다. 노인은 심리사회, 인지, 신체적 기능의 저하로 인한 다양한 문제를 수반하게 된다. 초고령화 사회에 접어들면서 이러한 노인의 삶과 그 질에 더욱 큰 관심이 집중되고 있다.

노인은 전반적인 신체기능의 저하와 다양한 질병에 이환된다. 수정체의 조절능력이 약해져 노안이 오고, 색채지각과 어두운 곳에 대한 적응능력이 감퇴한다. 연령 증가에 따른 청각장애를 노인성 난청이라 하며, 대화를 할 때 큰소리로 대화해야 한다. 맛의 감지능력이 약해지며 촉각은 45세까지 증가하다가 그 이후 현저히 감퇴하는 경향을 보인다. 또한 노화로 인해 외부의 자극과 정보를 처리하는 신경체계의 활동과 속도가 감소하기 때문에 노인의 지각능력은 둔화된다. 뿐만 아니라, 지능, 기억력, 학습능력, 사고 및 문제해결 능력, 창의성 등과 같은 지적능력이 감퇴하며, 노화에 따른 신체적 질병, 배우자의 죽음, 퇴직에 대한 경제적 어려움, 사회와 가족으로부터의 고립과 소외, 지나온 세월에 대한 회한 등이 원인으로 작용하여 전반적으로 우울 경향이 증가한다.

생활상의 문제를 자기 스스로 해결하는 능력은 약화되고, 다른 사람의 도움을 받아 해결하려는 수동적이고 의존적인 경향은 증가되며, 자신감이 감소하고 자기중심적이 된다. 어떤 태도, 의견, 문제해결에 있어 옛날과 같은 방법을 고집하고 지속하는 경향이 있다. 사회적 역할변화와 관련하여 남녀의 성역할 전환이 이루어지며, 친근한 사물에 대한 애착이 발생하며, 사후에 자신이 이 세상을 다녀갔다는 흔적을 남기려는 욕망이 생기게 된다.

이러한 노인의 특성과 요구에 기반하여 도시농업 프로그램은 신체적 건강 유지 및 증진을 위해 신체활동을 제공할 수 있고, 식물 및 원예활동을 통해 감각자극 및 기억, 사고 등의 지각과 지적 기능을 자극할 수 있다. 식물기르기를 통한 긍정적 정서 향상과 소일거리 제공 등을 통한 여가 활용, 사회적 상호작용을 촉진할 수 있다.

그러나 노인을 대상으로 한 원예활동 시에는 안전성을 가장 먼저 고려해야 한다. 위험을 미연에 방지할 수 있도록 하는 것이 최선이며, 독성식물이나 정원 공간 내 위험성은 제거해야 한다. 재배활동 시간대의 햇빛과 그늘 정도도 고려해야 하며, 낙상, 탈진 등 예기치 못한 상황이 발생하였을 때 융통성을 가지고 적절하게 대응해야 하고, 마비나 휠체어 사용 노인의 활동영역을 고려해야 한다. 작업공간 이외에도 휴식할 수 있는 공간이 필요하며 가능하다면 노인의 활동이나 돌발상황에 대응할 수 있는 봉사자 또는 전문인력이 동행하는 것도 좋다.

활동에 대한 접근성을 높이기 위하여 물리적으로는 공동 활동공간과 재배공간 간의 적절한 거리, 동선, 보행 시 통로의 상태를 고려해야 하고 과도하게 큰 재배공간은 오히려 심리적 접근성을 감소시킬 수 있다. 식물재료, 설비, 기구, 도구, 화분 등은 노인이 지각하기 유리한 색채를 선택하고 익숙한 표식이나 지형지물을 길찾기의 단서가 될수 있는 적절한 위치에 배치한다. 도시농업전문가의 설명은 구체적이고 짧을수록 효과적이며 반복하여 또박또박 가까운 거리에서 이루어져야 한다. 그림이나 사진 등 비언어적 도구와 비언어적 태도를 적극 활용하여 이해를 높일 수 있다. 작업은 단순하고 반복적이어야 하며 너무 많은 일을 하게 하거나 복잡하고 정교한 작업을 제공하는 것은 바람직하지 않다.

노인을 대상으로 한 도시농업 프로그램은 공공도시텃밭, 민영도시농업농장, 노인복지관, 노인요양원, 주간보호센터, 치매안심센터, 경로당 등의 시설에서 이루어질 수 있다.

그림 Ⅲ-1-29. 노인의 원예활동　　　　그림 Ⅲ-1-30. 높임화단에서 원예활동을 하는 휠체어를 탄 노인

실내식물의
도시민 활용 및 사례

김광진

우리는 하루일과 중 보통 21시간을 실내에서 생활하지만 우리의 생활공간에는 식물이 많이 들어와 있지 않다. 우리의 생활공간에 많은 식물을 들여오기 위해 가정, 사무실, 학교를 중심으로 그린 홈·오피스·스쿨에 대한 적용 방법 및 효과를 알아보고자 한다.

1 그린 홈

1) 주거공간 특성

베란다는 일반 가정에서 가장 광량이 많은 곳이지만 햇빛이 있는 여름철과 겨울철 등에 온도변화가 가장 심하고 건조한 공간이다. 그러나 광이 부족한 실내공간을 고려할 때 가정에서 식물을 기르기에 가장 적합한 장소이다.

거실은 사람이 가장 많은 시간을 보내는 공간으로 광량은 보통이지만 반드시 식물을 필요로 하는 공간이다.

부엌은 광이 부족하고, 화장실은 광이 거의 없고 통풍이 불량하여 식물을 두기에는 적합하지 않은 공간이다. 그러나 광순화가 잘된 식물의 경우 2달 정도는 견디는 경우가 많다.

2) 기능에 따른 배치시 고려할 환경조건

① 광 환경

광은 광합성에 필요한 중요한 에너지원으로 적당한 빛이 실내식물 배치 시 가장 우선적으로 고려되어야 한다.

햇빛은 유리창을 투과하고 주변의 가구나 나무에 반사되어 실내로 들어오면서 현저히 약해진다. 실내 조도는 보통 1,000Lux(실외 조도 : 2~10만Lux) 이하로, 창가의 경우에도 5,000Lux 이하가 보편적이다. 형광등이나 백열등의 경우도 햇빛처럼 식물의 광합성에 이용된다.

아파트의 경우 베란다, 거실, 부엌, 화장실 순으로 광도가 낮아진다. 식물별로는 꽃보기식물이 가장 많은 광을 필요로 하며, 그 다음은 허브식물, 자생식물, 관엽식물의 순이다.

화원에서 구입한 식물을 실내에 배치할 때 가장 큰 환경 변화는 광환경이다. 따라서 식물이 광에 적용하도록 베란다에서 3~4주, 창가에서 1~2주를 둔 후에 실내 공간별로 배치하는 것이 좋다.

표 Ⅲ-1-11. 광도에 따른 식물 반응

조직의 형태	실내(저광도)	온실(고광도)
잎 크기	넓음	좁음
엽색	짙음	옅음
엽 두께	얇음	두꺼움
줄기	마디 김	마디 짧음
엽록소	많음	적음
꽃	수와 향 감소	수와 향 증가

그림 III-1-31. 광이 적은 실내와 광이 많은 온실에서 재배 시
관음죽의 형태적 변화
(저광도의 실내 - 왼쪽, 고광도의 온실 - 오른쪽)

② 온도 환경

공기의 흐름이 차단된 실내공간에서는 바닥과 천장 부근의 온도 차가 생긴다. 따라서 키가 큰 식물은 식물 부위에 따른 온도 차가 크기 때문에 정상적인 생리활동을 위해 가끔 환기를 해서 고른 온도분포가 이루어질 수 있도록 해 주는 것이 중요하다.

가정에서 난방이 되지 않은 베란다는 겨울철 온도가 낮지만, 그 외에 실내에서는 공간별로 온도 차가 크지 않은 것이 일반적이다. 사무실의 경우 겨울철 밤에는 난방기를 가동시키지 않은 경우가 많아 식물 배치 시에 고려되어야 한다.

식물은 원산지에 따라서 적정 온도가 다르다. 관엽식물은 대부분 열대나 아열대가 원산지로 겨울철에도 12℃ 이하로 내려가지 않도록 관리하는 것이 좋다. 겨울에 난방이 되지 않는 베란다에 있는 관엽식물은 실내로 들여놓아야 한다.

③ 습도 환경

공중습도는 실내온도가 올라가면 더욱 낮아진다. 특히 겨울철 난방으로 인해 온도가 올라갈 경우 실내습도가 더욱 낮아진다. 따라서 자주 스프레이 해주거나 화분을 서로 모아 두는 것이 좋다.

실내공간별로 공중습도는 큰 차이가 나지 않지만, 화장실이 높고 베란다가 약간 낮다. 건조한 곳에는 선인장, 다육식물 등이 기르기 적합하고, 습한 곳은 부드러운 잎을 가진 관엽식물, 난류, 양치류 등의 식물이 적합하다.

3) 주거공간의 활용

① 평면

방이나 베란다의 바닥을 이용한 장식으로 가장 일반적이며 또한 가장 안정감이 있는 장식 방법이다. 시야보다 식물이 아래에 놓이므로 작은 화분에서부터 키가 큰 식물까지 폭넓게 사용된다.

② 입체

실내의 천장이나 장식품을 활용하여 실내공간에 입체적으로 꾸미는 방법이다. 천장에 매단 양치류나 덩굴성식물은 실내에 동적이고 입체적인 즐거움을 준다. 식물을 시야보다 높게 매달지 않은 것이 좋으며, 사람의 동선을 방해하거나 머리에 부딪히지 않도록 늘어지는 덩굴성식물이 좋다.

③ 벽면

벽면장식은 단조로운 실내에 입체감을 가져와 한층 더 부드러운 실내공간을 연출하며 효율적인 공간 활용이 가능하다. 최근에는 다양한 벽면장식 제품이 개발되고 있다. 식물이 시야와 수평으로 벽면에 장식되기 때문에 큰 것보다는 작은 화분이 유리하다.

4) 생활공간 배치의 실제

일반적으로 아파트 108㎡의 경우 거실 넓이가 약 20㎡이며, 이 공간에 거주하는 사람이 실질적인 새집증후군 완화 효과를 보기 위해서는 화분을 포함한 식물의 높이가 1m 이상인 큰 식물일 경우 3.6개, 중간 크기의 식물은 7.2개, 30㎝ 이하의 작은 식물은 10.8개를 놓아야 한다.

① 거실, 베란다

거실은 온 가족이 사용하는 주요 활동 공간이다. 따라서 그 어떤 공간보다 공기정화기능이 뛰어나야 하며, 공간도 넓기 때문에 식물의 크기도 1m 정도로 큰 것이 좋다. 거실에 좋은 공기정화식물로는 남천, 접란, 아레카야자, 인도고무나무, 드라세나, 디펜바키아 등이 있다.

베란다에는 휘발성유해물질^{VOC} 제거능력이 우수한 식물 중에서 특히 햇볕을 많이 필요로 하는 꽃이 피는 식물이나 허브류, 자생식물 등을 배치하는 것이 좋다. 이러한 식물로는 팔손이나무, 분화국화, 시클라멘, 꽃베고니아, 허브류 등이 있다.

② 침실

침실은 하루의 피로를 풀고 수면을 취하는 매우 중요한 장소이다. 밤에 공기정화를 할 수 있는 식물을 배치해야 한다. 침실에 맞는 식물로는 호접란, 선인장, 다육식물 등이 있다. 이들 식물은 탄소동화작용을 밤에 하기 때문에 밤에 이산화탄소를 흡수하는 식물이다.

③ 공부방

공부방은 아이들이 생활하고 성장하는 가장 중요한 공간으로 음이온이 많이 발생하고 이산화탄소 제거 능력이 뛰어나며, 기억력 향상에 도움 주는 물질을 배출하는 식물을 둔다. 공부방에 좋은 식물로는 팔손이나무, 개운죽, 로즈마리 등이 있다. 발생된 음이온은 이동거리가 짧기 때문에 책상 위 등 가까운 곳에 두는 것이 좋다.

④ 주방

주방은 가족들의 먹을거리를 만드는 공간으로 가스레인지를 사용해 요리하기 때문에 다른 곳보다 이산화탄소와 일산화탄소의 발생량이 많다. 또한 거실보다 어둡기 때문에 음지에서도 잘 자라는 식물을 놓는 것이 좋다. 주방에 좋은 식물로는 스킨답서스, 안스리움 등이 있다.

⑤ 화장실

화장실에는 각종 냄새와 암모니아 가스를 제거하는 능력이 뛰어난 식물인 관음죽, 테이블 야자 등을 두는 것이 좋다. 관음죽은 암모니아를 흡수하는 능력이 뛰어난 식물이다.

거실, 주방, 침실 등의 생활공간은 각각 사용목적이 다르고, 또한 식물을 기르기 위한 광 등의 환경조건도 차이가 있다. 이러한 공간별 특성을 고려하여 공기정화 효과가 우수한 기능성 실내식물을 배치하는 것이 좋다.

그림 III-1-32. 기능성에 따른 생활공간별 식물 배치

그림 III-1-33. 생활공간별 기능성 식물

2 그린 오피스

1) 그린 오피스란?

그린 오피스란 공간부피 대비 2%의 공기정화식물을 도입하여 그린 인프라가 잘 갖추어진 육체적 · 정신적으로 힐링이 되는 친환경 사무 공간을 의미한다. 식물이 사무공간에 2% 도입되면 포름알데히드와 톨루엔이 각각 50.4%, 60.0% 제거되는 등 휘발성유기화합물^{VOC}이 건강 기준치 이하로 내려간다.

벽면, 파티션 및 여유 공간을 적절히 활용하여 식물을 도입하고, 식물을 임대하고 유지 · 관리를 해주는 업체에 의해서 관리되어야 한다.

그림 III-1-34. 그린 오피스

① 그린 오피스 공간, 벽면

좁은 사무실 공간을 활용해 식물을 두는 방법 중 하나는 벽면을 이용하는 것이다. 벽면에 바이오월을 설치하면 공간 활용은 물론, 공기청정기 역할을 한다.

바이오월은 공기가 잎과 근권부로 순환하도록 개발한 수직정원용 '식물—공기청정기'로 바람을 돌려주기 때문에 식물이 주변을 정화하는 것에서 그치지 않고 넓은 공간을 정화시키는 기능을 할 수 있다. 벽면을 활용하면 바닥의 공간을 차지하지 않고, 사람들에게 시각적으로 좋은 영향을 미칠 뿐만 아니라 실내의 정화 효과가 4배 정도 올라간다.

그림 Ⅲ-1-35. 바이오월

② 그린 오피스 공간, 파티션 위

그린 오피스로 만들 두 번째 장소는 파티션 위의 공간이다. 파티션 위에 식물을 놓으면 시각적으로 녹색이 보이는 비율, 즉 녹시율이 높아진다. 보통 파티션 위의 식물은 사람의 가슴 정도 높이에 있는데, 이걸 옆에서 보게 되면 사무실 공간에 식물이 많이 있는 것처럼 보인다. 파티션 위의 공간은 따로 사무실 공간을 차지하지 않고, 사람이 숨 쉬는 개별 호흡공간 내에 식물이 있기 때문에 사무실에 있는 근로자들의 건강에도 유익하다.

③ 그린 오피스 공간, 사물함 위

스마트 오피스화가 진행되면 사람들이 가져온 노트북을 놓는 사물함이 있게 된다. 그 사물함 위에 식물을 놓을 수 있다. 여기에는 시작단계에서 식물을 얹을 공간을 만들어 놓고 사물함을 제작하는 방법과 사물함 위에 식물을 놓는 방법이 있다.

④ 그린 오피스 공간, 자투리 공간의 변신

마지막으로 사무실의 자투리 공간과 휴게실에 실내정원을 만드는 방법이 있다. 나아가 가구나 회의 탁자를 활용해 식물을 두는 방법이 있다. 탁자 아래에 식물을 두는 공간이 일체형으로 되어 있다면 이 또한 사무실 공간을 따로 차지하지 않는다. 장기적으로 사무실에서 쓰는 가구에 식물이 들어갈 공간을 찾는 것도 좋은 방법이다. 또한 사무실에는 사람들이 걸어 다니는 동선이 있다. 공간을 구획하거나 동선을 유도할 때 화분으로 하는 것도 딱딱한 사무실을 그린 오피스로 만드는 좋은 방법이다.

그림 III-1-36. 공간별 식물 배치

그림 III-1-37. 그린 오피스 공간배치 모델

2) 그린 오피스 관리

① 그린 오피스 관리, 어렵지 않아요!

일반 회사에서 식물을 들여놓고 가장 고민하는 부분은 식물을 관리하는 것이다. 처음에는 보기 좋고 예쁘지만 지속적으로 관리하는 것에 힘들어 한다. 이 문제를 해결하는 방법 중 하나는 식물을 임대하는 것이다. 식물을 임대하고 일정 금액을 지불하면서 유지 관리를 맡기는 것이다.

회사가 복지 차원에서 지출하는 비용을 식물임대비에 활용하면 회사는 식물을 관리하는 고민을 하지 않아도 된다. 회사의 복지혜택을 조사한 결과 식물은 3순위 안에 들어가 있었다. 실제로 10여 년 동안 식물 임대를 한 회사들의 경우, 회사가 폐업하지 않고서는 중간에 식물을 뺀 적이 없다고 한다. 심지어 폐업을 한 회사도 식물을 빼는 시기는 가장 마지막 단계였다. 오히려 임대해 준 회사가 왜 식물을 빼지 않느냐고 물어봤다고 한다. 식물이 빠져 사무실이 갑자기 휑해지면 직원들이 회사가 이제 진짜 망하나 보다라고 할 것을 염려해서 그랬다고 한다. 식물이 주는 심리적인 영향에 비해 관리 비용은 크지 않다는 것이다. 한 가지 확실한 것은 10여 년 동안 식물을 임대해주고 관리하는 회사가 전국에 약 250여 개 되는데 망하기 전에 식물 빼라고 한 회사는 아직 한 군데도 없다.

처음 식물을 들어놓을 때, 즉 영업사원이 들어가서 회사를 설득하는 것은 매우 어렵다. 식물은 관리하기 힘들다고 생각하는 경우가 가장 많고, 비싸다고 싫어하기 때문이다. 그리고 일부 사람들은 사무실이 지저분해진다고 생각한다. 그런데 막상 식물을 들어놓고 지내보면 모두 좋아한다. 만족도가 높다는 것을 의미한다. 임대의 형식을 취하면 관리를 안 해도 되고, 항상 푸릇푸릇한 사무실을 유지할 수 있기 때문이다.

현재 식물에 센서를 넣어서 수분상태나 햇빛을 알 수 있는 데이터베이스도 만들어지고 있다. 그렇게 되면 식물 판매 회사에서 식물이 죽는 이유가 물 때문인지, 햇빛 때문인지 알 수 있다. 지금은 회사도 그렇지만, 일반 가정에서 살 수 있는 화분에도 센서를 부착하려고 준비 중이다. 그러면 식물을 판매한 후에도 식물이 죽는 이유를 금방 알 수 있다. 예를 들면 동향이 아닌 데서 식물이 많이 죽는다든지, 안방에 놔둔 식물이 밖으로 나오면 잘 죽는다든지 이런 이유를 빅데이터로 모을 수 있다.

우리는 자연 속에서 살았기 때문에 우리 주변으로 자연의 일부를 가져와야 한다. 보통 식물의 이산화탄소는 밤에 나온다. 대부분의 사무실은 낮에만 사람이 있고 퇴근하면 불을 끄고 나간다. 불을 끌 때부터 식물 입장에서는 밤이 시작된다. 사람이 있을 때는 항상 불을 켤 수밖에 없으니 식물에게는 낮이 된다. 밤에 사람이 근무를 하더라도 불을 켜 놓고 있으면 결과적으로 식물 입장에는 낮처럼 되기 때문에 CO_2가 감소한다. 오히려 사람이 모여 있으면 CO_2가 높아진다. 식물은 사람이 모여 생긴 이산화탄소 농도도 어느 정도 해결할 수 있고, 미세먼지 정화에도 도움을 주며 VOC와 같은 오염물질도 정화되고, 건조할 때 습도도 나온다.

③ 그린 스쿨

1) 그린 스쿨

① 그린 스쿨의 정의

그린 스쿨이란 부피 대비 2%의 공기정화식물 도입으로, 쾌적하고 정서적으로 안정을 주는 그린 인프라가 갖추어진 교실을 말한다. 그린 인프라를 구성하는 요소로는 공기정화식물, 교육프로그램, 유지·관리, 미세먼지 저감 등이 있다. 강제순환장치가 설치된 바이오월 설치로 공기정화식물 2%가 교실에 들어와야 하며, 식물이 없는 교실 대비 30% 이상 미세먼지가 저감되어야 한다.

교육프로그램 운영으로 학생들과 교실에 놓인 식물의 관계가 맺어져야 한다. 그리고 식물의 유지·관리는 학교 선생님이 아닌 도시농업관리사와 설치 업체, 그리고 학생들이어야 한다.

표 Ⅲ-1-12. 그린 스쿨의 구성요소 및 적용 단계

구성요소

- 공기정화식물 2% 도입 ·············· • 강제순환장치가 설치된 바이오월 도입
- 미세먼지 30% 저감 ·············· • 식물 없는 교실 대비 30% 저감이 목표
- 교육프로그램 운영 ·············· • 프로그램을 통해 학생 – 식물 관계를 맺어줌
- 유지관리 ·············· • 도시농업관리사, 설치 업체

그린 스쿨 적용 단계

① 학생들이 현재 각 교실의 환경을 측정 ▷ ② 식물이 미세먼지를 제거하는 원리 공부 ▷ ③ 전 학급생들이 교실에 수직정원 함께 조성 ▷ ④ 학생들이 본인이 만든 부분을 관찰하며 IT 수업 등 관련 수업과 연계하여 최상의 식물생장 환경을 만듦 ▷ ⑤ 수직정원 조성 전후 미세먼지 농도를 분석한 뒤, 수업형태 등 생활과 연계하여 미세먼지 농도를 비교, 각자 미세먼지 저감을 위한 최적의 생활습관 토론

② 그린 스쿨의 추진 배경

전국 학교의 17.8%가 미세먼지 나쁨 수준인 81ug/㎥ 이상으로 공기오염이 심각하다. 초중고 6,758개 학교 중 1,205개 학교가 나쁨 수준이다(2017, ○○○의원). 미세먼지는 어린 학생들의 건강에 더 심각한 영향을 미친다. 초미세먼지에 노출되면 생후 1년 미만의 영아 사망률은 53% 증가된다.

실내 오염물질 및 미세먼지 증가에 따른 쾌적한 실내 환경이 요구되고 있다. 학교에 도입된 공기청정기의 이산화탄소 제거 및 미세먼지 저감 효과는 의문시되고 있으나 식물의 흡수·흡착에 의한 미세먼지 및 휘발성 유기화합물 제거 효과는 입증되었다.

현재 미세먼지 제거 효율이 우수한 아이비, 수염틸란드시아 등이 선발되어 보급 중이며 (2018, 농촌진흥청), 식물의 공기정화 및 미세먼지 저감 기능을 활용한 '식물−공기청정기' 바이오월이 개발되어 보급되고 있다. 공기청정기와 바이오월이 함께 도입되면 시너지 효과를 기대할 수 있다.

환경교육의 중요성 및 교육환경 관련 국정과제 등도 추진 지원 중이다. 학교 노후시설을 개선하는 '학교시설 개선 종합계획'을 수립하고, 민감계층 및 취약지역에 노인·어린이 맞춤형 대책도 추진 중이다. 환경문제의 해결은 교육적 접근을 통한 생활 태도와 가치관 형성이 중요하다. 선진국에서는 국가나 지역사회가 지원하고 사회단체와 학교가 연계하여 다양한 프로그램이 실시되고 있다.

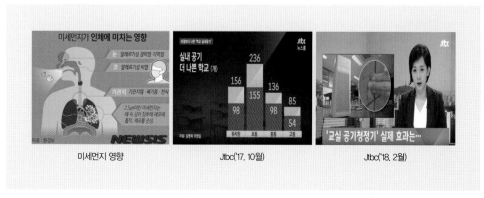

미세먼지 영향   Jtbc('17. 10월)   Jtbc('18. 2월)

그림 Ⅲ-1-38. 그린 스쿨 추진 배경

③ 그린 수쿨 추진 내용

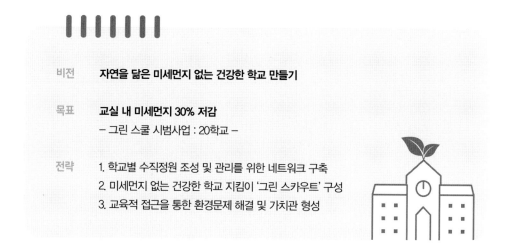

비전	**자연을 닮은 미세먼지 없는 건강한 학교 만들기**
목표	**교실 내 미세먼지 30% 저감** – 그린 스쿨 시범사업 : 20학교 –
전략	1. 학교별 수직정원 조성 및 관리를 위한 네트워크 구축 2. 미세먼지 없는 건강한 학교 지킴이 '그린 스카우트' 구성 3. 교육적 접근을 통한 환경문제 해결 및 가치관 형성

㉮ 맞춤형 : 학교별 특성에 맞는 수직정원 조성을 위한 네트워크를 구축하고, 공기정화식물을 활용한 친환경적인 수직정원(바이오월)을 학교 내에 적용하였다. 수요자(학교, 교육청), 공급자(농촌진흥청), 협력자(도시농업단체, 시공업체) 등으로 구성된 운영위원회를 구성하였다.

㉯ 생활형 : 미세먼지 없는 건강한 학교 지킴이 '그린 스카우트' 동아리를 구성하였으며, 해당 학생들 주관으로 학교 특성에 맞는 수직정원을 조성하였다.

㉰ 교육융합형 : 교육적 접근을 통해 환경문제 및 가치관을 형성하고자 하였다. 그린 스쿨 프로그램을 통한 공기오염, 수질오염 등의 환경문제 및 생명존중 교육을 실시하였다. 학교별 특성에 맞는 IT를 활용한 미세먼지, 공기질 측정으로 일상생활형 체감교육을 실시하였다.

표 III-1-13. 그린 스쿨 추진 내용

네트워크

조성

교육

그린 스쿨 수행을 위한 네트워크 구축	교실 내 수직정원 조성	프로그램을 통한 가치관 형성
(수요자) 학교, 교육청 (공급자) 농촌진흥청 (협력자) 도시농업단체 　　　　　시공업체 　　　　　농업기술센터	학생들 주관으로 학교 내 수직정원 조성 – 학생들의 직접 참여로 　식물에 대한 흥미 유발	실내공기 정화를 통한 공기질 개선 등 환경 및 생명존중 교육
수요자 – 공급자 – 협력자 협의체 구성	공기정화식물 2% 도입을 통한 미세먼지 30% 감소	학교별 특성에 맞는 IT를 활용한 미세먼지, 공기질 측정 교육

그린 스쿨 프로그램 교육

실내 공기질 측정 교육

그린 스쿨 교육 활동지

그림 III-1-39. 그린 스쿨 추진 내용

④ 교실에 식물 도입

학교에는 숲, 화단, 텃밭에 식물이 있지만 교실 안쪽으로는 식물이 거의 없다. 실제 건강에 직접적으로 도움이 되려면 학생들이 주로 생활하는 공간 안에 식물이 들어와야 한다.

미세먼지가 문제시되면서, 현재 거의 모든 교실 안에는 공기청정기가 있다. 공기청정기와 공기정화식물을 같이 둘 것을 제안한다. 공기청정기와 공기정화식물은 장단점이 있다. 예를 들어 공기청정기에 비해서, 공기정화식물은 이산화탄소를 흡수하고 산소를 내뿜는다. 아이들 집중력에 좋은 음이온도 나올 뿐만 아니라, 건조한 환경에 습도를 올려줄 수 있다. 공기청정기는 입자성 미세먼지 흡수에 뛰어나다. 그리고 VOC와 같은 휘발성물질은 식물공기청정기가 기계식보다 흡수를 더 잘한다. 그리고 식물이 아이들의 정서에 미치는 긍정적인 영향 또한 기계식 공기청정기가 갖지 못하는 장점이다.

현실적으로 교실에 들어가 보면 식물을 놓을 공간이 많지 않다. 사무실은 벽면을 활용할 수 있지만 교실의 경우 앞에는 칠판이 있어 벽면으로 할 수 있는 공간이 제한적이고, 교실 뒤편의 벽면도 아이들의 그림이 있어 제약이 많다. 그래서 앞면 칠판의 공간을 활용해서 녹화할 것을 제안한다. 보통 칠판을 밀어서 열면 양쪽 공간이 있는데, 이 칠판 전체를 이끼류로 벽면녹화해서 열면 녹색이 보이게끔 하는 것이다. 아니면 양쪽 공간만 벽면녹화를 만들어도 좋다. 현재는 칠판 위쪽에 식물을 쭉 놓아봤는데 이것도 반응이 괜찮았다.

또 햇빛이 들어오는 창가 벽면에 수직정원(바이오월)을 만들면 2% 정도 식물을 넣을 수 있다. 햇빛이 들어오는 창가 아래쪽은 식물을 두기에 가장 적합한 장소이다. 하지만 아이들이 창문을 봐야 하므로 높이에 신경을 써야 한다. 120㎝ 이하로 식물을 두면 문을 닫는 데 식물을 신경 쓰지 않아도 되고, 벽면에 서 있기 때문에 공간도 크게 차지하지 않을뿐더러 아이들도 식물도 창가를 마음껏 볼 수 있게 된다. 복도 쪽 공간은 아이들이 뛰어놀아도 크게 지장이 없게 만드는 것이 중요하다.

벽면과 창가 외에 교실 네 귀퉁이에도 각각 하나씩 화분이 들어가 있으면 좋다. 요즘은 가장 큰 문제가 미세먼지인데, 식물을 갖다 놓으면 미세먼지를 한 30% 정도 저감할 수 있게 된다. 살아있는 생명체인 식물과 학생들 사이에 관계를 맺는 것이 중요하다. 그래서 아이들이 처음부터 식물을 심는 것이 의미가 있다.

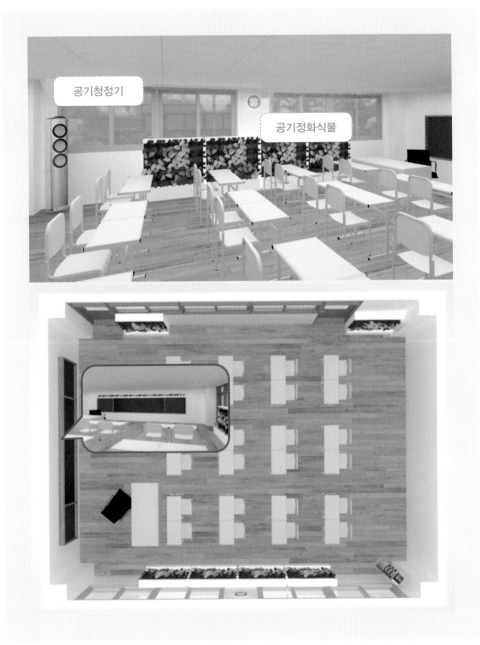

그림 Ⅲ-1-40. 그린 스쿨 식물배치 모델

⑤ 그린 스쿨의 교육적 효과

공기정화식물은 교육적 효과를 갖는데 아이들이 배우는 환경오염, 물주기와 물의 순환, 수질오염 등 환경과 연결 지어 교육할 수 있다.

수직정원 식재를 학생들과 함께 디자인하고, 심고, 물주기 등에 대해 8회기, 15회기 교육 프로그램을 작성하여 운영하였다. 학생들이 직접 아두이노를 가지고 식물센서를 만들어서 미세먼지를 정화하는 프로그램을 실행하였는데 정화실험의 경우 한쪽 아두이노에는 식물이 없는 것, 다른 쪽 아두이노에는 식물을 넣어 측정하였다. 아두이노는 일종의 초소형 컴퓨터인데, 특허 없이 부품을 풀어 놓아서 아이들이 이것을 가지고 코딩 교육도 하고, 식물 물주기 프로그램을 직접 짤 수 있었다.

○○초등학교 참여 학생 73명을 대상으로 설문 조사한 결과, 학생의 70.3%는 몸이 건강해졌다고 답했고, 76%는 기분이 좋아졌다, 81.7%는 새로운 지식을 배우는 효과가 있다고 답했다. 전체적인 만족도도 5점 만점에 4.5점으로, 그린 스쿨 프로그램에 지속적으로 참여하고 싶다는 응답이 많았다.

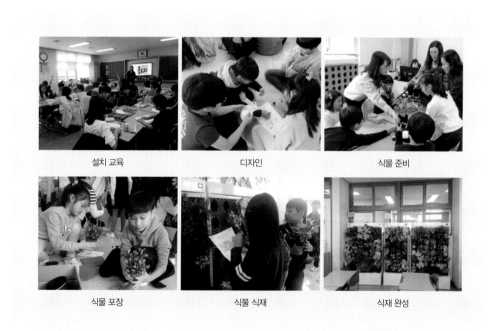

| 설치 교육 | 디자인 | 식물 준비 |
| 식물 포장 | 식물 식재 | 식재 완성 |

그림 Ⅲ-1-41. 수직정원 설치 과정 교육 프로그램

표 Ⅲ-1-14. 그린 스쿨 교육 프로그램

차시	수업내용	비고
1	그린 스쿨이란?	환경개념
2	그린 스쿨 스케치	환경설계
3	식물의 환경정화 이해하기	생물교육
4	아두이노 이해하기	기계교육
5	그린 스쿨 조성	토양
6	식물의 미세먼지 정화 알아보기	화학교육
7	미세먼지 센싱 및 측정하기	수학교육
8	식물에 물주기	물
9	미세먼지 LED 측정하기	물리교육
10	식물과 햇빛	빛
11	물부족알리미 만들기	SW교육
12	실내정원의 토양과 양분 알아보기	양분
13	광부족알리미 만들기	SW교육
14	식물−사람 커뮤니케이션	인성교육
15	그린 스쿨 만들기 소감 발표	국어교육

⑥ 그린 스쿨의 파급효과

㉮ 일자리 : 전국 약 17만 개 학교의 20% 정도 그린 스쿨 구축 시 식물 관리 일자리 3.5만 개 창출이 가능하다. 식물관리는 도시농업관리사 등을 활용할 수 있다.

㉯ 건강증진 : 수직정원 보급에 따른 실내 공기질 개선으로 건강증진 효과가 있는데 안정감은 15% 증가하고, 스트레스와 새집증후군은 각각 21%, 안구 증상은 14% 정도 감소하는 것으로 나타났다.

㉒ 교육효과 : 식물 및 환경 가치관, 학업 집중도 향상 및 정서안정 효과가 있는데 그린 스쿨 활동에 참여한 학생들의 76%가 정서안정 효과를, 환경친화적 태도는 15% 정도 향상된 것으로 나타났다.

㉓ 소득증대 : 수직정원 보급 및 확산으로 농가 소득증대 및 산업 활성화를 이룰 수 있다. 화훼농가의 생산액을 6,332억 원에서 8,180억 원으로 증가시킬 수 있는데, 현재 우리나라 1인당 화훼 소비액의 85%는 경조사용이고, 이중 선물용은 70% 정도이다.

2

도시농업
리더십

01 도시농업 현장에서의 의사소통
02 도시농업의 효과성 평가

도시농업 현장에서의
의사소통

이상미

1 의사소통

의사소통이란 둘 또는 사람들 사이에서 사실, 생각, 의견 또는 감정이 교환되는 것을 말한다. 이를 통하여 공통적 이해를 하고 의미를 공유함으로써 서로를 이해하게 된다. 또한 의사소통은 상대의 의식이나 태도 및 행동에 변화를 일으킬 수 있다. 대화가 이루어지는 과정은 상호작용으로 서로가 서로에게 영향을 미치게 된다. 상호 공통의 이해가 이루어져야 하기 때문에 의견의 일방적 전달만이 아니라 상대방이 전해오는 메시지가 적절히 이해되었을 때 비로소 의사소통이 이루어졌다고 할 수 있다.

도시농업전문가는 단순히 도시에서 식물을 잘 기르는 사람이 아니다. 이들은 도시민의 도시농업에 대한 이해를 높일 수 있도록 도시농업 관련 해설, 교육, 지도 및 기술보급을 하는 사람이다. 도시농업전문가들은 도시농업에 관심이 있는 도시민들이 식물을 잘 기를 수 있도록 돕는 데 그치지 않고 식물을 기르는 과정에서 환경적, 심리·사회적, 교육적 효과 등 공익적 가치를 확산하기 위한 촉진자, 중재자, 지도자의 역할을 수행해야 한다. 특히 정보와 지식의 단순한 전달자가 아닌 도시농업 참여자와의 상호작용 속에서 인지, 심리, 사회적 기능에 영향을 미치게 되는 것이다. 이러한 과정에서 도시농업전문가는 적절한 의사소통

역량을 갖추어야 한다. 즉 다양한 상황, 다양한 사람들과 더불어 변화무쌍하며 역동적인 의사소통을 효율적으로 해내야 함을 의미한다. 사실 인간은 생각하고 느끼는 것을 어떻게든 표현해야 하므로 바람직한 의사소통기술은 도시농업전문가로서 뿐만 아니라 하나의 인간으로서의 개인적 삶을 위해서도 필수적이라 하겠다.

2 의사소통의 유형

1) 언어적 의사소통

의사소통에는 언어적 의사소통과 비언어적 의사소통이 있다. 언어적 의사소통은 말이나 글로써 사실적인 정보를 정확하고 효율적으로 전달할 수 있다. 그러나 그 언어가 내포하며 암시하고 있는 의미나 느낌 등을 소통하는 데는 효율적이지 않을 때도 있다. 우리는 말로 표현되는 것만 의사소통이라고 여기지만, 사실 언어를 통한 의사소통은 인간이 사용하는 전체의 의사소통 가운데 아주 작은 부분으로 그 의미의 약 7%만이 말에 의해 전달되며, 38%는 목소리와 같은 초 언어적 자질에 의해, 55%는 몸짓에 의해 전달된다. 그럼에도 불구하고 언어의 사용은 굉장한 힘을 가지므로 도시농업전문가들은 적절한 언어 사용을 위해 노력해야 한다.

2) 비언어적 의사소통

비언어적 의사소통은 구어와 문어를 제외한 모든 것을 일컬으며, 다른 의사소통에 연계되어 여러 가지 기능을 하고 있다. 비언어적 의사소통은 말보다 전달하고자 하는 의미를 정확하게 내포할 수 있다. 일반적으로 사람들은 상대방이 듣기 원하는 것은 언어로 표현하는 경향이 있으며, 반면에 상대방이 받아들이기 어렵다고 생각되거나 진실로 전달하고 싶은 메시지는 비언어적 통로를 통해 전달하려는 경향을 보인다. 비언어적 의사소통 행위는 음성, 행동, 사물, 공간, 접촉의 5가지로 나타난다.

① 음성

음성은 목소리의 고저, 속도, 특성, 성량, 강도, 리듬, 웃음, 신음소리, 기침과 같은 소리 등으로 감정의 중요한 단서가 되며, 정보의 강력한 전달자가 된다. 도시농업전문가는 실내외에서 도시농업 참여자들에게 이러한 음성적 특성을 활용하여 정보를 전달하거나 참여자를 지지, 격려하게 된다.

② 행동

행동은 몸의 움직임, 자동적인 반사, 자세, 얼굴표정, 얼굴색, 몸짓, 매너리즘과 기타 모든 종류의 행동을 말한다. 얼굴의 움직임과 자세는 상대의 기분을 해석하는 중요한 단서가 된다. 특히 지지적, 치유적 역할을 수행하는 도시농업전문가는 참여자와의 관계형성을 위하여 온정적인 자세와 표정, 몸짓뿐만 아니라, 정보 전달자로서의 신뢰와 안정감을 위한 확고하고 곧은 자세 등의 훈련이 필요하다.

③ 사물

의상, 가구, 소유물 등 사물을 통해 자기감각을 상대방에게 의사소통할 수 있다. 특히 실외활동이 많은 도시농업전문가에게 사물은 그들의 의지, 참가자와 농업활동, 자연환경에 대한 태도를 내포한다고 해도 과언이 아니다. 사소하게는 의복, 신발의 종류 등과 화장, 액세서리 등의 착용 여부 등이 관여한다.

④ 공간

두 사람 간의 관계의 특성을 전달하는데 공간의 위치, 공간의 거리 등이 관여한다. 일반적으로 친밀한 거리는 45㎝ 이내, 사적인 거리는 45~120㎝, 사회적 거리는 120~360㎝, 공적인 거리는 360㎝ 이상이라고 간주한다. 도시농업전문가는 기본적으로 참여자들과의 사회적 거리를 유지한 상태에서 참가자와의 관계 정도, 참가자의 특성 등을 고려하여 공간의 적절성을 결정하여야 한다.

⑤ 접촉

접촉은 개인적 공간과 행동을 포함하며 비언어적 메시지 중에서 가장 개인적인 것이다. 접촉은 다른 사람과 만나거나 관계를 맺는 방법으로 다른 사람과 연결되고자 노력하고 있음을 표현한다. 다른 사람에게 관심과 공감, 돌봄과 같은 것을 표현하거나 전달하는 방법이 될 수 있다. 그러나 도시농업 참가자들의 특성을 파악하여 접촉에 예민하거나 과민한 참가자의 경우 주의를 기울여야 한다.

3 의사소통 기법

1) 효과적인 의사소통

효과적인 의사소통을 위해 중요한 것은 많은 말, 유려한 말솜씨가 아니라 상황에 적절하고 진심을 담은 말이 보다 큰 힘을 갖는다는 것이다. 현장에 활용할 수 있는 적절한 언어의 사용은 다음과 같다.

① 전달하고자 하는 메시지를 명확히 하고 참가자들이 모두 이해할 수 있는 단어를 사용한다. 특히 문화, 지위, 환경, 학력, 연령 등이 다른 사람과 대화할 때에는 의미가 공유되는지 더욱 유의해야 한다.

② 표현되는 어휘를 분명히 하고 상대방의 수준을 고려하여 단어를 선택한다. 원예와 관련한 전문적인 용어를 쓸 때는 쉬운 말로 풀어 이야기하거나 이해시키기 위해 노력해야 한다.

③ 메시지는 요약적이고 방향이 있어야 한다.

④ 언어적 표현과 행동이 일치하는 메시지를 전달하도록 한다.

⑤ 말하기 전에 예상되는 긍정적, 부정적 반응을 충분히 생각하고 준비한다.

⑥ 상대방이 메시지를 받아들일 시간을 주어야 한다.

⑦ 상대방이 표현하는 메시지를 적절히 이해해야 한다.

도시농업전문가는 참가자를 대할 때 전문적이고 객관적인 태도를 견지해야 하나 어쩔 수 없이 참가자와의 상호작용 속에서 감정이 일어나기 마련이다. 이때는 현재의 감정이 상대방에게 도움이 되는지 등에 대해 판단하고, 주관적인 선입견이나 편견을 배재하고 그 상황에 최대한 객관성을 갖도록 노력해야 한다. 또한 도시농업 참여자들에게 도움을 주기 위해서는 비판단적, 비지시적이며 개방적 대화를 해야 한다. 상대방의 말을 비판하지 않으면서, 동시에 나 자신의 내면에서 일어나는 것을 자각하면서 들을 때 상대방의 말을 객관적으로 파악할 수 있다. 또 마음을 열고 개방적인 대화를 할 때 상대방의 비판적인 말도 잘 들을 수 있게 된다. 자기 의견에만 매달리다 보면 성장할 수 없으며, 의견이 다르다고 해서 상대방의 말을 듣지 않는다면 좋은 인간관계를 유지할 수 없다.

2) 의사소통의 걸림돌

참여자들을 그대로 받아들이면서 비판단적, 비지시적, 개방적인 대화를 하는 것이 효과적인 의사소통의 기본이라면, 참여자를 그대로 받아들이지 않고 지시적이고 판단적이며 폐쇄적인 대화를 하는 것은 의사소통의 걸림돌이 된다.

참여자를 일시적으로 안심시키기 위해서 "다 잘될 거예요", "잘 자랄 거예요. 걱정하지 마세요" 등과 같은 '일시적인 안심'은 참여자의 걱정과 불안을 무시하거나 경시하는 태도로 받아들여질 수 있다. 또한 '불필요한 칭찬이나 비난', 참여자의 느낌이나 주제에 대한 이야기 나누기를 '거절', 비위를 맞추는 듯한 '지나친 동의'나 "나는 그렇게 생각하지 않아요"와 같이 상대의 말을 반박하고 논쟁하는 '이견', 자신이 많은 것을 알고 있음을 반영하는 '조언', 심문하듯 캐묻는 '탐지', 비현실적 생각을 증명하도록 요구하는 '도전', 지식이나 지각 정도를 파악하기 위해 마치 시험 보는 듯한 태도의 '시험', 도시농업전문가를 보호하기 위하여 참여자의 견해나 느낌 표현을 막는 '방어', 참여자의 생각, 느낌 행동에 대하여 '왜'를 설명하라는 '설명요구', "그까짓 것이 뭘 걱정이세요?", "걱정하실 게 못되요" 등과 같이 참여자의 표현과 느낌에 대해 가볍게 넘겨버리는 '표현된 감정의 경시', "용기를 잃지 마세요", "좋은 생각만 하세요" 등과 같은 흔해빠진 표현이나 무의미한 말, 의미 없는 상투적 문구, 틀에 박힌

대답과 같은 '상투어', 참여자의 감정이나 느낌을 반영하지 않고 문자나 말 그대로를 받아들여 대답하는 '문자적 반응', 화제를 일방적으로 돌리는 '말머리 돌리기' 등이 그것이다.

또한 도시농업 현장에서 도시농업전문가가 다음과 같은 의도를 가지고 의사소통을 하는 것은 진정한 소통에 걸림돌이 된다.

① 나는 좋은 사람이야

도시농업전문가가 '나는 정직하다, 열심히 일한다, 친절하다, 착하다, 용감하다'라고 말하면서 자신이 좋은 사람이라는 것을 끊임없이 내세우면 이를 듣고 있는 참여자들은 거부감을 가질 수 있다. 이런 말은 자신의 낮은 자존감을 보상하기 위해 사용되는 경우가 많다.

② 나는 강한 사람이야

도시농업전문가는 다양한 상황에서 참여자들을 이끌고 지도해야 한다. 그러나 이러한 상황에서 종종 자신이 심리적으로나 신체적으로 힘이 있는 사람임을 드러내는 대화를 할 때가 있다. 이들이 정말 원하는 것은 '나는 누구보다 강하고 열심히 일하며 중요하다'는 메시지를 전함으로써 다른 사람들로부터 칭찬을 듣거나 아니면 적어도 비난을 받지는 않으려는 것이다. 이러한 대화는 다른 사람들에게 상처를 받지 않도록 자신을 지킴으로써 낮은 자존감을 보호하기 위한 의도가 깔려있는 것으로, 이런 태도의 내면에는 타인의 거절을 두려워하고 자기 가치에 대해 확신하지 못하는 연약한 자아가 들어 있다.

③ 나는 모든 것을 알아

다른 사람들에게 유익한 정보를 제공하려는 것이 정말 의도하는 것이 아니라 자신이 얼마나 많은 것을 알고 있는가를 증명하려는 의사소통이다. 도시농업전문가는 식물의 재배관리와 관련한 지도를 하거나 또한 다양한 질문을 받게 된다. 모든 식물에 대한 해박한 지식이 있을 수도 있지만 그렇지 못한 상황에서도 자신의 약점을 노출하지 않기 위해서 모든 것을 다 아는 것처럼 행동해서는 안 될 것이다. 이러한 유형의 의사소통을 하는 사람들은 어느 자리에서나 자신이 아는 것을 주제로 삼아 이야기를 끌고 가려고 하는 경향이 있으며, 다른 사람을 가르치려 하거나 설교하는 것 같은 형태를 취하기도 한다.

④ 나에게 잘못이 없어

도시농업 참여자들은 식물을 재배하는 과정에서 실패를 경험할 수 있다. 이 과정에서 참여자들은 지도를 해 준 도시농업전문가에게 그 책임을 돌리려 할 수 있다. 이러한 상황에서 만약 도시농업전문가가 그 원인을 외부에서 찾으려 한다면 식물재배에 실패한 참여자의 잘못을 찾아내어 지적하고 비난함으로써 자신의 책임을 전가하거나 자신이 항상 옳다는 것을 증명하려 할 것이다. 이러한 도시농업전문가, 도시농업 참여자들은 다른 사람의 조언을 잘 들으려고 하지 않을 뿐 아니라 혹 조언을 구하더라도 그 결과가 좋지 않으면 조언을 해준 사람을 탓한다. 이러한 태도는 자신은 아무런 책임이 없다는 것을 보여주는 심리적 방패막이와도 같다.

4 리더십

앞서 언급한 바와 같이 도시농업전문가는 촉진자, 중재자, 지도자의 역할을 수행해야 한다. 위에서 서술한 의사소통이 촉진자, 중재자로서의 역할 수행에 필수적 역량이라면 리더십은 지도자의 역할 수행에 필요한 역량이라 하겠다.

리더십이란 조직의 특정한 목표를 달성하기 위해 구성원들에게 영향력을 미치는 전반적인 역량이며, 조직 내 혹은 조직 간의 상호작용을 통해 자발적인 참여를 유도하는 모든 활동으로, Lewin(1938)에 의하면 리더가 조직원들에게 권력을 행사하는 형태와 정도에 따라 권위적 리더십, 민주적 리더십, 자유방임적 리더십으로 구분할 수 있다. 도시농업전문가는 위의 리더십을 상황, 참여자 등에 따라 적절히 결정하고 발휘하여야 한다.

1) 권위적 리더십

권위적 리더십을 발휘해야 하는 상황은 집단이 새로 형성되었거나, 집단이 매우 클 때, 수행할 과제에 대해 시간이 제한적일 때, 집단의 활동을 위해 체계가 필수적일 때, 높은 과제 수행능력이 요구될 때, 참여자의 사회적 기술이 제한되어 있거나 인지적 결함을 가지고 있을 때, 참여자가 선택을 하는 상황이 오히려 위협적이거나 어려울 때이다. 또한 참여자들 사이에서 부정적이고 파괴적 행동이 발생할 때, 안전이 최우선일 때 발휘할 수 있다. 그러나 권위적 리더십은 비교적 지시적으로 이루어지기 때문에 참여자의 의존을 조장할 가능성이 있으며, 문제가 발생했을 때 그 책임은 지도자에게 있다고 여기게 된다.

2) 민주적 리더십

민주적 리더십은 토론을 할 만큼의 시간이 허용될 때, 집단의 기능이 좋을 때, 사회적 기술이 집단의 중요한 목표일 때, 완전한 참여를 추구하는 것이 중요할 때 발휘해야 한다. 이는 구성원이 의사결정에 참여할 수 있으며 협력하는 느낌을 가질 수 있다. 그러나 토론을 위한 시간이 필요하다는 특징이 있다.

3) 자유방임적 리더십

자유방임적 리더십은 집단의 크기가 작을 때, 창조성이 강조될 때, 신뢰와 책임감이 목적일 때, 집단 구성원이 사회적 영향을 주고받을 수 있으며 집단 구성원이 직접 일정을 정할 필요가 있거나 최종 생산물의 수준에 융통성이 허용될 때 발휘할 수 있다. 자유롭고 개방적이며, 비지시적이고 참여자 중심적이며, 참여자들이 행동을 시작하도록 유도하고 참여자들의 독립심을 강조하는 접근이다.

5 인간에 대한 이해

이상에서 살펴본 도시농업 의사소통과 도시농업 리더십은 도시농업전문가들이 갖추어야 할 기술적 역량이라고 할 수 있다. 이러한 기술을 잘 습득하고 활용하며 그 역량을 향상시키기 위해서는 이에 상응하는 태도를 갖추어야 한다. 그 태도는 바로 인간에 대한 이해라고 말하고 싶다. 의사소통기술과 리더십 향상을 위해서는 먼저 자신에 대한 이해를 바탕으로 타인에 대한 이해와 수용이 이루어져야 한다. 이에 본 단락에서는 자기인식과 타인이해로 이루어진 인간에 대한 이해를 다루고자 한다.

1) 인간에 대한 이해

인간은 각기 다른 발달과정을 거치면서 성격이 형성된다. 인간은 모두 다르며, 이는 예측할 수 없고 똑같은 구조가 아니며, 똑같이 생각하고 반응하지 않는다는 것이다. 따라서 인간관계나 의사소통에 일반적인 것은 없다고 할 수 있고 자기 자신이나 타인에 대한 이해를 바탕으로 서로를 알아가며 교류하는 과정이 필요하다. 자신과 타인을 이해하기 위해서는 개인의 정서적 욕구를 인식하고 ① 어떻게 성장해 왔는가 ② 생에 적응하는 방법은 어떠한가 ③ 갈등에 대처할 때 어떠한 반응을 나타내는가 ④ 대인관계에서 자신의 역할을 통찰할 수 있는가와 같은 사항에 질문을 던지고 탐색할 수 있어야 한다.

2) 자기인식

타인을 돕는 역할을 하는 사람들은 "나는 누구인가"라는 질문에 스스로 답해 볼 필요가 있다. 자신을 명확히 이해하고 수용함으로써 상대방에게 자신을 있는 그대로 개방할 수 있기 때문이다. 이는 자신의 가치관, 감정 등을 이해하고 자신을 있는 그대로 인정하고 받아들이는 자기 수용을 포함한다. 대부분의 사람들은 자신을 모르고 살아가는데 자기이해가 부족하면 행동에 일관성이 결여되고, 이는 상대방을 당황하게 만들고 신뢰감을 주지 못해 인간관계 및 의사소통을 방해한다. 따라서 자기인식을 통해 발견한 자신을 인정할 수 있어야 하며 자기를 확장해 나가야 한다.

자기를 인식하는 개념과 방법 중 '조하리의 창Johari's Window'은 나와 타인과의 관계 속에서 내가 어떤 상태에 처해 있는지를 보여주고 어떤 면을 개선하면 좋을지를 보여주는 데 유용한 분석틀이다. 조하리의 창 이론은 조셉 러프트Joseph Luft와 해리 잉햄Harry Ingham이라는 두 심리학자가 1955년에 개발한 개념으로, 조하리Johari는 두 사람 이름의 앞부분을 합성해 만든 용어이다. 조하리의 창에는 네 가지 영역이 있으며 그 영역들에는 느낌, 생각, 행동 등이 자신과 타인에게 잘 알려져 있는 개방된 영역(A), 자신은 알고 있지만 타인에게는 가려져 있는 영역(B), 타인에게는 알려져 있어도 자기 자신을 자각하지 못하는 영역(C), 그리고 마지막으로 깊이 숨겨져 자신도 타인도 알 수 없는 영역(D)이 있다.

	자신은 안다 I know	자신은 모른다 I don't know
타인은 안다 You know	A 열린 창 (Open)	C 보이지 않는 창 (Blind)
타인은 모른다 You don't know	B 숨겨진 창 (Hidden)	D 미지의 창 (unknown)

그림 III-2-1. 조하리의 창문

자기개방이란 자신에 대한 정보를 상대방에게 제공하는 것이다. 자기개방을 하게 되면 자기에 대한 이해가 더욱 명확해지면서 친밀한 인간관계가 형성된다. 자기인식을 증가시키기 위해서는 자신을 경청할 수 있어야 한다. 이것은 자신의 진정한 생각, 감정, 기억, 충동 등을 탐구하면서 경험하도록 하고, 자신의 욕구를 확인하고 받아들여 자신의 신체가 자유롭고 즐거우며, 자발적인 방향으로 움직여 가도록 하는 것을 의미한다. 다음 단계는 남의 말을 경청하고 남으로부터 배우는 것이다. 자신에 대해 알아가는 것을 스스로 터득하기는 쉽지 않다. 다른 사람과 관계를 맺으면서 자신에 대한 지각을 확장시켜 나갈 수 있다. 그러나 이러한 학습은 적극적인 경청과 타인의 피드백에 대한 열린 마음을 요구한다. 다음 단계는 자기노출을 하거나 자신의 중요한 측면을 남에게 나타내 보임으로써 자기인식을 증가시킬 수 있다. 자신의 부족한 점이나 과거의 실수를 적절한 경계선 내에서 개방할 때 더이상 자신을 숨기기 위해 에너지를 소모할 필요가 없게 된다. 자기노출은 인격이 건강하다는 것을 의미하며 또한 건강한 인격을 가질 수 있는 방법이기도 하다. 마지막으로 집중적인 훈련이나 정신분석을 통하여 무의식을 의식화 시킬 수 있다.

이외에도 어떠한 자아 상태에서 인간관계가 교류되고 있는가를 분석하여 자기 통제를 돕는 심리요법의 하나인 '교류분석', 마이어스^{Myers}와 브릭스^{Briggs}가 융^{Jung}의 심리 유형론을 토대로 고안한 자기보고식 성격 유형 검사인 'MBTI', 사람들이 느끼고 생각하고 행동하는 유형을 9가지로 분류하며 이 중 하나의 유형을 타고난다고 설명하는 '에니어그램^{Enneagram}' 등 자신을 인식하고 나아가야 할 바를 모색하기 위한 다양한 방법이 있다.

3) 타인에 대한 이해 및 수용

타인에 대한 이해는 자기 자신에 대한 이해와 수용을 바탕으로, 상대방의 경험이나 감정을 마치 자기 자신의 것처럼 느끼고자 감정이입을 할 때 가능해진다. 즉, 그 입장이 되어 보고 느낌이나 경험을 상대방의 언어로 재진술하고 반영하는 것이다. 하지만 타인의 감정을 함께 공감하며 돕는 것은 쉬운 일이 아니다. 경험이 비슷한 경우 좀 더 쉬울 수 있으나 그렇지 않은 경우는 많은 노력이 필요하므로 모든 사람을 공감하리라는 기대는 비현실적이다. 그러나 공감은 학습되는 것으로 개발할 수 있다는 점이 위안을 준다. 타인을 대할 때는 방어적이거나 감정을 부정하지 말고 진실하게 반응하여야 한다. 상대방에 대한 믿음은 관계의 기본이므로 일관된 태도를 보여주어야 하며, 무조건적인 허용과는 구별하여야 한다.

도시농업의
효과성 평가

김진덕

도시농업은 농업의 다원적 가치에 기반을 둔 환경, 교육, 문화, 복지, 공동체형성 등의 다양한 공익적 기능이 있다. 크게는 지속가능한 도시를 위한 역할과 농업의 가치를 국민과 함께하는 도농상생의 역할을 갖고 있어, 도시농업의 효과성 평가는 도시농업의 공익적 기능이 현장에서 어떻게 구현되고 실행되고 있는지를 평가하는 과정이라 할 수 있다.

1 도시농업 프로그램의 특성과 효과성 평가

1) 도시농업 활동의 통섭적 기능과 확장성

도시농업은 건강한 먹거리의 생산을 넘어서서 다양한 영역으로의 확장성이 높은 활동이다. 도시농업은 기후위기에 대응하는 생태환경적인 역할로, 도시의 인공지반을 녹화함으로써 도시의 열섬 완화, 대기정화의 효과가 있으며, 도시의 버려지는 유기자원을 활용한 퇴비화, 빗물의 이용 등 자원순환 활동과 연계할 수 있다.

학교텃밭은 식생활교육, 인성교육과 연계할 수 있으며 다문화가족, 장애인, 청소년, 노인 등 다양한 대상의 프로그램으로 운영하여 공동체형성, 여가문화, 건강과 복지의 효과를 가져올 수 있다. 농사를 함께 배우는 과정은 시민들에게 평생학습의 기회를 제공한다. 또한 도시농업의 다양한 활동이 사회적 경제 영역으로 확장되면 일자리 창출의 효과를 가져올 수 있다.

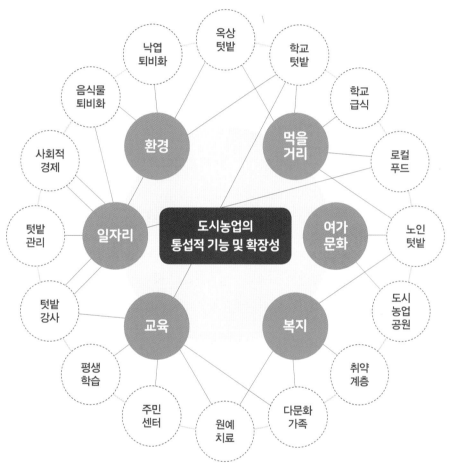

그림 Ⅲ-2-2. 도시농업의 통섭적 기능과 확장성

위 그림과 같이 도시농업 활동은 환경, 사회, 경제적 영역에 걸쳐 다양한 활동과 결합하여 이루어지고 있으며, 도시농업의 통섭적 기능과 확장성을 바탕으로 도시농업 활동의 특성을 잘 살리는 것이 도시농업의 공익적 효과를 발휘하는 데 중요하다고 할 수 있다.

2) 도시농업 활동의 특성

도시농업의 공익적 가치와 효과는 도시농업에 참여하는 주체, 즉 도시농부에 따라 달라질 수 있다. 도시농업이 사람(참여자) 중심의 활동이라는 특성을 갖고 있기 때문이다.

자기만의 이기적인 농사를 짓는 것과 공동체와 이웃을 위한 농사를 짓는 것은 과정과 결과가 다르게 나타날 것이며, 도시농업이 미치는 사회적 기여도 달라질 것이다. 도시농업을 통한 건강한 시민의 육성, 이를 통한 건강한 사회를 만들어 가는 과정은 도시농업이 참여자의 삶$^{life\ style}$을 이웃과 사회를 위한 삶으로 변화 시킬 수 있으며, 이는 도시농업 활동이 갖고 있는 공익성과 같은 특성에서 기인한다고 할 수 있다.

① 도시농업은 농업의 다원적 가치를 활용하는 공익적 활동의 특성을 갖고 있다

도시농업은 도심 내 녹지공간의 확대를 통해 열섬현상의 완화, 미세먼지의 저감, 공기정화와 이산화탄소의 흡수, 유기자원의 순환 등 환경적 가치뿐만 아니라 공동체의 형성, 생태감수성의 함양, 치유와 건강, 자존감의 형성 등 복지서비스의 제공, 건강한 먹거리와 농업농촌에 대한 이해증진 등의 다양한 공익적 역할을 갖고 있다.

② 도시농업은 자발적 참여에 의해 이루어지는 활동의 특성을 갖고 있다

농사는 일회적인 활동이 아니라 지속적이고 일상적인 활동이기에 자발적인 동기와 지속적인 활동에 대한 의지가 필요하다. 자발적이고 주체적으로 임할 수 있는 동기와 의식을 갖도록 하는 과정이 필요하다.

이러한 자발적 동기는 개인적인 이해관계에 머물 수도 있고, 공익적 영역으로 발전할 수도 있다. 도시농업의 공익적 기능에 대해 참여자가 충분히 이해하여, 공익적 기능의 실천가로서의 자긍심을 갖게 하여 활동에 대한 동기부여를 하는 것이 필요하다. 이를 위해 도시농업의 공익적 기능이 발휘될 수 있도록 생태환경적이며, 공동체적인 활동 방향을 갖는 것이 필요하다.

③ 도시농업 활동은 공동체의 가치를 지향하는 것이 필요하다

공동체의식은 개인주의, 물질만능주의에 입각한 경쟁이 아니라 서로의 차이를 존중하고, 개성과 다양성에 기초한 협동의 가치를 우선시할 때 이루어진다. 개인과 가족중심의 활동을 뛰어넘어 이웃과 사회에 대한 긍정적 관계 형성을 하는 활동으로 발전할 필요가 있다.

또한 도시농업 활동이 참여자뿐만 아니라 비참여자인 일반시민에게도 공공성을 갖추고 있을 때 개개인의 활동 영역을 넘어 지역사회의 공동체를 위한 긍정적인 역할을 할 수 있다.

3) 도시농업의 효과성 평가

도시농업은 사회 공익적 기능이 있음에도 불구하고, 개인을 위한 활동에 머물면 이기적인 활동으로 전락될 수 있다.

다음에 제시되는 도시농업의 효과성에 대한 평가표는 현재의 도시농업을 진단하고, 도시농업의 효과를 측정하는 하나의 자료가 될 것이다.

표 Ⅲ-2-1. 도시농업의 효과성 평가

분야	평가영역	세부 점검 및 평가 내용
환경	생태, 환경, 기후위기 대응 자원순환	**점검내용** • 환경 친화적인 농사법을 시행하고 있는가? • 자가퇴비 만들기 등 자원순환을 실천하고 있는가? • 수돗물에 의존하지 않고, 빗물을 활용하고 있는가? • 퇴비의 과다사용으로 인한 토양 및 수질오염은 없는가? • 겨울과 이른 봄 녹비작물로 토양이 피복되어 있는가? • 생물다양성이 적용되고 있는가? **효과성 평가** • 자원순환을 통한 물과 에너지 저감 • 토양의 보전 및 대기정화 • 다양한 생물의 생태 서식 공간의 제공 • 기후위기에 대응하는 환경의식의 함양

사회	건강, 복지, 공동체, 교육, 문화	**점검내용** • 참여자를 위한 프로그램과 교육이 주기적으로 이루어지는가? • 갈등과 민원의 주요 내용은 무엇인가? • 민주적으로 운영되는가? • 관계 형성을 위한 프로그램은 운영되는가? • 협동하는 활동이 진행되고 있는가? **효과성 평가** • 참여자의 건강증진 • 평생교육의 장 제공 • 자존감의 형성 • 공동체의식 형성
경제	사회적 경제 일자리	**점검내용** • 관리와 프로그램 전문가를 배치하여 운영하고 있는가? • 사회적 경제영역과 결합된 활동은 어떤 것인가? • 도시농업 관련 서비스를 제공하는 담당은 누구인가? • 일자리 제공과 결합된 활동은 무엇인가? **효과성 평가** • 일자리 창출 효과 • 사회적 경제조직의 활성화
도농상생	농업의 이해 도농교류	**점검내용** • 참여자에게 우리 농업을 이해하는 교육이 진행되는가? • 도농교류를 촉진시키는 활동과 연계된 활동은 무엇인가? • 우리농산물에 대한 소비를 촉진시키고 있는가? **효과성 평가** • 농업의 중요성에 대한 공감대 형성 • 귀농, 귀촌의 활성화 • 도농교류의 활성화 • 우리농산물의 소비 촉진

② 도시농업사례 발굴 및 평가

1) 도시농업 사례 발굴

도시농업은 다양한 기능만큼 프로그램이 운영되는 지역의 특성에 맞게 다양한 활동으로 진행되고 있다. 도시농업의 사례 발굴과 분석에서는 해당 지역 도시농업의 특성과 운영방법, 사회적 기여도가 다를 수 있다. 각 나라마다 도시농업에 대한 정의와 역사적 배경이 다르며, 국내에서도 수도권 같은 과밀 도시지역과 도농복합도시에서의 도시농업에 대한 수요와 참여방식이 다를 수 있다. 이에 따라 지역적 특성을 반영하고 지역사회가 안고 있는 문제에 접근하는 도시농업의 기능과 역할이 다르게 나타날 수 있다.

따라서 도시농업의 사례를 발굴하고 평가하는 과정은 해당 지역 도시농업의 배경과 특징, 사회적 이슈에 따른 특성을 고려하여 진행하는 것이 필요하다.

2) 사례 분석

표 Ⅲ-2-2. 도시농업 사례 분석

영역	분석내용	구체적 내용
지역적 특성	• 지역적 특성 • 역사적 배경	• 해당 지역의 특성(인구, 사회, 경제) • 해당 지역의 도시농업 정책의 배경 • 도시농업 필요성의 배경 • 지역 문제와 도시농업의 관계
운영 현황	• 참여자의 특성 및 인원 • 프로그램 운영 현황	• 운영 주체 • 참여자의 특성 • 참여자 인원 • 도시농업 활동 공간의 규모 • 프로그램의 목적, 내용, 운영횟수 • 프로그램 운영 주체 • 운영 재원의 구성 • 프로그램 참여의 동기 • 참여자의 만족도
사회적 기여	• 지역적 파급효과 • 공공성의 실현	• 지역 문제 해결에서의 역할 • 참여자의 의식변화 • 발현되는 공익적 기능과 역할 • 공공성과 지속가능성

③ 공동체 활성화 평가

도시농업은 공동체 형성에 유리한 조건을 제공하는 반면에 공동체 형성을 위해서는 많은 노력이 필요하다. 공동체를 형성하기 위해서는 공동의 공간, 참여자의 관계 형성, 소속감 등 공동체를 이루는 요소에 대한 이해가 필요하고, 그 요소들의 상호관계를 바탕으로 활동이 복합적으로 이루어질 때 공동체가 활성화된다.

1) 공동체를 이루기 위한 구성요소

공동체는 공동체를 이루는 기본요소의 상호작용에 의해 유지되고 발전된다. 공동체를 이루는 기본요소를 3가지로 요약하면 다음과 같다.

① 물리적 공간

사람들이 어우러져 활동하는 구체적인 장소, 영역을 말한다.

같은 공간에서 어우러지는 농사활동은 공동체형성에 유리한 조건을 만들어 간다. 텃밭이라는 공동의 공간은 공동체형성의 기본적인 요소이다. 이러한 공동의 공간에서 협력이 필요한 농작업의 특성, 절기에 따른 작물재배 시기의 일치는 공동체형성에 유리하게 작용할 수 있다.

② 상호작용과 관계

사람 사이에 맺어지는 관계로 서로 필요한 것을 얻고, 마음을 나누고, 생활을 나누며, 돕고, 서로 영향을 미치는 관계를 말한다.

같은 공간에서 농사를 지어도 누가 농사에 참여하는지 관심이 없고, 서로를 모르고, 서로 관계를 맺지 않는다면 공동체라 할 수 없다. 서로 관계를 맺을 수 있는 기회와 프로그램이 운영되어야 한다.

③ 공동의 가치(비전)와 연대의식

공통된 생각이나 규범, 규칙, 가치와 신념, 지켜야 할 도덕 등으로 함께 공유하고 있는 집단의식과 '우리'라는 소속감을 말한다.

개인주의화 되어 있는 사람들이 이웃과 사회에 관심을 갖게 하고, 도시농업의 공익적 가치를 실현하는 활동을 통해 이웃과 함께 하는 '우리'라는 소속감을 갖게 할 수 있다.

2) 공동체 활성화 평가

아직까지 도시농업은 '개인에게 분양되는 텃밭'이라는 인식이 강하고, 대부분의 사업이 여기에 집중되어 있다. 도시의 텃밭공간은 제한적이며, 제한적인 공간에서 선택받은 사람들만의 도시농업 활동은 한계를 가질 수밖에 없으므로 시민들과 공유하는 공간으로서의 도시농업을 만들어 갈 필요가 있다.

기존의 공공주말농장에도 주민들에게 개방되어 함께 공유하고 이용할 수 있는 커뮤니티 공간, 지역의 아동을 위한 체험 공간 등 공유공간이 필요하다.

아름다운 공원처럼 주민들이 산책하고 싶은 개방공간으로 조성하여 소수의 사람들이 점유하는 공간으로서의 한계를 극복해야 도시농업의 지속가능성을 보장할 수 있다. 더 많이 분양하기 위해 잘게 쪼개 경작공간을 늘리는 것이 아니라, 더 많은 시민들이 이용할 수 있게 공유공간을 늘리는 것이 필요하다.

참여자들의 인식 변화도 요구된다.

공공주말농장을 분양받으면 사유적 소유, 개인의 점유공간이라 여기는 것도 불식시켜 나갈 필요가 있다. 그 활동으로 도시농업의 공익적 가치를 실천하는 공간으로서의 공공성을 갖출 필요가 있다.

자원순환의 실천, 생물다양성을 갖춘 생태공간으로 가꾸는 활동, 주민들을 위한 텃밭 교육의 장, 아이들의 텃밭체험 교육, 기부텃밭, 재능기부와 자원봉사 활동이 어우러져 참여자들의 시민의식을 높여야 한다.

공동체 활성화에는 이러한 노력들이 필요하며, 이를 촉진하는 매개자의 역할도 중요하다.

텃밭 공동체가 자율적으로 운영되는 단계에 이르기까지 공동체 활성화를 위한 프로그램을 운영하는 매개자로서의 전문가의 역할도 필요하다. 이 매개자는 공동체 활성화를 위한 프로그램을 운영하며, 공동체 내 리더를 발굴하고 양성하는 역할을 담당한다.

표 III-2-3. 공동체 활성화 평가 내용

공동체의 구성요소	공간	관계	공동의 가치(비전)
공동체 활성화 평가 내용	• 공유 공간 운영 현황 　- 농기구 보관함 　- 공동부엌 　- 쉼터, 커뮤니티 공간 　- 공동경작지 운영 • 공공디자인 적용하기 　- 텃밭 디자인 　- 경관 　- 작물다양성 　- 자원순환시설 운영 • 개방공간으로서의 역할 　- 주민 및 어린이 　　텃밭 체험 공간 　- 주민 산책로	• 전문 관리 운영자 배치 　- 상담 　- 프로그램 기획 운영 • 공동체 프로그램 현황 　- 시농제, 텃밭영화제, 　　팜파티, 수확제 　- 월별 공동체 모임 　- 월별 농사교육 • 민주적 운영 　- 운영위원회 구성 여부 　- 운영위원회 활동 • 지역사회와의 관계 형성 　- 지역사회 연계 프로그램 　- 주민을 위한 　　주말농사학교 운영 　- 타 공동체와의 연계활동	• 텃밭운영 규칙 　- 친환경 농사법 　- 참여자 의무사항 　- 자원봉사활동 방법 • 가치의 공유 　- 도시농부 선언 　- 참여자 교육 • 공익활동 　- 자원순환 활동 　- 기부프로그램 　- 자원봉사 프로그램 운영 • 도농교류, 도농상생 　프로그램 연계 　- 직거래와 연계 　- 농업관련 교육

4 프로그램 및 활동 평가

도시농업 프로그램은 계획과 준비과정, 진행과정, 결과 및 효과성 평가의 세 단계로 나누어서 평가할 수 있다.

각 단계별 평가지를 활용하여 진행하면 체계적으로 평가하는 데 도움이 될 것이다. 평가지는 사업의 성격과 내용에 따라 적절하게 변형하여 사용한다.

1) 계획 및 준비과정 평가

표 Ⅲ-2-4. 계획 및 준비과정 평가

계획 및 준비과정 평가

①매우 미흡 ②미흡 ③보통 ④우수 ⑤매우 우수

평가지표	평가항목	평가				
		①	②	③	④	⑤
목적 및 목표 설정의 타당성	사업의 목적과 목표는 명확히 기술되어 있는가?					
	사업의 목적 및 목표는 적절한가?					
	도시농업의 공익적 역할을 잘 반영하였는가?					
	사업의 목표 및 목적은 참가대상자의 수준에 맞게 적절히 설정되었는가?					
	기타(프로그램 특성상 필요한 평가항목)					
프로그램 구성 및 내용의 적절성	프로그램 목적에 맞게 프로그램이 편성되었는가?					
	프로그램 일정은 짜임새 있게 구성되었는가?					
	프로그램의 내용은 참가대상자들의 특성에 맞도록 구성되었는가?					
	기타(프로그램 특성상 필요한 평가항목)					
프로그램의 질 향상 노력	프로그램의 질 향상을 위한 노력은 있었는가?					
	수요자 만족도를 높이기 위해 노력하였는가?					
	전문가 및 외부 인력 활용계획은 수립되었는가?					
	스태프들에 대한 사전교육계획은 마련되었는가?					
	프로그램을 새롭게 구성하려고 노력하였는가?					
	기타(프로그램 특성상 필요한 평가항목)					
프로그램 홍보 및 모집방법의 적절성	프로그램 홍보계획은 구체적인가?					
	다양한 프로그램 홍보계획을 세웠는가?					
	프로그램 참가자 모집 계획은 구체적인가?					
	참가자 모집방법은 적절한가?					
	기타(프로그램 특성상 필요한 평가항목)					
평점 (= 총점/항목수) _____점		합계: 점				
총평						

2) 진행과정 평가

표 III-2-5. 진행과정 평가

진행과정 평가

①매우 미흡 ②미흡 ③보통 ④우수 ⑤매우 우수

평가지표	평가항목	평가 ①	②	③	④	⑤
프로그램 운영의 전문성	프로그램 운영자는 전문성을 갖추었는가?					
	프로그램 운영자는 해당 프로그램의 경험이 풍부한가?					
	돌발 상황에 대한 준비와 대처가 적절하였는가?					
	프로그램 운영 및 참가자들의 특성에 대해 충분한 지식과 정보를 가지고 있는가?					
	기타(프로그램 특성상 필요한 평가항목)					
프로그램 운영의 서비스	프로그램에 대한 안내와 교육은 충분하였는가?					
	프로그램 운영상 안전대책은 충분하였는가?					
	참가자들의 상황을 수시로 파악하고 상황에 따라 필요한 조치를 적절히 취하였는가?					
	기타(프로그램 특성상 필요한 평가항목)					
프로그램 진행의 질적 수준	프로그램은 일정대로 순조롭게 진행되었는가?					
	참가자들이 적극적으로 참여할 수 있도록 유도하였는가?					
	프로그램의 마무리는 잘 되었는가?					
	프로그램으로부터 일탈하는 참가자는 없었는가?					
	기타(프로그램 특성상 필요한 평가항목)					
장소와 시설·장비	프로그램 운영에 적절한 장소를 활용하였는가?					
	교육 혹은 실습장소로 적합하였는가?					
	장소의 이동, 동선, 공간 활용 등 장소의 운영은 잘 되었는가?					
	프로그램 운영에 사용된 시설 및 장비는 적절하였는가?					
	시설 및 장비의 고장 등에 대비한 대책은 마련되었는가?					
	기타(프로그램 특성상 필요한 평가항목)					
	평점 (= 총점/항목수) _____ 점	합계: 점				
총평						

3) 결과 및 효과성 평가

표 Ⅲ-2-6. 결과 및 효과성 평가

결과 및 효과성 평가

①매우 미흡 ②미흡 ③보통 ④우수 ⑤매우 우수

평가지표	평가항목	평가 ①	②	③	④	⑤
프로그램 목적 및 목표의 달성	프로그램이 목적한 바를 달성하였는가?					
	프로그램이 목적하는 바대로 진행되었는가?					
	계획상의 내용이 충분히 소화되었는가?					
	변경된 사업내용은 목적한 바대로 운영되었는가?					
	기타(프로그램 특성상 필요한 평가항목)					
참가자들의 만족도	참가자들은 흥미로워했는가?					
	참가자들에게 유익하였는가?					
	참가자들은 만족스러워했는가?					
	참가자들은 적극적으로 참여하였는가?					
	기타(프로그램 특성상 필요한 평가항목)					
프로그램의 효과성	프로그램은 공익적이었는가?					
	프로그램을 통하여 참가자의 긍정적 변화가 있었는가?					
	프로그램 실행을 통하여 내적인 경험과 전문성이 획득되었는가?					
	기타(프로그램 특성상 필요한 평가항목)					
사회적 기여도	도시농업의 공익적 가치를 실현하였는가?					
	프로그램이 지역사회에 미치는 긍정적 영향은 실현되었는가?					
	프로그램에 대한 지역사회의 참여와 도시농업에 대한 인식의 변화가 생겼는가?					
	기타(프로그램 특성상 필요한 평가항목)					
평점 (= 총점/항목수) _____점		합계 : 점				

총평

도시농업전문가 양성을 위한

도시농업 길라잡이 ^{part} I

2020년 4월 25일   초판 발행

지은이   (사)한국도시농업연구회
만든이   정민영
디자인   hsum company

펴낸 곳   부민문화사
출판 등록   1955년 1월 12일 제1955-000001호
주소   (04304) 서울 용산구 청파로73길 89(부민 B/D)
전화   (02) 714-0521~3
팩스   (02) 715-0521
    http://www.bumin33.co.kr   E-mail: bumin1@bumin33.co.kr

정가   26,000원
공급   한국출판협동조합
ISBN   978-89-385-0344-2 93520